全国高职高专机械设计制造类工学结合"十三五"规划系列教材

丛书顾问　陈吉红

公差配合与技术测量
——基于项目驱动
（第二版）

主　编　熊永康　顾吉仁　漆　军

副主编　李国斌　吴韶华　梁　健

　　　　赵火英　王立跃

参　编　周健永　周燕峰

主　审　崔西武

U0344929

华中科技大学出版社

中国·武汉

内 容 提 要

本书按照高职高专"公差配合与技术测量课程"教学基本要求编写。

全书分为机械零件的公差配合及选用与机械零件公差配合的检测两个模块,包括若干个项目,涉及光滑圆柱尺寸公差、几何公差、表面粗糙度、平键、矩形花键、普通螺纹、滚动轴承与轴和轴承座孔公差配合的选用与检测,以及光滑极限量规的设计、渐开线圆柱齿轮的精度设计与检测等内容。模块一设置有习题。此外,附录中还提供了轴和孔的基本偏差值表和本书引用标准索引。

本书可作为高职高专有关专业教材,也可作为从事机械设计、机械制造、计量等有关工作的工程技术人员的参考书。

图书在版编目(CIP)数据

公差配合与技术测量:基于项目驱动/熊永康,顾吉仁,漆军主编. —2 版.—武汉:华中科技大学出版社,2018.1(2020.8 重印)

全国高职高专机械设计制造类工学结合"十三五"规划系列教材

ISBN 978-7-5680-2837-0

Ⅰ.①公… Ⅱ.①熊… ②顾… ③漆… Ⅲ.①公差-配合-高等职业教育-教材 ②技术测量-高等职业教育-教材 Ⅳ.①TG801

中国版本图书馆 CIP 数据核字(2017)第 107962 号

公差配合与技术测量——基于项目驱动(第二版)　　熊永康　顾吉仁　漆 军　主编
Gongcha Peihe yu Jishu Celiang——Jiyu Xiangmu Qudong(Di-er Ban)

策划编辑:汪　富	封面设计:范翠璇
责任编辑:姚同梅	责任校对:刘　竣
责任监印:周治超	

出版发行:华中科技大学出版社(中国·武汉)　　电话:(027)81321913
　　　　　武汉市东湖新技术开发区华工科技园　　邮编:430223
录　　排:华中科技大学惠友文印中心
印　　刷:武汉科源印刷设计有限公司
开　　本:710mm×1000mm　1/16
印　　张:17
字　　数:342 千字
版　　次:2013 年 2 月第 1 版　2020 年 8 月第 2 版第 3 次印刷
定　　价:39.80 元

第二版前言

本书第一版自 2013 年 2 月出版以来,承蒙广大高职高专院校机械设计制造类及相关专业教师与学生们的厚爱,已经连续印刷多次,受到广泛好评。近年来,随着国内外装备制造类相关产业的迅速发展,公差配合与技术测量涉及的知识内容也在不断变化和发展。为了满足教学需要,对第一版教材进行更新与完善势在必行。

本次修订保持上一版教材特色,组织结构和内容体系基本不变,主要做的是细节方面的修订工作,具体如下:

第一,对第一版中在排版、编辑、内容等方面存在的纰漏和差错进行了订正。通过修订,力求做到概念准确、表述正确、数据精确。

第二,按最新国标对有关内容进行了更新(如对滚动轴承部分按 GB/T 275—2015 进行了调整)。

在修订中参考了相关国家标准和一些同类教材,在此对有关单位和作者表示衷心感谢。

由于编者水平有限,书中仍然可能存在疏漏和不妥之处,欢迎各教学单位和读者批评指正。

编　者
2017 年 3 月

第一版前言

"公差配合与测量技术"是机械类专业的一门基础课程。多年教学实践表明,在高职高专院校,本课程使用传统教学体系下的教材,进行"注入式"教学的效果往往不够理想。

按照建构主义学习理论,学习并非学生对教师所授予知识的被动接受,而是学生依据其已有的知识和经验所做的主动建构。这一观点突出强调了学生在学习活动中的主体地位,与传统的教学观直接对立,这为我们更深入地理解教和学、反思传统教学思想提供了重要的理论工具。因此,近年来项目式教学方法、以学生为中心(SCL)的教学方法得到广泛重视。

本教材分项目编写,内容力求贴近生产实践和我国高职高专学生实际学习需求。学生在学习时通过若干项目,如查表、读图、标注、设计、检测、练习等完成对有关内容的学习。教材各部分相对独立,既可采用多课时、以学生为中心的教学模式展开教学,也可采用少学时、以教师讲授为主的教学模式展开教学。

本书由中山火炬职业技术学院熊永康、南昌职业学院顾吉仁、广东机电职业技术学院漆军担任主编,熊永康负责统稿和定稿。广州番禺职业学院李国斌、郑州铁路职业技术学院吴韶华、广东水利电力职业技术学院梁健、江西工业工程职业技术学院赵火英、安徽机电职业技术学院王立跃担任副主编。参加本书编写的还有广西工程职业技术学院周健永、深圳龙岗职业技术学校周燕峰。具体编写分工如下:项目 6、7、8、11、14 和附录由熊永康编写,项目 5 由顾吉仁编写,项目 3、10 由漆军编写,项目 2 由吴韶华编写,项目 1 由李国斌编写,项目 13 由赵火英编写,项目 4 由梁健编写,项目 9 由王立跃编写,项目 12 由周健永编写,周燕峰对项目 14 做了大量工作。本书由武汉船舶职业技术学院崔西武教授主审。

编写中参考了一些同类教材,在此对相关单位和作者表示衷心的感谢。

由于编者水平所限,书中难免存在疏漏和不妥之处,敬请各教学单位和广大读者提出宝贵意见。

编　者
2013 年 1 月

目　　录

模块一

机械零件的公差配合及选用

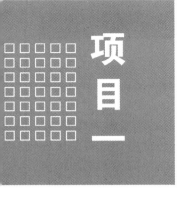

项目一

机械零件的尺寸公差、极限配合及选用

【项目内容】

◆ 机械零件尺寸公差、极限配合相关知识；

◆ 查表学习尺寸公差、极限配合相关国家标准；

◆ 读图学习机械零件公差配合及选用。

【知识点与技能点】

◆ 尺寸、偏差、公差的基本概念、公差带图的画法；

◆ 间隙配合、过渡配合、过盈配合的特点，配合公差的含义；

◆ 标准公差系列和基本偏差系列的构成；

◆ 基孔制和基轴制的含义、配合选择的基本原则和一般方法；

◆ 标准公差数值表和孔与轴的基本偏差数值表查表方法；

◆ 图样上标注的尺寸公差配合的含义。

社会化的大生产为社会财富的创造和快速积累提供了条件，而互换性、标准化则是社会化大生产的前提和基础。机械零件的尺寸加工误差与公差配合要求反映了制造要求与使用要求的矛盾，为在生产实践中使这一矛盾得到有效的解决，国家标准对机械零件的尺寸规定了不同的公差等级和配合，供人们在生产实践中选择使用。

本项目的学习任务是：从问题出发，以解决问题为主线，学习和掌握有关尺寸公差配合国家标准的基本内容，掌握配合制、公差等级及配合选择的原则和方法，做到能读懂图样，会选用尺寸的公差配合和标注有关尺寸技术要求。

相 关 知 识

知识点 1 互换性

1. 互换性的定义

同一规格的一批零件或部件中,任取其一,不需要任何挑选或附加修配(如钳工修配)就能装在机器上,达到规定的功能要求,这样的一批零件或部件就称为具有互换性的零部件。因为互换性对保证产品质量、提高生产率和增加经济效益具有重要意义,所以互换性已成为现代机械制造业中一个普遍遵守的原则,普遍应用于工业生产和日常生活中。

对于装配过程,互换性要求:

- 装配前→不挑选;
- 装配时→不调整或修配;
- 装配后→满足使用要求。

2. 互换性的种类

1) 按决定的参数或使用要求分

(1)几何参数互换性(主要保证装配):对几何要素的尺寸、形状、相对位置提出互换性要求。

(2)功能互换性(保证使用):对物理、力学、化学性能提出互换性要求。

2) 按程度分

(1)完全互换性:装配或更换时,不挑选、不调整、不修配的互换性。

(2)不完全互换性:采用概率法装配、分组装配或在装配时需采用调整等措施的零件具备不完全互换性。

若装配时还要附加修配、辅助加工,则该零件不具有互换性。

此外,对于标准件,互换性有两种。

(1)内互换性,如滚动轴承外圈内滚道、内圈外滚道与滚动体具有内互换性。

(2)外互换性,如内圈内径与轴颈具有外互换性。

3. 互换性的重要性

互换性不仅是使用上的需要,也是设计、制造上的需要。使用上如:军工产品,易损件包括子弹、炮弹都具有互换性;民用产品,如汽车备胎、电子元件等具有互换性,给日常生活带来了极大方便。制造上,具备互换性使产品可采用先进的生产方式(专业化流水线、自动线)生产,品种单一、分工精细,可采用专用设备,有利于提高生产率,进行文明生产。采用按互换性原则设计和生产的标准零部件,可简化设计,减少计算、制图工作量,缩短设计周期,并便于用计算机进行辅助设计。

总之,遵循互换性原则设计、制造和使用零部件,可大大降低产品成本,提高生产率,降低劳动强度,为产品的标准化、系列化、通用化奠定基础。所以,互换性原则是机械工业中的重要原则。

4.机械零件的加工误差、公差及检测

要实现互换性要求,就必须合理限制零件的加工误差范围,只要零件误差在设计要求的范围内变动,就能满足互换性要求。这个设计要求的允许零件尺寸和几何参数的变动范围称为"公差"。公差是从使用、设计的角度提出的,公差值的大小会影响制造与测量的可能性及成本,因此,在满足使用要求的前提下,应尽量选择较大的公差值。

零件误差是否符合公差要求,须通过检测来判断。检测包含测量与检验。测量是将被测量与作为计量单位的标准量相比较,确定被测量的数值大小的过程;几何量的检验则是指验证零件几何参数是否合格,而不必得出具体数值的过程。

合理地确定公差、限制零件误差范围并正确进行检测,是实现互换性的手段和前提条件。

5.标准化

有了公差与检测这个前提条件,还要使各个分散的生产部门采用统一的标准进行生产,这样才能实现真正的社会化互换性生产,因此,标准与标准化是实现互换性的基础。标准是准则和依据,标准化则是标准的产生、执行过程。

6.优先数(GB/T 321—2005)

标准化的一项重要内容是将工程技术参数进行简化、协调和统一,用尽量少的参数满足生产实际的需求。

工程技术涉及参数很多,而且选定某产品的一项参数后,数值参数指标会向相关制品、材料的有关参数扩展。

螺栓、螺母、丝锥、板牙、量规、螺栓孔、垫圈孔、扳手尺寸标准参数之间有对应的关系。如图 1-1 所示,螺栓的直径确定后会扩展到丝锥、板牙,还会扩展到量规、螺栓孔、垫圈孔、扳手尺寸等。这种技术参数的扩展是一种很普遍的现象,因此有必要制定一套科学的标准数值制度,以适应生产及发展的要求。

图 1-1　数值参数指标的扩展

优先数制度是对各种技术参数进行简化、协调和统一的一种科学的数值制度。优先数是符合 R5、R10、R20、R40、R80 系列的圆整值。

优先数系是公比为 $\sqrt[5]{10}$、$\sqrt[10]{10}$、$\sqrt[20]{10}$、$\sqrt[40]{10}$ 和 $\sqrt[80]{10}$,且项值中含有 10 的整数幂

的几何级数常用圆整值。

基本系列 R5、R10、R20、R40 是优先数的常用系列,其中,R5 包含在 R10 中,R10 包含在 R20 中,R20 包含在 R40 中,R40 包含在 R80 中。基本系列的对应公比如下:

$$q_5 = \sqrt[5]{10} \approx 1.6$$

$$q_{10} = \sqrt[10]{10} = 1.25$$

R20 系列的公比为 $\quad q_{20} = \sqrt[20]{10} = 1.12$

R40 系列的公比为 $\quad q_{40} = \sqrt[40]{10} = 1.06$

补充系列 R80 的公比为 $\quad q_{80} = \sqrt[80]{10} = 1.03$

1~10 的优先数的基本系列见表 1-1,补充系列 R80 的优先数见表 1-2。大于 10 的优先数可按表乘以系数 10、100 等求得,小于 1 的优先数可按表乘以系数 0.1、0.01 等求得。

表 1-1　优先数系的基本系列

R5	R10	R20	R40	R5	R10	R20	R40	R5	R10	R20	R40
1.00	1.00	1.00	1.00			2.24	2.24		5.00	5.00	5.00
			1.06				2.36				5.30
		1.12	1.12	2.50	2.50	2.50	2.50			5.60	5.60
			1.18				2.65				6.00
	1.25	1.25	1.25			2.80	2.80	6.30	6.30	6.30	6.30
			1.32				3.00				6.70
		1.40	1.40		3.15	3.15	3.15			7.10	7.10
			1.50				3.35				7.50
1.60	1.60	1.60	1.60			3.55	3.55		8.00	8.00	8.00
			1.70				3.75				8.50
		1.80	1.80	4.00	4.00	4.00	4.00			9.00	9.00
			1.90				4.25				9.50
	2.00	2.00	2.00			4.50	4.50	10.00	10.00	10.00	10.00
			2.12				4.75				

表 1-2　补充系列 R80 的优先数

1.00	1.60	2.50	4.00	6.30
1.03	1.65	2.58	4.12	6.50
1.06	1.70	2.65	4.25	6.70

1.09	1.75	2.72	4.37	6.90
1.12	1.80	2.80	4.50	7.10
1.15	1.85	2.90	4.62	7.30
1.18	1.90	3.00	4.75	7.50
1.22	1.95	3.07	4.87	7.75
1.25	2.00	3.15	5.00	8.00
1.28	2.06	3.25	5.15	8.25
1.32	2.12	3.35	5.30	8.50
1.36	2.18	3.45	5.45	8.75
1.40	2.24	3.55	5.60	9.00
1.45	2.30	3.65	5.80	9.25
1.50	2.36	3.75	6.00	9.50
1.55	2.43	3.87	6.15	9.75

知识点 2 孔和轴

1. 孔

孔一般是指工件的圆柱形内尺寸要素,也包括非圆柱形的内尺寸要素(由二平行平面或切面形成的包容面)。

2. 轴

轴一般是指工件的圆柱形外尺寸要素,也包括非圆柱形的外尺寸要素(由二平行平面或切面形成的被包容面)。轴的直径尺寸用 d 表示。

就装配关系而言,孔是包容面,轴是被包容面。从加工过程来看,随着余量的切除,孔的尺寸由小变大,轴的尺寸由大变小,如图 1-2 所示。

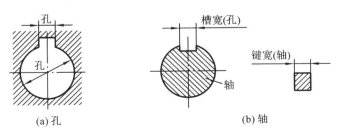

(a) 孔   (b) 轴

图 1-2 孔和轴

知识点3　有关尺寸的术语定义

1. 尺寸

尺寸是指用特定单位表示长度值的数字。

常见的尺寸有直径、半径、宽度、深度、高度和中心距等。在机械制造中,一般用毫米(mm)作为特定单位,在图样上标注以毫米为单位的尺寸时,可将单位省略,仅标注数值。当以其他单位表示尺寸时,则应注明相应的长度单位。

2. 公称尺寸

公称尺寸是指由图样规范确定的理想形状要素的尺寸,它是设计者根据使用要求,通过强度、刚度计算及结构等方面的考虑,按标准直径或标准长度圆整后所给定的尺寸。一般孔的公称尺寸用 D 表示,轴的公称尺寸用 d 表示。公称尺寸可以是一个整数或一个小数值,例如 32、15、8.75、0.5 等。

3. 提取组成要素局部尺寸

图 1-3 所示为零件几何要素定义间的相互关系。图 1-3(a)中 A 为公称组成要素,是由设计图样确定的,对应尺寸为公称尺寸;图 1-3(b)中 C 为实际组成要素,由加工得到;图 1-3(c)中 D 为提取组成要素,是由实际组成要素提取有限数目的点所形成的实际组成要素的近似替代,提取要素上两对应点之间的距离即提取要素局部尺寸,可用两点法测量得到。

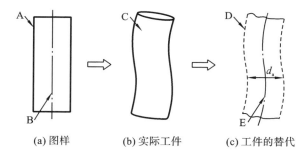

(a) 图样　　　　(b) 实际工件　　　　(c) 工件的替代

图 1-3　几何要素的定义间的相互关系

由于存在测量误差,提取要素局部尺寸并非是被测尺寸的真值,它只是接近真实尺寸的一个随机尺寸,并且由于零件存在形状误差,同一表面不同部位的提取要素局部尺寸也不尽相同。

一般孔的提取要素局部尺寸以 D_a 表示,轴的提取要素局部尺寸以 d_a 表示。

4. 极限尺寸

尺寸要素允许的尺寸的两个极端称为极限尺寸,它以公称尺寸为基数来确定。极限尺寸分为上极限尺寸和下极限尺寸。尺寸要素允许的最大尺寸称为上极限尺寸;尺寸要素允许的最小尺寸称为下极限尺寸。孔的上、下极限尺寸分别用 D_{max}、D_{min} 表示,轴的上、下极限尺寸分别用 d_{max}、d_{min} 表示,如图 1-4 所示。

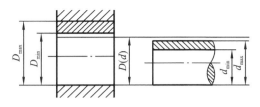

图 1-4 极限尺寸

极限尺寸是设计时给定的,实际(组成)要素的大小由加工决定。完工工件尺寸合格的条件为

$$D_{\min} \leqslant D_a \leqslant D_{\max}$$
$$d_{\min} \leqslant d_a \leqslant d_{\max}$$

知识点 4　有关尺寸偏差、公差的术语定义

1. 偏差

某一尺寸减去其公称尺寸所得的代数差称为尺寸偏差,简称偏差。偏差可能为正或负,也可为零。

(1) 极限偏差　极限尺寸减去其公称尺寸所得的代数差,称为极限偏差。极限偏差包括上极限偏差和下极限偏差。

对于孔,上极限偏差　　　$ES = D_{\max} - D$

下极限偏差　　　$EI = D_{\min} - D$

对于轴,上极限偏差　　　$es = d_{\max} - d$

下极限偏差　　　$ei = d_{\min} - d$

(2) 实际偏差　实际组成要素局部尺寸减去其公称尺寸所得的代数差称为实际偏差。

2. 尺寸公差

允许尺寸的变动量称为尺寸公差,简称公差。公差是用以限制误差的,工件的误差在公差范围内即为合格,反之则不合格。通常,孔的尺寸公差以 T_h 表示,轴的尺寸公差以 T_s 表示。

从极限尺寸入手:　　　$T_h = D_{\max} - D_{\min}$

$$T_s = d_{\max} - d_{\min}$$

从极限偏差来看:　　　$T_h = ES - EI$

$$T_s = es - ei$$

3. 尺寸公差带

由代表上极限偏差和下极限偏差或上极限尺寸和下极限尺寸的两条直线所限定的一个区域,称为尺寸公差带。公差带由公差大小和其相对零线位置的基本偏差来确定。

图 1-5(a)是公差与配合的一个示意图,它表明了一对相互结合的孔和轴的公称尺寸、极限尺寸、极限偏差与公差的相互关系。

如图 1-5(b)所示,用图所表示的公差带称为公差带图。由于公称尺寸数值与公差及偏差数值相差悬殊,不便用同一比例表示,为了表示方便,以零线表示公称尺寸。

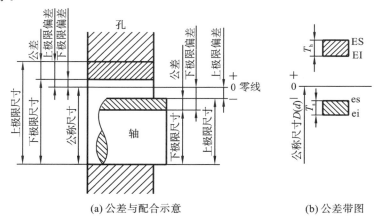

(a) 公差与配合示意   (b) 公差带图

图 1-5　配合尺寸公差带图

零线作为确定极限偏差的一条基准线,是偏差的起始线,零线上方表示正偏差,零线下方表示负偏差。

4. 公差与偏差关系

$$T_h = |D_{max} - D_{min}| = |(D+ES) - (D+EI)| = ES - EI$$
$$T_s = |d_{max} - d_{min}| = |(d+es) - (d+ei)| = es - ei$$

5. 标准公差

国家标准规定的公差数值表中所列的,用以确定公差带大小的任一公差称为标准公差。

6. 基本偏差

用以确定公差带相对于零线位置的上极限偏差或下极限偏差称为基本偏差。如图 1-6 所示,一般以公差带靠近零线的那个偏差作为基本偏差。当公差带位于零线的上方时,其下极限偏差为基本偏差;当公差带位于零线的下方时,其上极限偏差为基本偏差。

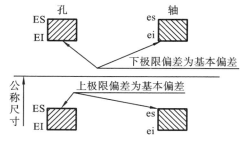

图 1-6　基本偏差示意图

轴与孔的基本偏差数值已标准化,具体见附录 A 中的表 A-1、表 A-2。

知识点 5 有关配合的术语及定义

1. 配合和配合的种类

配合是指公称尺寸相同的,相互结合的孔和轴公差带之间的关系。

国家标准规定:配合分为间隙配合、过盈配合和过渡配合。

在轴与孔的配合中,孔的尺寸减去轴的尺寸所得的代数差,当差值为正时称为间隙,用 X 表示,当差值为负时称为过盈,用 Y 表示。

(1)间隙配合 具有间隙(含最小间隙 $X_{\min}=0$)的配合即间隙配合。在间隙配合的公差带图中,孔的公差带在轴的公差带之上,如图 1-7 所示。

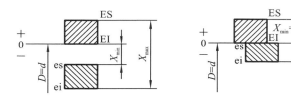

图 1-7 间隙配合公差带图

最大间隙为

$$X_{\max}=D_{\max}-d_{\min}=\mathrm{ES}-\mathrm{ei}$$

最小间隙为

$$X_{\min}=D_{\min}-d_{\max}=\mathrm{EI}-\mathrm{es}$$

平均间隙

$$X_{\mathrm{av}}=(X_{\max}+X_{\min})/2$$

(2)过盈配合 具有过盈(含最小过盈 $Y_{\min}=0$)的配合即过盈配合。在过盈配合公差带图中,孔的公差带在轴的公差带之下,如图 1-8 所示。

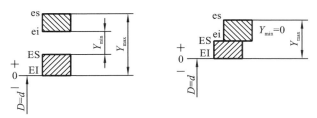

图 1-8 过盈配合公差带图

最大过盈为

$$Y_{\max}=D_{\min}-d_{\max}=\mathrm{EI}-\mathrm{es}$$

最小过盈为

$$Y_{\min}=D_{\max}-d_{\min}=\mathrm{ES}-\mathrm{ei}$$

平均过盈为

$$Y_{av} = (Y_{min} + Y_{max})/2$$

（3）过渡配合　可能具有间隙或过盈的配合即过渡配合。在过渡配合公差带图中，孔的公差带与轴的公差带相互交叠，如图 1-9 所示。它是介于间隙配合与过盈配合之间的一种配合，但间隙和过盈量都不大。

最大间隙为

$$X_{max} = D_{max} - d_{min} = ES - ei$$

最大过盈为

$$Y_{max} = D_{min} - d_{max} = EI - es$$

过渡配合是一种主要用于孔、轴间的定位连接（既要求装拆方便，又要求对中性好）的配合。

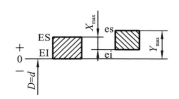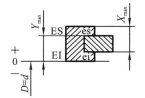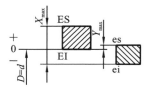

图 1-9　过渡配合公差带图

3. 配合公差

允许间隙 X 或过盈 Y 的变动量称为配合公差。配合公差用来表示配合精度的高低，用符号 T_f 表示。

对于间隙配合，有　　　　　$T_f = |X_{max} - X_{min}|$

对于过盈配合，有　　　　　$T_f = |Y_{min} - Y_{max}|$

对于过渡配合，有　　　　　$T_f = |X_{max} - Y_{max}|$

将前述间隙、过渡、过盈配合三种情况的最大间隙、过盈值代入配合公差公式可得：

$$T_f = |X_{max} - X_{min}| = |ES - ei - (EI - es)| = T_h + T_s$$
$$T_f = |Y_{min} - Y_{max}| = |ES - ei - (EI - es)| = T_h + T_s$$
$$T_f = |X_{max} - Y_{max}| = |ES - ei - (EI - es)| = T_h + T_s$$

上述公式表明：配合精度与零件的加工精度有关，若要配合精度高，则应降低相配合的孔、轴零件的尺寸公差，即提高工件本身的加工精度。反之，若要求配合精度低，则可提高相配合的孔、轴零件的尺寸公差，即降低工件本身的加工精度。

例 1-1　一对相互配合的孔和轴 $\phi 80 H7/g6$ mm，公称尺寸为 $D = d = 80$ mm，孔的极限尺寸为 $D_{max} = 80.03$ mm，$D_{min} = 80$ mm，轴的极限尺寸为 $d_{max} = 79.9$ mm，$d_{min} = 79.71$ mm，现测得孔、轴的实际尺寸分别为 $D_a = 80.015$ mm，$d_a = $

79.85 mm。求孔、轴的极限偏差、实际偏差及公差。

解 孔的极限偏差

$$ES = D_{max} - D = (80.03 - 80)\,mm = 0.03\,mm$$

$$EI = D_{min} - D = (80 - 80)\,mm = 0\,mm$$

轴的极限偏差为

$$es = d_{max} - d = (79.9 - 80)\,mm = -0.1\,mm$$

$$ei = d_{min} - d = (79.71 - 80)\,mm = -0.29\,mm$$

孔的实际偏差为

$$D_a - D = (80.015 - 80)\,mm = 0.015\,mm$$

轴的实际偏差为

$$d_a - d = (79.85 - 80)\,mm = -0.015\,mm$$

孔、轴的公差分别为

$$T_h = D_{max} - D_{min} = ES - EI = 0.03\,mm$$

$$T_s = d_{max} - d_{min} = es - ei = 0.19\,mm$$

例 1-2 已知：(1)间隙配合的孔 $\phi60H9(^{+0.074}_{0})\,mm$，轴 $\phi60d9(^{-0.1}_{-0.174})\,mm$；(2)过盈配合的孔 $\phi60S7(^{-0.053}_{-0.083})\,mm$，轴 $\phi60h6(^{0}_{-0.019})\,mm$；(3)过渡配合的孔 $\phi60H7(^{+0.030}_{0})\,mm$，轴 $\phi60k6(^{+0.021}_{+0.002})\,mm$。试画出相应公差带图并分别求对应的最大间隙或最大过盈、最小间隙或最小过盈及 T_f。

解 画出公差带图如图 1-10(a)、(b)、(c)所示。

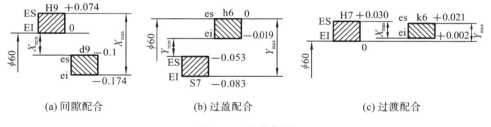

(a) 间隙配合　　　　　(b) 过盈配合　　　　　(c) 过渡配合

图 1-10 公差带图

如图 1-10(a)所示，间隙配合公差带图中，轴的公差带在下，孔的公差带在上。

$$X_{max} = [0.074 - (-0.174)]\,mm = 0.248\,mm$$

$$X_{min} = [0 - (-0.1)]\,mm = 0.1\,mm$$

$$T_f = (0.248 - 0.1)\,mm = 0.148\,mm$$

如图 1-10(b)所示，过盈配合公差带图中，孔的公差带在下，轴的公差带在上。

$$Y_{max} = (-0.083 - 0)\,mm = -0.083\,mm$$

$$Y_{min} = [-0.053 - (-0.019)]\,mm = -0.024\,mm$$

$$T_f = [-0.024 - (-0.083)]\,mm = 0.059\,mm$$

如图 1-10(c)所示，过渡配合公差带图中，孔与轴的公差带重叠。

13

$$X_{max} = (0.030 - 0.002)\ mm = 0.028\ mm$$
$$Y_{max} = (0 - 0.021)\ mm = -0.021\ mm$$
$$T_f = [0.028 - (-0.021)]\ mm = 0.049\ mm$$

知识点 6 配合制

配合制是以两个相配合的零件中的一个零件为基准件,并对其选定标准公差带,将其公差带位置固定,而改变另一个零件的公差带位置,从而形成各种配合的一种制度。国家标准规定了两种配合制,即基孔制和基轴制。

(1)基孔制 基孔制是指基本偏差为一定的孔的公差带,与不同基本偏差的轴的公差带形成各种配合的一种制度,如图 1-11(a)所示。

(2)基轴制 基轴制是指基本偏差为一定的轴的公差带,与不同基本偏差的孔的公差带形成各种配合的一种制度,如图 1-11(b)所示。

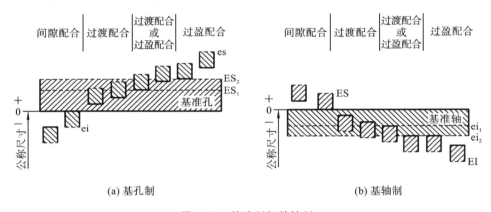

图 1-11 基孔制与基轴制

知识点 7 标准公差系列

标准公差系列是国家标准制定的一系列标准公差数值,它包含以下内容。

1. 标准公差因子(公差单位)

标准公差因子是用以确定标准公差的基本单位,该因子是公称尺寸的函数,是制定标准公差数值的基础。公称尺寸≤500 mm,IT5~IT18 的标准公差因子 i 的计算公式为

$$i = 0.45\sqrt[3]{D} + 0.001D$$

式中:D 为公称尺寸段的几何平均值(mm);第一、二项分别反映加工误差、测量误差的影响。

2. 公差等级

确定尺寸精确程度的等级称为公差等级。不同零件和零件上不同部位的尺

寸,对精确程度的要求往往不同,为了满足生产的需要,国家标准设置了 20 个公差等级,用 IT01、IT0～IT18 表示,IT01 级精度最高、标准公差值最小,其余的精度依次降低,标准公差值依次增大。

3. 尺寸分段

由标准公差的计算式可知,对应每一个公称尺寸和公差等级就可计算出一个相应的公差值,这样编制的公差表格将非常庞大,会给生产、设计带来麻烦,同时也不利于公差值的标准化、系列化。为了减少标准公差的数目、统一公差值、简化公差表格以便于实际应用,国家标准对公称尺寸进行了分段,对同一尺寸段内的所有公称尺寸,在相同公差等级情况下,规定相同的标准公差。

标准公差的计算公式见表 1-3,标准公差数值见表 1-4。

表 1-3　标准公差的计算公式(摘自 GB/T 1800.1—2009)

公差等级	IT01	IT0	IT1	IT2	IT3	IT4
公差值	$0.3+0.008D$	$0.5+0.012D$	$0.8+0.02D$	$\text{IT1}\left(\dfrac{\text{IT5}}{\text{IT1}}\right)^{\frac{1}{4}}$	$\text{IT1}\left(\dfrac{\text{IT5}}{\text{IT1}}\right)^{\frac{1}{2}}$	$\text{IT1}\left(\dfrac{\text{IT5}}{\text{IT1}}\right)^{\frac{3}{4}}$
公差等级	IT5	IT6	IT7	IT8	IT9	IT10	IT11
公差值	$7i$	$10i$	$16i$	$25i$	$40i$	$64i$	$100i$
公差等级	IT12	IT13	IT14	IT15	IT16	IT17	IT18
公差值	$160i$	$250i$	$400i$	$640i$	$1000i$	$1600i$	$2500i$

表 1-4　标准公差数值(摘自 GB/T 1800.1—2009)

公称尺寸/mm 大于	至	公差等级																	
		IT1	IT2	IT3	IT4	IT5	IT6	IT7	IT8	IT9	IT10	IT11	IT12	IT13	IT14	IT15	IT16	IT17	IT18
		μm											mm						
—	3	0.8	1.2	2	3	4	6	10	14	25	40	60	0.10	0.14	0.25	0.40	0.60	1.0	1.4
3	6	1	1.5	2.5	4	5	8	12	18	30	48	75	0.12	0.18	0.30	0.48	0.75	1.2	1.8
6	10	1	1.5	2.5	4	6	9	15	22	36	58	90	0.15	0.22	0.36	0.58	0.90	1.5	2.2
10	18	1.2	2	3	5	8	11	18	27	43	70	110	0.18	0.27	0.43	0.70	1.10	1.8	2.7
18	30	1.5	2.5	4	6	9	13	21	33	52	84	130	0.21	0.33	0.52	0.84	1.30	2.1	3.3
30	50	1.5	2.5	4	7	11	16	25	39	62	100	160	0.25	0.39	0.62	1.00	1.60	2.5	3.9
50	80	2	3	5	8	13	19	30	46	74	120	190	0.30	0.46	0.74	1.20	1.90	3.0	4.6
80	120	2.5	4	6	10	15	22	35	54	87	140	220	0.35	0.54	0.87	1.40	2.20	3.5	5.4
120	180	3.5	5	8	12	18	25	40	63	100	160	250	0.40	0.63	1.00	1.60	2.50	4.0	6.3
180	250	4.5	7	10	14	20	29	46	72	115	185	290	0.46	0.72	1.15	1.85	2.90	4.6	7.2
250	315	6	7	12	16	23	32	52	81	130	210	320	0.52	0.81	1.30	2.10	3.20	5.2	8.1
315	400	7	9	13	18	25	36	57	89	140	230	360	0.57	0.89	1.40	2.30	3.60	5.7	8.9
400	500	8	10	15	20	27	40	63	97	155	250	400	0.63	0.97	1.55	2.50	4.00	6.3	9.7

注:公称尺寸小于 1 mm 时,无 IT14～IT18。

知识点 8　基本偏差系列

如前所述,基本偏差是用来确定公差带相对于零线位置的,基本偏差系列是对公差带位置的标准化。基本偏差的数量将决定配合种类的数量。为了满足机器中各种不同性质和不同松紧程度的配合需要,国家标准对孔和轴分别规定了28 个公差带位置,分别由 28 个基本偏差来确定。

图 1-12 为基本偏差系列图。图中,基本偏差系列各公差带只画出一端,另一端未画出,它取决于公差值的大小。

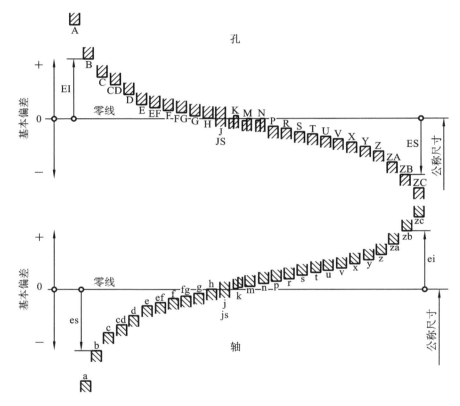

图 1-12　基本偏差系列

1. 代号

基本偏差代号用拉丁字母表示,孔用大写字母表示,轴用小写字母表示。28 种基本偏差代号,由 26 个拉丁字母中除去 5 个容易与其他参数混淆的字母 I、L、O、Q、W(i、l、o、q、w),剩下的 21 个字母加上 7 个双字母 CD、EF、FG、JS、ZA、ZB、ZC(cd、ef、fg、js、za、zb、zc)组成。这 28 种基本偏差构成了基本偏差系列。

16

2．基本偏差数值

1）轴的基本偏差数值

轴的基本偏差数值是以基孔制配合为基础，按照各种配合要求，利用根据生产实践经验和统计分析结果得出的一系列公式计算并经圆整尾数而得出的。

轴的基本偏差数值可查附录 A 中的表 A-1 确定，另一个偏差按如下方式计算。

当公差带在零线下方时

$$ei = es - IT$$

当公差带在零线上方时

$$es = ei + IT$$

2）孔的基本偏差数值

孔的基本偏差数值是由同名的轴的基本偏差换算得到的，偏差数值见附录 A 中的表 A-2。

孔的基本偏差根据以下两种规则按轴的同名基本偏差换算。

（1）通用规则　用同一字母表示的孔、轴的基本偏差的绝对值相等，符号相反。孔的基本偏差是轴的基本偏差相对于零线的"倒影"。即

$$EI = -es \quad （适用于代号为 A～H 的公差）$$
$$ES = -ei \quad （适用于代号为 K～ZC 的公差）$$

（2）特殊规则　用同一字母表示的孔、轴的基本偏差的符号相反，而绝对值相差一个 Δ 值，适用于公称尺寸≤500 mm，标准公差等级不低于 IT8 的 K、M、N 的标准公差和标准公差等级不低于 IT7、P～ZC 的公差。

$$ES = -ei + \Delta, \quad \Delta = IT_n - IT_{n-1} = IT_h - IT_s$$

孔的基本偏差可查附录 A 中的表 A-2 确定，另一个偏差按如下方式计算。

当公差带在零线下方时

$$EI = ES - IT$$

当公差带在零线上方时

$$ES = EI + IT$$

知识点 9　配合制的选择

在进行配合制选择时，应从零件的结构、工艺性和经济性等几方面综合分析，从而合理地确定配合制。

1．一般情况下配合制的选择

一般情况下优先选用基孔制。

优先选用基孔制，这主要是从工艺性和经济性来考虑的。孔通常用定值刀具加工，用极限量规检验。当孔的公称尺寸和公差等级相同而基本偏差改变时，就需更换刀具、量具。而用一种规格的砂轮或车刀，可以加工不同基本偏差的

轴。轴还可以用通用量具进行测量。所以,为了减少定值刀具、量具的规格和数量,利于生产,提高经济性,应优先选用基孔制。

2. 宜选用基轴制的场合

在下列情况下,应选用基轴制。

(1) 当在机械制造中采用具有一定公差等级的冷拉钢材,其外径不经切削加工即能满足使用要求时,应选择基轴制,再按配合要求选用适当的孔公差带加工孔。这样在技术上、经济上都是合理的。

(2) 由于结构上的特点,宜采用基轴制。如图 1-13(a)所示为发动机的活塞销与连杆铜套孔和活塞孔之间的配合。若采用基孔制配合,如图 1-13(b)所示,将给销的加工带来不便;若采用基轴制配合,如图 1-13(c)所示,则加工销较方便。

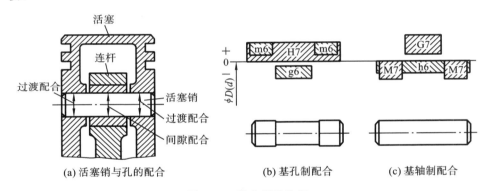

(a) 活塞销与孔的配合　　　(b) 基孔制配合　　　(c) 基轴制配合

图 1-13　基准制的选择

3. 与标准件配合时配合制的选择

与标准件配合时,应以标准件为基准件来确定配合制。

标准件通常由专业工厂大量生产,在制造时其配合部位的配合制已确定。所以与其配合的轴和孔一定要服从标准件既定的配合制。例如,与滚动轴承内圈配合的轴应选用基孔制,而与滚动轴承外圈外径相配合的轴承座孔应选用基轴制。

4. 采用非配合制配合的场合

有特殊需要时可采用非配合制配合。

非配合制配合是指由不包含基本偏差 H 和 h 的任一孔、轴公差带组成的配合。如图 1-14 所示,轴承座孔同时与滚动轴承外径和端盖配合,滚动轴承是标准件,它与轴承座孔的配合应为基轴制过渡配合,选轴承座孔公差带代号为 J7,而轴承座孔与端盖的配合应为较低精度的间隙配合,座孔公差带代号已定为 J7,现在只能对端盖选定一个位于 J7 下方的公差带,以形成所要求的间隙配合。考虑到端盖的性能要求和加工的经济性,采用代号为 f9 的公差带,最后确定轴承座孔与端盖之间的配合为 J7/f9。

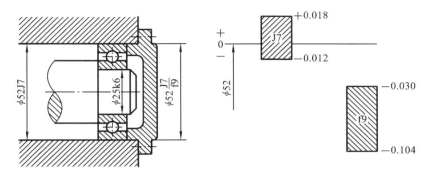

图 1-14 非配合制配合的选择

知识点 10 公差等级的选择

公差等级的选择一般参考经验资料、联系零件的加工工艺、配合和结构特点确定。

1. 选择方法

（1）计算-查表法 由理论计算得到要求的间隙或过盈值，然后查表选择合适的配合，确定零件的公差等级。

（2）类比法 参照类似的机构、工作条件和使用要求的经验资料，进行比照。类比法是较常采用的方法，使用类比法须了解公差等级的应用范围、各种加工方法能达到的公差等级及常用公差的应用。表 1-5 所示为公差等级的应用范围，表 1-6 所示是各种加工方法能达到的公差等级。表 1-7 所示是常用公差等级的应用实例。

表 1-5 公差等级的应用范围

公差应用	01	0	1	2	3	4	5	6	7	8	9	10	11	12	13	14	15	16	17	18
量块																				
量规																				
配合尺寸																				
精密零件																				
非配合尺寸																				
原材料																				

注："—"表示公差等级的应用区间。

表 1-6 各种加工方法能达到的公差等级

公差加工法	01	0	1	2	3	4	5	6	7	8	9	10	11	12	13	14	15	16	17	18
研磨	━	━	━	━	━	━	━													
珩磨					━	━	━	━												
圆磨							━	━	━	━										
平磨							━	━	━	━										
金刚石车							━	━	━											
金刚石镗							━	━	━											
拉削							━	━	━											
铰孔								━	━	━										
精车精镗									━	━										
粗车												━	━	━						
粗镗												━	━	━						
铣										━	━	━	━							
刨插												━	━							
钻削												━	━	━	━					
冲压												━	━							
滚、挤												━	━							
锻造																━	━	━		
砂型铸造																━	━	━	━	
金属型铸造																━	━	━		
气割																	━	━	━	━

表 1-7 常用公差等级的应用实例

公差等级	应 用
IT5 (孔 IT6)	配合性质稳定,一般用于配合公差、几何公差要求很小的地方。如与 IT5 级滚动轴承配合的轴承座孔,精密、高速机械中传动轴轴颈,发动机、仪表的重要部位等
IT6 (孔 IT7)	配合性质能到达较高均匀性。如与 IT6 级滚动轴承配合的孔、轴径,IT6 级精度齿轮的基准孔,IT7、IT8 级精度齿轮的基准轴,与齿轮、涡轮、联轴器、带轮、凸轮连接的轴径等
IT7	IT7 级精度应用条件与 IT6 级基本相似,比 IT6 级精度稍低,在一般机械制造中应用广泛,如用于联轴器、带轮、凸轮孔径等

续表

公差等级	应　用
IT8	中等精度,用于IT9～12级齿轮基准孔、IT11～12级齿轮基准轴、轴承座衬套宽度尺寸等
IT9、IT10	主要用于轴套外径、孔,带轮,单键与花键等
IT11、IT12	配合精度低,用于有较大间隙、基本无配合要求的场合

2. 选择原则

(1) 在满足使用要求的前提下,尽可能选较低的公差等级或较大的公差值。

(2) 满足国家标准推荐的公差等级组合规定,孔与轴加工的难易程度应相同,即具有工艺等价性。对于公称尺寸不大于 500 mm、公差等级较高的配合,因孔比同级轴难加工,当标准公差等级不低于 IT8 级时,国家标准推荐孔比轴低一级相配合,使孔、轴的加工难易程度相同。但对标准公差等级低于 IT8 级或公称尺寸大于 500 mm 的配合,因孔的测量精度比轴容易保证,推荐采用孔、轴同级配合。

3. 公差等级选择要点

(1) 满足配合公差要求。如使用要求对应的配合公差为 T_f,那么,要满足使用要求,须使相互配合的孔与轴的零件公差之和小于或等于配合公差的要求,即 $T_D + T_d \leq T_f$。

(2) 按工艺等价性原则确定公差等级。若公称尺寸≤500 mm,当标准公差等级≤IT8 时,孔的公差应比轴低一级,如 H7/f6;对标准公差等级高于 IT8 级或公称尺寸大于 500 mm 的配合,采用孔、轴同级配合,如 H9/d9。

(3) 考虑配合类型。对于过渡配合和过盈配合,一般间隙或过盈变动不能太大,因此,公差等级不能太低。一般,可选轴标准公差等级不低于 IT7,孔标准公差等级不低于 IT8。间隙配合不受此限制。间隙小的公差等级应高,如 H6/g5,而 H11/g11 则不合适;间隙大时,公差等级应低,如 H11/a11,而 H6/a5 则不合适。

(4) 考虑相配合零部件的精度要求。相配合零件或部件精度要匹配。如与滚动轴承相配合的轴和孔的公差等级与轴承的精度有关,再如与齿轮相配合的轴的公差等级直接受齿轮精度的影响。

(5) 在非基准制配合中,有的零件精度要求不高,可与相配合零件的公差等级相差 2～3 级,如图 1-14 所示,箱体孔与轴承端盖的配合为 J7/f9。

知识点 11　配合的选择

选择配合的目的是根据由使用要求确定的相互配合的孔、轴间的允许间隙或过盈的变化范围,选定相配孔和轴的公差带,满足相配零件的使用要求,使机器能正常工作。

1. 选择配合的方法

一般选择配合的方法有三种:计算法、试验法、类比法。

1)计算法

计算法是指根据理论公式,计算出使用要求的间隙或过盈大小,由此来选定配合的方法。对依靠过盈来传递运动和负载的过盈配合,可根据弹性变形理论公式,计算出能保证传递一定负载所需要的最小过盈和不使零件损坏的最大过盈。由于影响间隙和过盈的因素很多,理论计算也是近似的,所以在实际应用中还需通过试验来确定。一般情况下很少使用计算法。

2)试验法

试验法是指用试验的方法确定满足产品工作性能的间隙或过盈范围。该方法主要用于配合的选择对产品性能影响大而又缺乏经验的场合。试验法比较可靠,但试验周期长、成本高,应用也较少。

3)类比法

类比法是指参照同类型机器或机构中经过生产实践验证的配合的实例,结合所设计产品的使用要求和应用条件来确定配合的方法。该方法应用最广。在进行配合的选择时,应尽可能地选用国家标准推荐的优先和常用配合。如果优先和常用配合不能满足要求,则可选择国家标准中推荐的一般用途的孔、轴公差带,按需要组成配合。如果仍不能满足要求,可从国家标准所提供的孔、轴公差带中选取合适的公差带,组成所需要的配合。

2. 选择配合时的注意事项

1)熟悉各种配合类别的特征及应用

选择配合时,首先要确定配合的类别,应根据具体的使用要求确定是选择间隙配合还是过渡或过盈配合。例如:若要求孔、轴之间有相对运动(转动或移动),必须选择间隙配合;若要求孔、轴之间无相对运动,应根据具体工作条件的不同确定配合的种类。表1-8给出了配合类别选择的大体方向。

要掌握各种配合的特征和应用场合(见表1-8),对国家标准所规定的优先配合(见表1-9)要非常熟悉。表1-10至表1-12所示分别为间隙配合、过渡配合、过盈配合下基本偏差的选择与比较。

表1-8 配合类别的选择

无相对运动	要传递转矩	永久结合		较大过盈的过盈配合
		可拆结合	要精确同轴	轻型过盈配合、过渡配合或基本偏差为 H(h)的间隙配合加紧固件
			不需要精确同轴	间隙配合加紧固件
	不需要传递转矩,要精确同轴			过渡配合或轻型过盈配合
有相对运动	只有移动			基本偏差为 H(h)、G(g)等的间隙配合
	转动或转动和移动的复合运动			基本偏差为 A~F(a~f)等的间隙配合

表 1-9　优先配合的特征及应用场合

优先配合		应用场合
基孔制	基轴制	
H11/c11	C11/h11	间隙很大，用于很松、转动很慢的动配合，要求装配方便
H9/d9	D9/h9	间隙很大的自由转动配合，用于精度为非主要要求，或有大的温度变化、高速或有大的轴颈压力的场合
H8/f7	F8/h7	间隙不大的转动配合，用于中等转速与中等轴颈压力的精确转动场合，也用于装配较容易的中等精度定位配合
H7/g6	G7/h6	间隙很小的滑动配合，用于不希望自由滑动，但可自由移动和滑动的精密定位配合，或有明确要求的定位配合
H7/h6	H7/h6	均为间隙定位配合，可自由装拆，一般工作时相对静止，最大间隙为零，最小间隙由标准公差决定
H8/h7	H8/h7	
H9/h9	H9/h9	
H11/h11	H11/h11	
H7/k6	K7/h6	过渡配合，用于精密定位
H7/n6	N7/h6	过渡配合，允许有较大过盈，用于更精密定位
H7/p6	P7/h6	小过盈定位配合，用于定位精度特别重要，能以最好的定位精度达到刚度与对中性要求
H7/s6	S7/h6	中等压入配合，适用于一般钢件，或用于薄壁件的冷缩配合，铸铁件的最紧密配合
H7/u6	U7/h6	压入配合，适用于可承受高压入力的零件，或不宜承受大压入力的冷缩配合

表 1-10　间隙配合下基本偏差的选择与比较

相对运动情况	无定心要求的慢速转动	高速转动	中速转动	精密低速转动，移动或手动移动
选择基本偏差	c(C)	d(D)、e(E)	f(F)	g(G)、h(H)

表 1-11　过渡配合下基本偏差的比较与选择

盈、隙情况	过盈率很小，稍有平均间隙	过盈率中等，平均过盈接近于零	过盈率较大，平均过盈较小	过盈率大，平均过盈稍大
定心要求	较好定心	定心精度较高	精密定心	更精密定心

续表

装配与拆卸情况	木槌装配,拆卸方便	木槌装配,拆卸比较方便	过盈最大时需相当的压入力,可以拆卸	用锤或压力机装配,拆卸较困难
应选择的基本偏差	js(JS)	k(K)	m(M)	n(N)

表 1-12　过盈配合下基本偏差的比较与选择

过盈程度	较小或小的过盈	中等与大的过盈	很大与特大的过盈
传递扭矩的大小	加紧固件传递一定的扭矩与轴向力,属轻型过盈配合。不加紧固件可用于准确定心,仅传递小扭矩,需轴向定位(过盈配合时)	不加紧固件可传递较小的扭矩与轴向力,属中型过盈配合	不加紧固件可传递大的扭矩与轴向力、特大扭矩和动载荷,属重型、特重型过盈配合
装卸情况	用于需要拆卸时,装入时使用压入机	用于很少拆卸的场合	用于不拆卸时,一般不推荐使用。对于特重型过盈配合,需经试验才能应用
应选择的基本偏差	p(P)、r(R)	s(S)、t(T)	u(U)、v(V)、x(X)、y(Y)、z(Z)

2) 选择配合时要综合考虑各因素

(1) 孔、轴定心精度　相互配合的孔、轴定心精度要求高时,多用过渡配合,也可采用过盈配合。

(2) 受载荷情况　若载荷较大,对过盈配合过盈量要增大,对过渡配合要选用过盈概率大的过渡配合。

(3) 拆装情况　经常拆装的孔和轴的配合比不经常拆装的配合要松些。

(4) 配合件的材料　当配合件中有一件是铜或铝等塑性材料时,因它们容易变形,选择配合时可适当增大过盈或减小间隙。

(5) 对于一些薄壁套筒的装配,要考虑装配变形的影响。如图 1-15 所示薄壁零件,套筒外表面与机座内孔配合为过盈配合 $\phi60\mathrm{H7/s6}$,套筒内表面与轴的配合为间隙配合 $\phi38\mathrm{H7/f7}$,套筒压入机座后,内孔会变形缩小,影响套筒内孔与轴的间隙配合。所以,套筒内孔加工时,尺寸可以加工得稍大些,以补偿套筒压入机座时内孔的变形缩小,

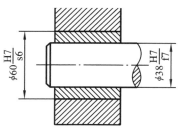

图 1-15　薄壁零件

或待套筒压入机座后再精加工套筒内孔。

（6）工作温度 当工作温度与装配温度相差较大时，选择配合时要考虑到热变形的影响。

（7）生产类型 在大批生产时，加工后的尺寸通常按正态分布。但在单件小批生产时，一般采用试切法，加工后孔的尺寸多偏向下极限尺寸，轴多偏向上极限尺寸。这样，单件生产的装配效果就会偏紧一些。因此，对于图 1-15 所示的薄壁零件，大批生产时套筒外表面与机座内孔的配合选 $\phi60\text{H7/js6}$，单件小批生产时则应选 $\phi60\text{H7/h6}$。

知识点 12　常用和优先的公差带与配合

国家标准 GB/T 1800.1—2009 规定了 20 个公差等级和 28 种基本偏差，如将任一基本偏差与任一标准公差组合，在公称尺寸不大于 500 mm 范围内，孔公差带有 $20 \times 27 + 3(\text{J6、J7、J8}) = 543$ 个，轴公差带有 $20 \times 27 + 4(\text{j5、j6、j7、j8}) = 544$ 个。这么多的公差带都使用显然是不经济的，因为它必然导致定值刀具和量具规格的繁多。

1. 常用和优先的公差带

国家标准 GB/T 1801—2009 规定了一般、常用和优先轴用公差带共 116 种，如图 1-16 所示。图中方框内的 59 种为常用公差带，圆圈内的 13 种为优先公差带。

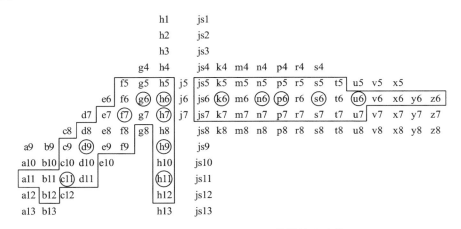

图 1-16　公称尺寸至 500 mm 的轴的公差带

国家标准 GB/T 1801—2009 规定了一般、常用和优先孔用公差带共 105 种，如图 1-17 所示。图中方框内的 43 种为常用公差带，圆圈内的 13 种为优先公差带。

2. 常用和优先配合

基孔制常用（59 种）和优先（13 种）配合见表 1-13；基轴制常用（47 种）和优先（13 种）配合见表 1-14。

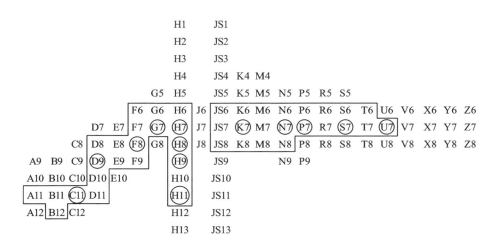

图 1-17 公称尺寸至 500 mm 的孔的公差带

表 1-13 基孔制优先配合与常用配合(摘自 GB/T 1801—2009)

基准孔	轴																				
	a	b	c	d	e	f	g	h	js	k	m	n	p	r	s	t	u	v	x	y	z
	间隙配合								过渡配合				过盈配合								
H6						$\frac{H6}{f5}$	$\frac{H6}{g5}$	$\frac{H6}{h5}$	$\frac{H6}{js5}$	$\frac{H6}{k5}$	$\frac{H6}{m5}$	$\frac{H6}{n5}$	$\frac{H6}{p5}$	$\frac{H6}{r5}$	$\frac{H6}{s5}$	$\frac{H6}{t5}$					
H7						$\frac{H7}{f6}$	$\frac{H7}{g6}$	$\frac{H7}{h6}$	$\frac{H7}{js6}$	$\frac{H7}{k6}$	$\frac{H7}{m6}$	$\frac{H7}{n6}$	$\frac{H7}{p6}$	$\frac{H7}{r6}$	$\frac{H7}{s6}$	$\frac{H7}{t6}$	$\frac{H7}{u6}$	$\frac{H7}{v6}$	$\frac{H7}{x6}$	$\frac{H7}{y6}$	$\frac{H7}{z6}$
H8					$\frac{H8}{e7}$	$\frac{H8}{f7}$	$\frac{H8}{g7}$	$\frac{H8}{h7}$	$\frac{H8}{js7}$	$\frac{H8}{k7}$	$\frac{H8}{m7}$	$\frac{H8}{n7}$	$\frac{H8}{p7}$	$\frac{H8}{r7}$	$\frac{H8}{s7}$	$\frac{H8}{t7}$	$\frac{H8}{u7}$				
				$\frac{H8}{d8}$	$\frac{H8}{e8}$	$\frac{H8}{f8}$		$\frac{H8}{h8}$													
H9			$\frac{H9}{c9}$	$\frac{H9}{d9}$	$\frac{H9}{e9}$	$\frac{H9}{f9}$		$\frac{H9}{h9}$													
H10			$\frac{H10}{c10}$	$\frac{H10}{d10}$				$\frac{H10}{h10}$													
H11	$\frac{H11}{a11}$	$\frac{H11}{b11}$	$\frac{H11}{c11}$	$\frac{H11}{d11}$				$\frac{H11}{h11}$													
H12		$\frac{H12}{b12}$						$\frac{H11}{h12}$													

注:① $\frac{H6}{n5}$、$\frac{H7}{p6}$ 在公称尺寸小于或等于 3mm 和 $\frac{H8}{r7}$ 在公称尺寸小于或等于 100 mm 时,为过渡配合;

② 标注 ◣ 的配合为优先配合。

表 1-14　基轴制优先配合与常用配合(摘自 GB/T 1801—2009)

基准轴	孔																	
	A	B	C	D	E	F	G	H	JS	K	M	N	P	R	S	T	U	V X Y Z
	间隙配合								过渡配合				过盈配合					
h5						$\frac{F6}{h5}$	$\frac{G6}{h5}$	$\frac{H6}{h5}$	$\frac{JS6}{h5}$	$\frac{K6}{h5}$	$\frac{M6}{h5}$	$\frac{N6}{h5}$	$\frac{P6}{h5}$	$\frac{R6}{h5}$	$\frac{S6}{h5}$	$\frac{T6}{h5}$		
h6						$\frac{F7}{h6}$	$\frac{G7}{h6}$	$\frac{H7}{h6}$	$\frac{JS7}{h6}$	$\frac{K7}{h6}$	$\frac{M7}{h6}$	$\frac{N7}{h6}$	$\frac{P7}{h6}$	$\frac{R7}{h6}$	$\frac{S7}{h6}$	$\frac{T7}{h6}$	$\frac{U7}{h6}$	
h7					$\frac{E8}{h7}$	$\frac{F8}{h7}$		$\frac{H8}{h7}$	$\frac{JS8}{h7}$	$\frac{K8}{h7}$	$\frac{M8}{h7}$	$\frac{N8}{h7}$						
h8				$\frac{D8}{h8}$	$\frac{E8}{h8}$	$\frac{F8}{h8}$		$\frac{H8}{h8}$										
h9				$\frac{D9}{h9}$	$\frac{E9}{h9}$	$\frac{F9}{h9}$		$\frac{H9}{h9}$										
h10				$\frac{D10}{h10}$				$\frac{H10}{h10}$										
h11	$\frac{A1}{h11}$	$\frac{B11}{h11}$	$\frac{C11}{h11}$	$\frac{D11}{h11}$				$\frac{H11}{h11}$										
h12		$\frac{B12}{h12}$						$\frac{H12}{h12}$										

注:标注▼的配合为优先配合。

知识点 13　一般公差、线性尺寸的未注公差

在车间普通工艺条件下,机床设备一般加工能力可保证的公差称为一般公差。在正常维护和操作情况下,它代表车间的一般的经济加工精度,主要用于较低精度的非配合尺寸,其极限偏差取值采用对称分布的公差带,使用方便。一般公差的尺寸标注时,通常不需标出极限偏差。

国家标准《一般公差　未注公差的线性和角度尺寸的公差》(GB/T 1804—2000)对线性尺寸的一般公差规定了四个公差等级,它们分别是精密级 f、中等级 m、粗糙级 c、最粗级 v。对各公差等级的适用尺寸也采用了较大的分段,具体数值见表 1-15。f、m、c、v 四个等级分别相当于 IT12、IT14、IT16、IT17。

表 1-15   一般公差/未注公差（摘自 GB/T 1804—2000）   (mm)

等级	尺寸分段							
	0.5～3	>3～6	>6～30	>30～120	>120～400	>400～1000	>1000～2000	>2000～4000
f（精密级）	±0.05	±0.05	±0.1	±0.15	±0.2	±0.3	±0.5	—
m（中等级）	±0.1	±0.1	±0.2	±0.3	±0.5	±0.8	±1.2	±2
c（粗糙级）	±0.2	±0.3	±0.5	±0.8	±1.2	±2	±3	±4
v（最粗级）	—	±0.5	±1	±1.5	±2.5	±4	±6	±8

线性尺寸一般公差主要用于较低精度的非配合尺寸。采用一般公差的尺寸，该尺寸后不标注极限偏差。只有当要素的功能允许一个比一般公差更大的公差，且采用该公差比一般公差更为经济时，其相应的极限偏差才需要在尺寸后注出。

采用 GB/T 1804—2000 规定的一般公差，在图样、技术文件或标注中用该标准号和公差等级符号表示。例如，当选用中等级公差时，可在技术要求中注明：未注公差尺寸按 GB/T 1804—m。

知识点 14   极限与配合在图样上的标注

1. 公差带代号与配合代号

孔、轴的公差带代号由基本偏差代号和公差等级数字组成，例如 H7、F7、K7、P6 等为孔的公差带代号；h7、g6、m6、r7 等为轴的公差带代号。当孔和轴组成配合时，配合代号写成分数形式，分子为孔的公差带代号，分母为轴的公差带代号，如 H7/g6 或 $\frac{H7}{g6}$。如指某公称尺寸的配合，则公称尺寸标在配合代号之前，如 ϕ30H7/g6。

2. 图样中尺寸公差的标注形式

零件图中，配合尺寸公差有两种标注形式，如图 1-18 所示。

在装配图上，主要标注配合代号，即标注孔、轴的基本偏差代号及公差等级，配合尺寸公差的标注形式如图 1-19 所示。

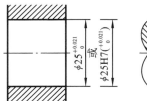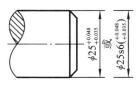

图 1-18   零件图中配合尺寸的标注

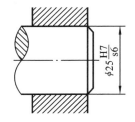

图 1-19   装配图中配合尺寸的标注

28

项 目 任 务

任务 1 查表学习极限与配合国家标准

1. 任务引入

根据图 1-20 中的尺寸标注,画出尺寸公差带示意图,分析这三组尺寸的间隙、过渡、过盈配合关系,计算间隙或过盈量及配合公差。

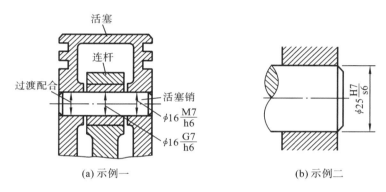

(a) 示例一   (b) 示例二

图 1-20 尺寸标注示例

2. 任务分析

图 1-20 中有三对相互配合的孔和轴:$\phi16G7/h6$ 为间隙配合;$\phi16M7/h6$ 为过渡配合;$\phi25H7/s6$ 为过盈配合。$\phi16$、$\phi25$ 代表公称尺寸,分子 G7、M7、H7 代表配合孔的公差带,分母 h6、s6 代表配合轴的公差带,公差带代号由数字和字母组成,其中数字 7、6 代表公差等级,G、M、H 代表孔的基本偏差,h、s 代表轴的基本偏差。

先查表并画出公差带图,用公差带图来表达孔与轴的公称尺寸,上、下极限偏差、公差的相互关系。公差值可查表 1-4 得到,轴的基本偏差查附录 A 中的表 A-1,孔的基本偏差查附录 A 中的表 A-2。

在公差带图上,用一条直线代表公称尺寸,用代表上、下极限偏差的两条直线间的区域代表公差,称为公差带。$\phi16G7/h6$、$\phi16M7/h6$、$\phi25H7/s6$ 对应公差带图如图 1-21 所示。

有关计算公式:$T_s = es - ei$;$T_h = ES - EI$;$T_f = T_s + T_h$。最终结果填入表 1-16。

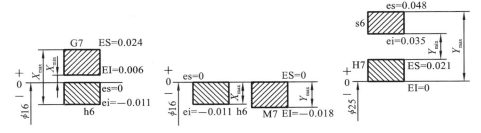

图 1-21 $\phi16G7/h6$、$\phi16M7/h6$、$\phi25H7/s6$ 对应公差带图

表 1-16　配合尺寸的查表、计算结果

配合	公称尺寸	公差等级（孔/轴）	基本偏差代号（孔/轴）	孔（ES/EI）	轴（es/ei）	配合性质	X_{max} 或 Y_{min}	X_{min} 或 Y_{max}	配合公差 T_f
$\phi16G7/h6$	16	7/6	G/h	0.024/0.006	0/−0.011	间隙	0.035	0.006	0.029
$\phi16M7/h6$	16	7/6	M/h	0/−0.018	0/−0.011	过渡	0.011	−0.018	0.029
$\phi25H7/s6$	25	7/6	H/s	0.021/0	0.048/0.035	过盈	−0.014	−0.048	0.034

任务 2　读图

1. 任务引入

（1）识读连杆组件零件图（见图 1-22），学习极限与配合标准、配合制、公差系列、基本偏差系列。对照图样要求，查标准公差数值表、基本偏差数值表，绘制公差带图。

（2）分析齿轮轴零件图（见图 1-23）中配合尺寸的配合制、公差等级、配合性质。

2. 任务分析

极限与配合的选用主要包括配合制、公差等级和配合种类的选择。合理选用极限与配合是机械设计与制造中的一项重要工作，它对提高产品的性能、质量以及降低成本都有重要影响。通常要通过生产实践不断积累经验，才能逐步提高正确地选择极限与配合的能力。一般来说，在选择极限与配合前要熟悉极限与配合国家标准，选择时要对产品的工作条件、技术要求进行分析，对生产制造条件进行分析。

1）连杆组件分析

连杆通常与曲轴配合，用来驱动活塞在汽缸中运动，是机加工中常见的一类重要的零件。其强度、力学性能、精度要求都较高，对尺寸公差、几何公差有较高要求。该连杆为整体模锻成形。在加工中先将连杆切开，再重新组装，镗削大头孔，其外形可不再加工。较重要的配合尺寸有大头孔径 $\phi65.5H6$、小头孔径 $\phi29.5H7$。

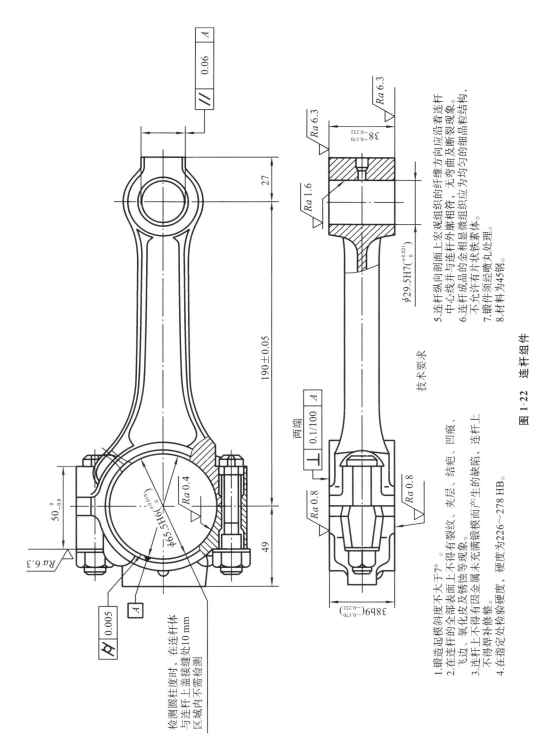

图 1-22 连杆组件

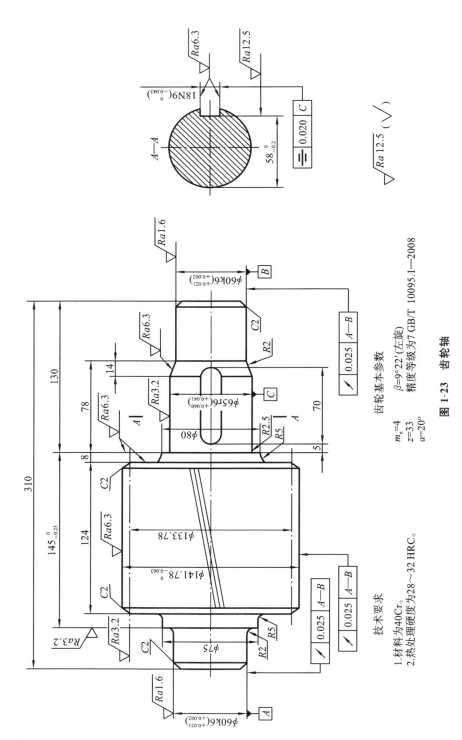

图 1-23 齿轮轴

（1）连杆大头孔径尺寸为 $\phi65.5$H6，尺寸公差等级为 IT6，查表 1-4 知其公差值 IT6＝0.019 mm，基准偏差代号为 H，是基孔制配合的基准孔，基本偏差为 EI ＝0 mm，上极限偏差 ES＝T_h＋EI＝0.019 mm。

（2）小头孔径尺寸为 $\phi29.5$H7，尺寸公差等级为 IT7，查表 1-4 知其公差值 T_h＝0.021 mm，基准偏差代号为 H，是基孔制配合的基准孔，基本偏差为 EI＝0 mm，上极限偏差 ES＝T_h＋EI＝0.021 mm。

（3）连杆大头孔高度为 38b9，尺寸公差等级为 IT9，查表 1-4 知其公差值 T_s ＝0.062 mm，基准偏差代号为 b，查附录 A 中的表 A-1 知基本偏差为 es＝ －0.17 mm，下极限偏差 ei＝es－T_s＝（－0.17－0.062）mm＝－0.232 mm，是基孔制间隙配合的非基准轴。连杆大、小头孔中心距为 190±0.05 mm，未注公差尺寸等要求较低。

主要尺寸公差带图如图 1-24 所示。

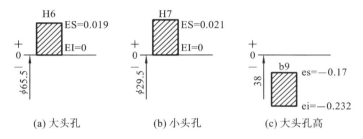

图 1-24　连杆大、小头孔及孔高的公差带图

其余技术要求还有几何公差、表面粗糙度、材料、金相组织、硬度及表面处理要求等。

2）齿轮轴零件分析

较重要的配合尺寸有：轴径 $\phi60$k6($^{+0.021}_{+0.002}$)（两处），采用基孔制过渡配合，其尺寸公差等级为 IT6；轴 $\phi65$r6($^{+0.060}_{+0.041}$)处，采用基孔制过盈配合，其尺寸公差等级为 IT6；键槽 18N9($^{0}_{-0.043}$)处，采用基轴制过渡配合，其尺寸公差等级为 IT9。

其余技术要求有还有几何公差、表面粗糙度、材料及热处理要求等。

习　　题

1.1　互换性在机器制造业中有什么作用和优越性？生产实际中，如何实现零件尺寸的互换性？

1.2　何谓标准？何谓标准化？互换性生产与标准化的关系是什么？

1.3 试写出家用灯泡 15～100 W 之间的各种功率级别,并指出它们属于优先数系中的哪个系列。

1.4 举例说明为什么选定一个数值作为某种产品的参数指标时,这个数值就会"牵一发而动全身"?

1.5 用通用计量器具检测 $\phi40K7$ Ⓔ 孔,试确定验收极限并选择计量器具。

1.6 常用的长度尺寸计量器具有哪些?

1.7 什么是基孔制配合与基轴制配合? 为什么要优先采用基孔制配合? 在什么情况下采用基轴制配合?

1.8 下面三种尺寸的轴中,哪根精度最高? 哪根精度最低?

(1)$\phi70^{+0.105}_{+0.075}$ (2)$\phi250^{-0.015}_{-0.044}$ (3)$\phi10^{\ 0}_{-0.022}$

1.9 查表确定配合 $\phi30S7/h6$ 的有关数值并填空。

S7＝(　　　　　　　), h6＝(　　　　　　)

(1) 孔的基本偏差是＿＿＿＿＿mm,轴的基本偏差是＿＿＿＿＿mm。

(2) 孔的公差为＿＿＿＿＿mm,轴的公差为＿＿＿＿＿mm。

(3) 配合的基准制是＿＿＿＿＿,配合性质是＿＿＿＿＿。

(4) 配合公差等于＿＿＿＿＿mm。

(5) 计算出孔和轴的最大实体和最小实体尺寸。

1.10 根据表 1-17 给出的数据,求空格中应有的数据,并填入空格内。

表 1-17 题 1.10 表

公称尺寸	孔			轴			X_{max} 或 Y_{max}	X_{min} 或 Y_{min}	X_{av} 或 Y_{av}	T_f
	ES	EI	T_h	es	ei	T_s				
$\phi25$		0			0.021	+0.074		+0.057		
$\phi14$		0			0.010		−0.012	+0.0025		
$\phi45$			0.025	0				−0.050	−0.0295	

1.11 已知公称尺寸为 $\phi40$ mm 的一对孔、轴配合,要求其配合间隙为 41～116 μm,试确定孔与轴的配合代号,并画出公差带图。

1.12 设有一公称尺寸为 $\phi110$ mm 的配合,经计算,为保证连接可靠,其过盈不得小于 40 μm;为保证装配后不发生塑性变形,其过盈不得大于 110 μm。若已决定采用基轴制,试确定此配合的孔、轴公差带代号,并画出公差带图。

1.13 公称尺寸为 $\phi50$ mm 的基准孔和基准轴相配合,孔、轴的公差等级相同,配合公差 $T_f＝78$ μm,试确定孔、轴的极限偏差与标注形式。

1.14 填写表 1-18 并画出各配合的公差带图。

表 1-18 题 1.14 表

配合代号	基准制	配合性质	公差代号		公差等级	公差/μm	极限偏差		极限尺寸		间隙		过盈		X_{av}或Y_{av}	T_f
							上	下	最大	最小	最大	最小	最大	最小		
$\phi30\dfrac{P7}{h6}$			孔	P7	IT7											
			轴	h6	IT6											
$\phi20\dfrac{K7}{h6}$			孔	K7	IT7											
			轴	h6	IT6											
$\phi25\dfrac{H8}{f7}$			孔	H8	IT8											
			轴	f7	IT7											

1.15 判断下列说法是否正确,正确的用"T"、错误的用"F"在括号内标示出。

(1) 公差是零件尺寸允许的最大偏差。 （ ）

(2) 公差通常为正,在个别情况下也可以为负或零。 （ ）

(3) 孔和轴的加工精度越高,则其配合精度也越高。 （ ）

(4) 配合公差总是大于孔或轴的尺寸公差。 （ ）

(5) 过渡配合可能有间隙,因此,过渡配合可以是间隙配合。 （ ）

(6) 零件的实际尺寸就是零件的真实尺寸。 （ ）

(7) 某一零件的实际尺寸正好等于其公称尺寸,则该尺寸必定合格。（ ）

(8) 间隙配合中,孔的公差带一定在零线以上,轴的公差带一定在零线以下。

（ ）

(9) 尺寸误差是指一批零件上某尺寸的实际变动量。 （ ）

(10) 公称尺寸一定时,公差值愈大,公差等级愈高。 （ ）

(11) 不论公差值是否相等,只要公差等级相同,尺寸的精确程度就相同。

（ ）

(12) 尺寸 $\phi75\pm0.060$ mm 的基本偏差是$+0.060$ mm,公差为 0.06 mm。

（ ）

(13) 因代号为 JS 的偏差为完全对称偏差,故其对应的上、下极限偏差相等。

（ ）

(14) 基准孔的上极限偏差大于零,基准轴的下极限偏差的绝对值等于其尺寸公差。 （ ）

(15) 因配合的孔和轴公称尺寸相等,故其实际尺寸也相等。 （ ）

(16) 在满足使用要求的前提下,应尽可能选择较低的公差等级。 （ ）

(17) 零件的上极限偏差绝对值大于下极限偏差绝对值。 （ ）

(18) 尺寸偏差可以为正值、负值或零。 （ ）

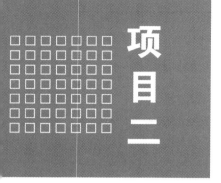

机械零件的几何公差及选用

【项目内容】

◆ 机械零件几何公差的相关知识；

◆ 读图认识机械零件几何公差项目的含义、国家标准；

◆ 读图认识机械零件几何公差的选用、标注。

【知识点与技能点】

◆ 机械零件几何公差的基本概念，相关国家标准的基本内容；

◆ 公差原则（独立原则、相关要求）的概念和应用；

◆ 选择几何公差项目需要考虑的因素，公差大小、公差原则的选用方法；

◆ 图样上几何公差的含义，几何公差要求的标注；

◆ 几何公差项目的选用，公差值、公差原则确定。

相 关 知 识

知识点1 几何公差基本术语

1. 机械零件的几何构成要素

几何公差的研究对象是构成零件几何特征的点、线、面，统称零件的几何要素，如图2-1所示。几何要素的分类及含义如下。

（1）理想要素和实际要素 具有几何学意义的要素称为理想要素。零件上实际存在的要素称为实际要素。通常都以测得要素代替实际要素。

（2）被测要素和基准要素 在零件设计图样上给出了几何公差的要素称为被测要素。用来确定被测要素的方向或（和）位置的要素称为基准要素。

（3）单一要素和关联要素 仅对本身给出了形状公差的要素称为单一要素。给出了方向、位置或跳动公差的要素称为关联要素。

（4）轮廓要素和中心要素 由一个或几个表面形成的要素称为轮廓要素。对称轮廓要素的中心点、中心线、中心面或回转表面的轴线，称为中心要素。

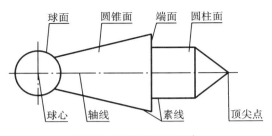

图 2-1　零件的几何要素

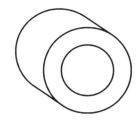

图 2-2　理想轴套

2. 机械零件几何误差与公差、几何公差带

1）几何误差

几何误差指加工后的构成零件几何特征的点、线、面的实际形状或相互位置与理想几何体规定的形状和相互位置存在的差异。

由于机床、夹具、刀具和系统等存在几何误差，并且零件机械加工过程会受到力变形、热变形、振动和磨损等的影响，加工后的零件不仅有尺寸误差，构成零件几何特征的点、线、面的实际形状和相互位置与理想几何体规定的形状和相互位置也不可避免地存在差异，即几何误差。如图 2-2 所示为理想轴套，加工后实际轴套如图 2-3 所示，加工后轴套的外圆柱面可能产生以下误差：外圆在垂直于轴线的正截面上不圆（即圆度误差）、外圆柱面上任一素线（外圆柱面与圆柱轴向截面的交线）不直（即直线度误差），这是形状上的差异；外圆柱面的轴线与孔的轴线不重合（即同轴度误差），这是位置上的差异。几何误差对零件使用性能的影响包括：对零件的功能的影响、对零件的配合性质的影响、对零件的互换性的影响。

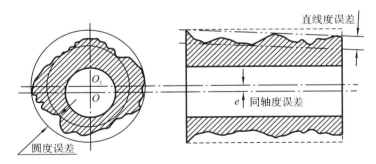

图 2-3　加工后外圆的形状和位置误差

2）几何公差

为限制几何误差的范围，就有必要规定对应的几何公差，设计时选定公差值并按规定的标准符号标注在图样上。

几何公差是指实际被测要素对图样上给定的理想形状、理想位置的允许变动量。

3) 几何公差带

几何公差带是用来限制被测实际要素变动的区域,它是几何误差的最大允许值,只要被测要素完全落在给定的公差带区域内,就表示被测要素的形状和位置符合设计要求。与尺寸公差带相比较,几何公差带构成较为复杂,它包括大小、形状、方向和位置四个要素,主要有九种形状,如图 2-4 所示。

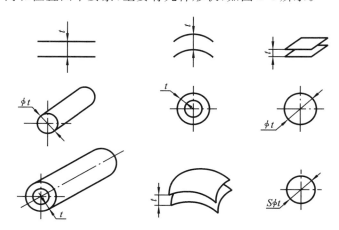

图 2-4 几何公差带的形状

(1) 几何公差带的形状由公差项目的定义决定,如表 2-1 所示。

表 2-1 几何公差带及其解释、标注示例(摘自 GB/T 1182—2008)

公差项目	标 注	解 释	公差带说明
直线度公差	▭ 0.1	在任一平行于图示投影面的平面内,上平面的提取(实际)线限定在距离为 0.1 mm 的两平行直线之间	公差带为在给定平面和给定方向上,距离为公差值 t 的两平行直线所限定的区域
	▭ 0.03	提取(实际)棱线应限定在距离为 0.03 mm 的两平行平面之间	公差带为间距等于公差值 t 的两平行平面所限定的区域

续表

公差项目	标　注	解　释	公差带说明
直线度公差	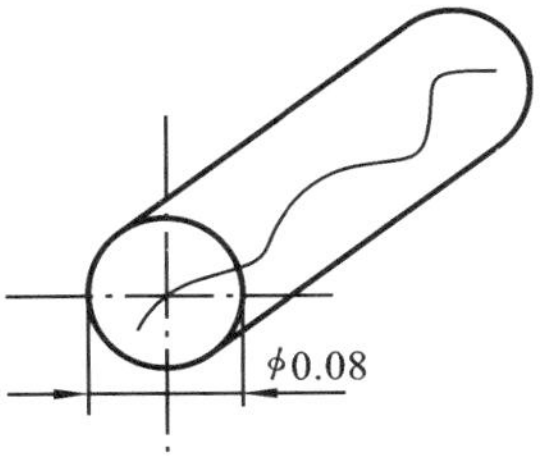 $\phi0.08$	外圆柱面的提取(实际)中心线应限定在直径为$\phi0.08$ mm的圆柱面内	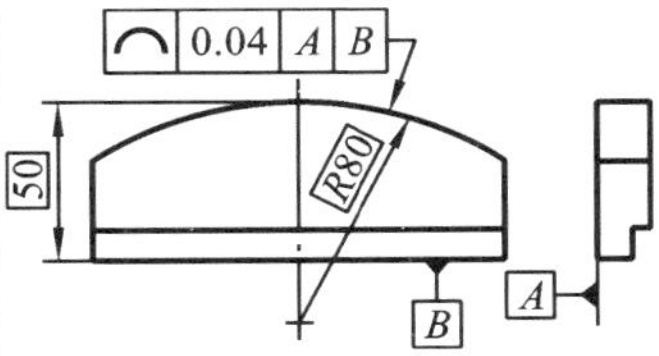 公差值前加注了符号ϕ,公差带是直径为公差值ϕt的圆柱面限定的区域
平面度	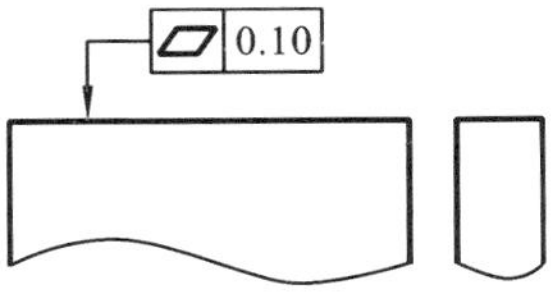 0.10	提取(实际)表面应限定在距离为0.10 mm的两平行平面内	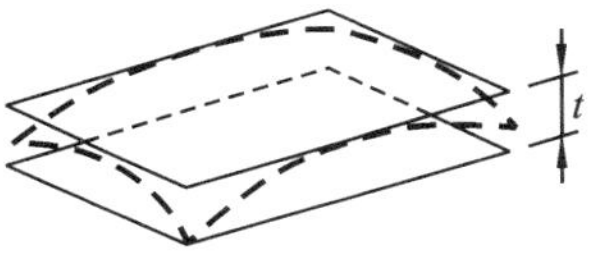 公差带是距离为公差值t的两平行平面所限定的区域
圆度	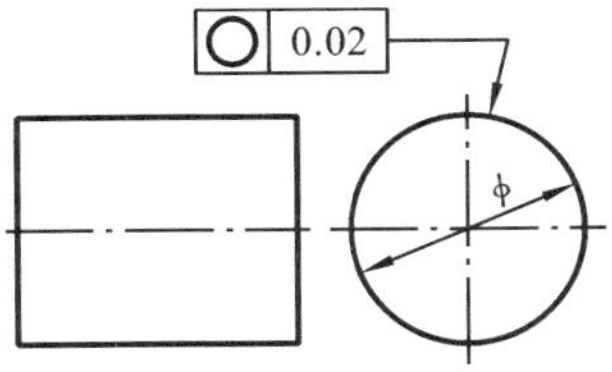 0.02	在圆柱面任一横截面内,提取(实际)圆周应限定在半径差为0.02 mm的两同心圆之间	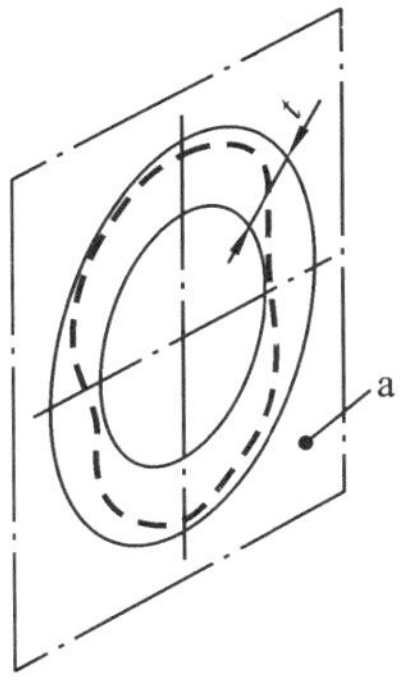 ᵃ任一横截面 公差带是给定横截面上半径差为公差值t的两同心圆所限定的区域
	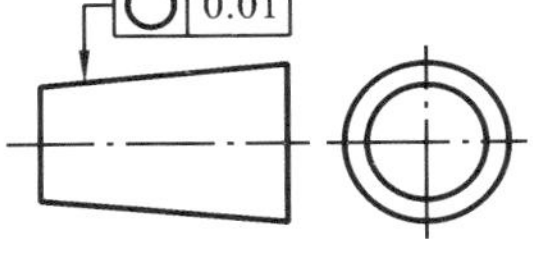 0.01	在圆锥面任一横截面内,提取(实际)圆周应限定在半径为0.01 mm的两同心圆之间	

39

续表

公差项目	标　　注	解　　释	公差带说明
圆柱度	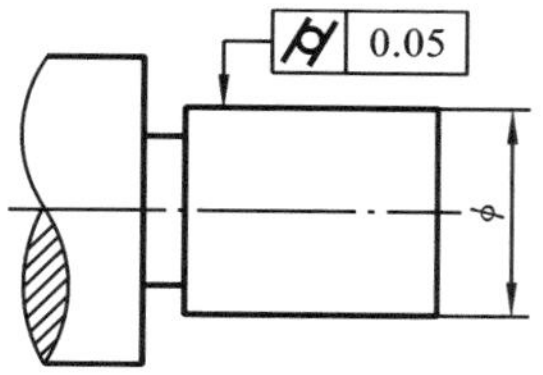	提取(实际)圆柱面应限定在半径差为 0.05 mm 的两同轴圆柱面之间	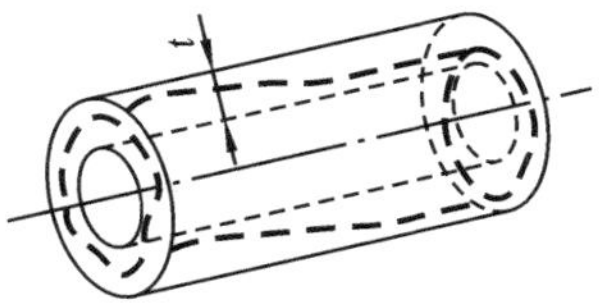 公差带是半径差为公差值 t 的两同轴圆柱面所限定的区域
线轮廓度	无基准 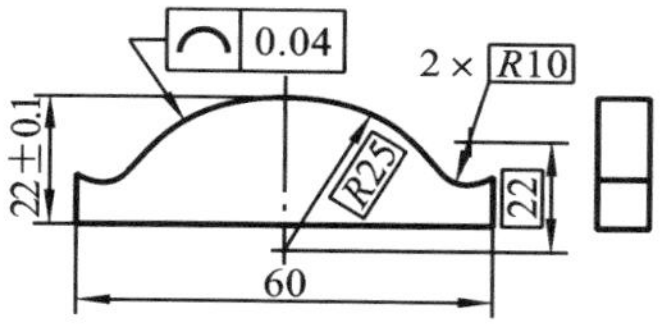 	在平行于图示投影面的任一截面上,提取(实际)轮廓线应限定在直径为 0.04 mm、圆心位于被测要素理论正确几何形状上的一系列圆的两包络线之间	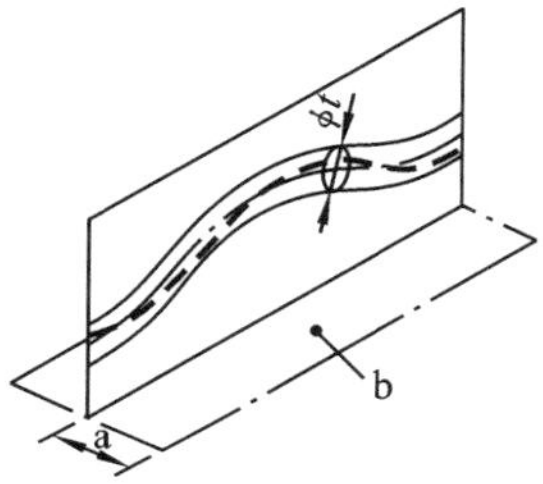 ^a 任一距离;^b 垂直于左侧主视图所在平面 公差带为直径等于公差值 t、圆心位于被测要素理论正确几何形状上的一系列圆的两包络线所限定的区域
	有基准 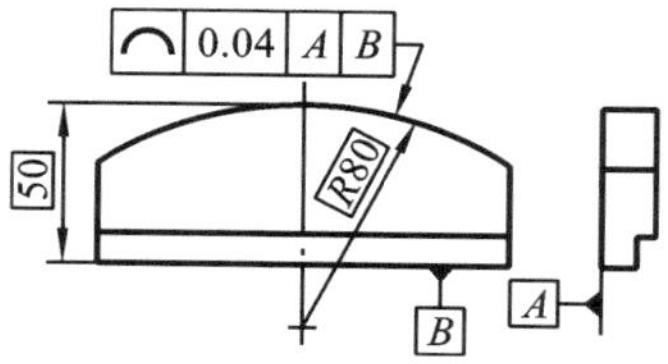 	在任一平行于图示投影平面的截面内,提取(实际)轮廓线应限定在直径等于 0.04 mm、圆心位于由基准平面 A 和基准平面 B 确定的被测要素理论正确几何形状上的一系列圆的两等距包络线之间	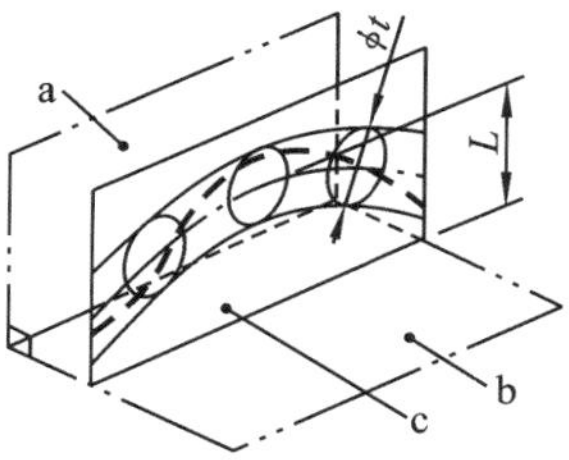 ^a基准平面 A;^b 基准平面 B;^c平行于基准 A 的平面 公差带为直径等于公差值 t、圆心位于由基准平面 A 和基准平面 B 确定的被测要素理论正确几何形状上的一系列圆的两包络线所限定的区域

公差项目	标 注	解 释	公差带说明
面轮廓度	无基准 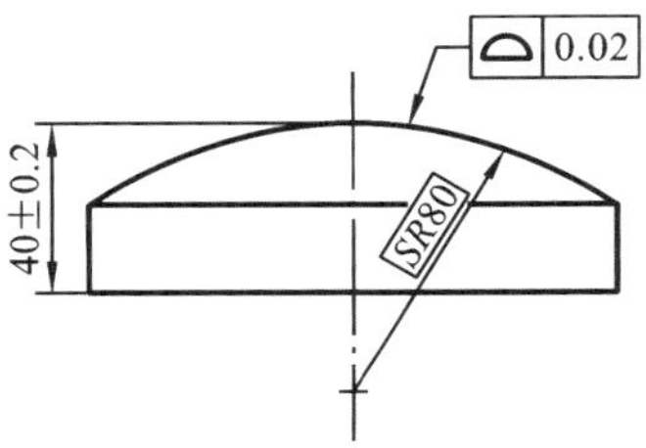 	提取(实际)轮廓面应限定在直径为 0.02 mm、球心位于被测要素理论正确几何形状上的一系列圆球的两等距包络面之间	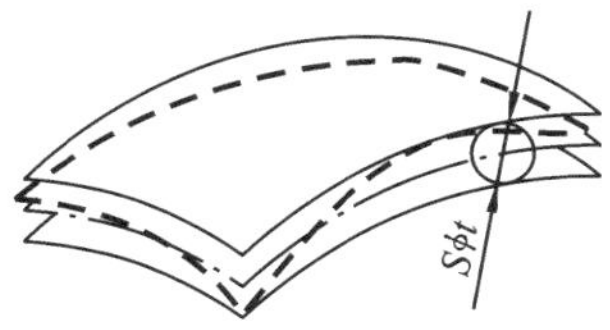 公差带为直径等于公差值 t、球心位于被测要素理论正确形状上的一系列圆球的两包络面所限定的区域
	有基准 A 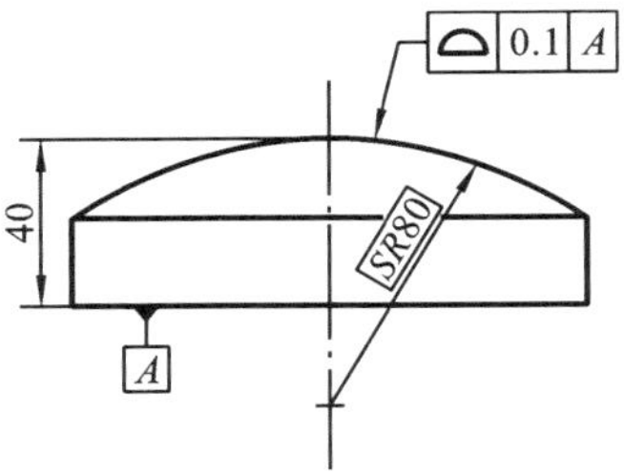 	提取(实际)轮廓面应限定在直径等于 0.1、球心位于由基准平面 A 确定的被测要素理论正确几何形状上的一系列圆球的两等距包络面之间	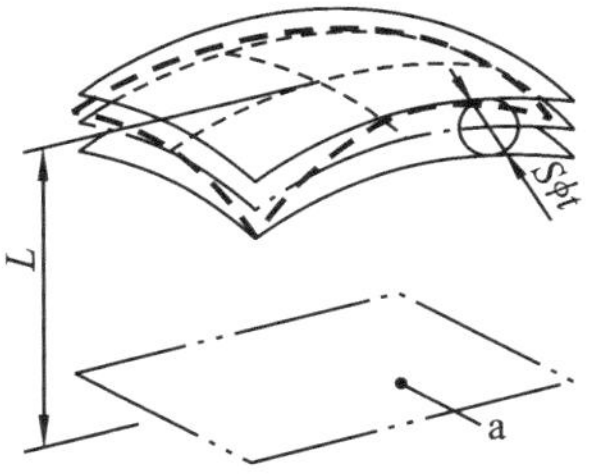 a 基准平面 公差带为直径等于公差值 t、球心位于由基准平面 A 确定的被测要素理论正确几何形状上的一系列圆球的两包络面所限定的区域

续表

公差项目	标　注	解　释	公差带说明

平行度	面对基准面 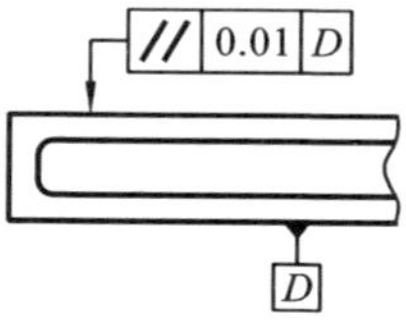
	
	`// 0.01 D`
	
	`D`
		提取(实际)表面应限定在间距等于 0.01 mm、平行于基准 D 的两平行平面之间	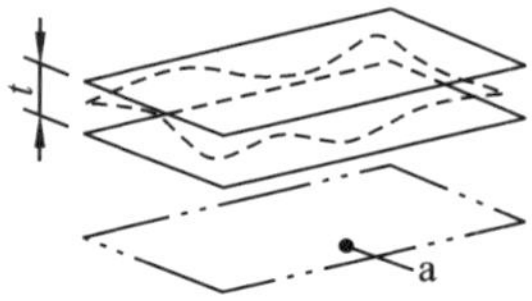
			ᵃ基准平面
			公差带为间距等于公差值 t、平行于基准平面的两平行平面所限定的区域

	线对基准面 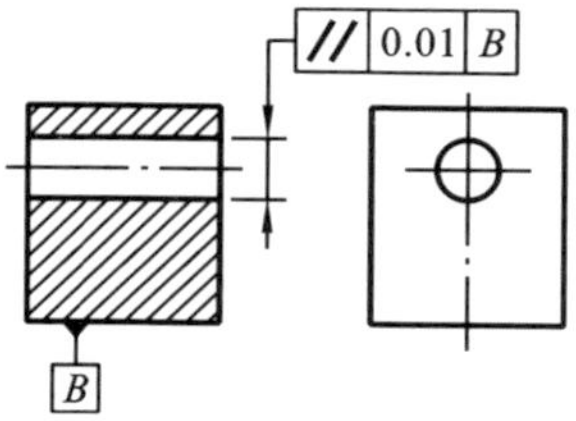
	
	`// 0.01 B`
	
	`B`
		提取(实际)中心线应限定在距离为 0.01 mm，且平行于基准平面 B 的两平行平面之间	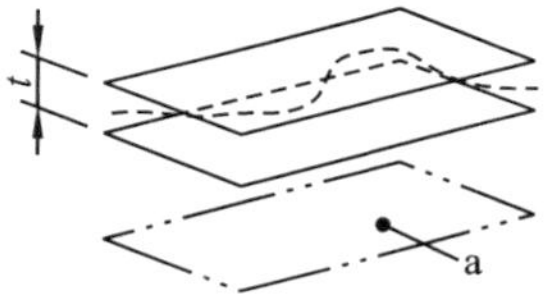
			ᵃ基准平面
			公差带是距离为公差值 t，且平行于基准平面的两平行平面所限定的区域

	线对基准体系 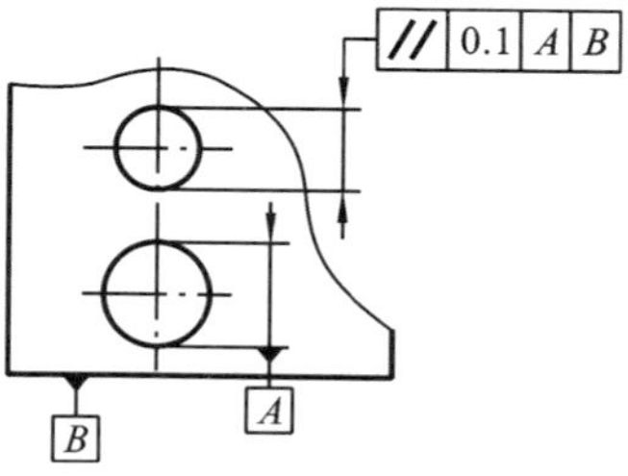
	
	`// 0.1 A B`
	
	`B`　`A`
		提取(实际)中心线应限定在距离为 0.1 mm，且平行于基准轴线 A 及基准平面 B 的两平行平面之间	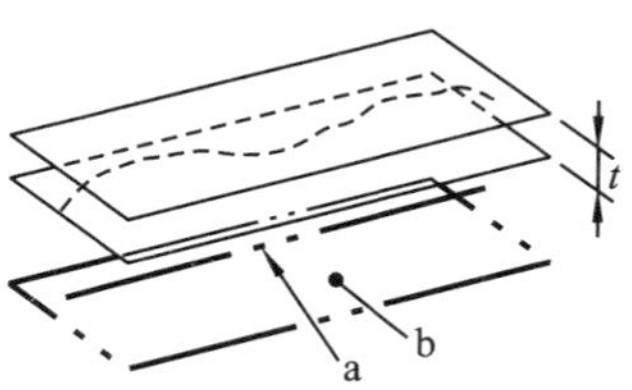
			ᵃ基准轴线；ᵇ基准平面
			公差带是距离为公差值 t，且平行于基准轴线的两平行平面所限定的区域

公差项目	标 注	解 释	公差带说明
平行度	面对基准线	提取（实际）表面应限定在距离为 0.05 mm，且平行于基准轴线 C 的两平行平面之间	ᵃ基准轴线 公差带为间距等于公差值 t，平行于基准轴线的两平行平面所限定的区域
	线对基准体系	提取（实际）线应限定在间距等于 0.02 mm 的两平行直线之间。该两平行直线平行于基准平面 A 且处于平行于基准平面 B 的平面内	ᵃ基准平面 A；ᵇ基准平面 B 公差带为间距等于公差值 t 的两平行直线所限定的区域，该两平行直线平行于基准平面 A 且处于平行于基准平面 B 的平面内
	线对基准线	提取（实际）中心线应限定在直径为 ϕ0.03 mm，且平行于基准轴线 A 的圆柱面内	ᵃ基准轴线 若公差值前加注了符号 ϕ，公差带为直径为公差值 ϕt，且平行于基准轴线的圆柱面所限定的区域

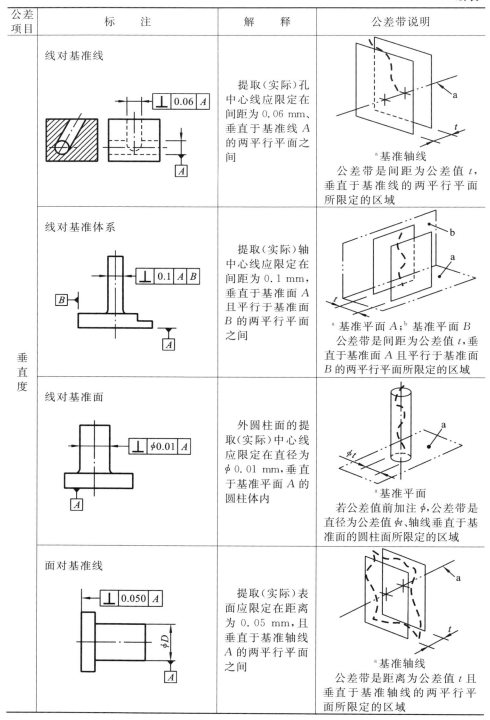

公差项目	标　注	解　释	公差带说明
垂直度	线对基准线	提取(实际)孔中心线应限定在间距为 0.06 mm、垂直于基准线 A 的两平行平面之间	a 基准轴线 公差带是间距为公差值 t，垂直于基准线的两平行平面所限定的区域
	线对基准体系	提取(实际)轴中心线应限定在间距为 0.1 mm，垂直于基准面 A 且平行于基准面 B 的两平行平面之间	a 基准平面 A；b 基准平面 B 公差带是间距为公差值 t，垂直于基准面 A 且平行于基准面 B 的两平行平面所限定的区域
	线对基准面	外圆柱面的提取(实际)中心线应限定在直径为 ϕ 0.01 mm，垂直于基准平面 A 的圆柱体内	a 基准平面 若公差值前加注 ϕ，公差带是直径为公差值 ϕt，轴线垂直于基准面的圆柱面所限定的区域
	面对基准线	提取(实际)表面应限定在距离为 0.05 mm，且垂直于基准轴线 A 的两平行平面之间	a 基准轴线 公差带是距离为公差值 t 且垂直于基准轴线的两平行平面所限定的区域

公差 项目	标　注	解　释	公差带说明
倾 斜 度	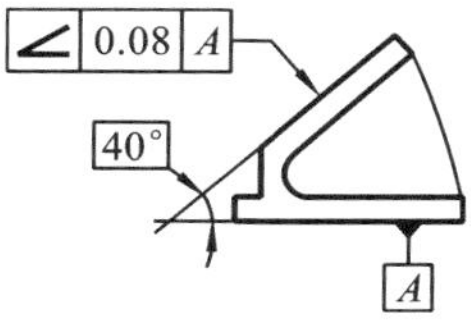 ∠ 0.08 A 40° A	提取(实际)表面应限定在距离为 0.08 mm,且与基准面 A 成理论正确角度45°的两平行平面之间	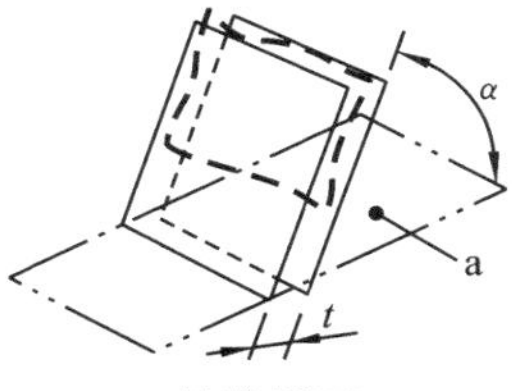 α a t ᵃ基准平面 公差带是距离等于公差值 t,且与基准面 A 成理论正确角度45°的两平行平面所限定的区域
同 轴 度	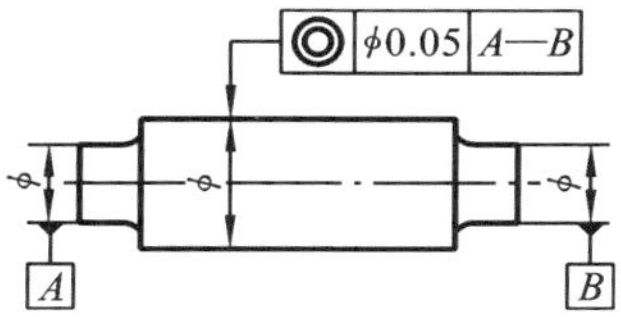 ◎ φ0.05 A—B A　　　　B	提取(实际)大圆柱面的中心线应位于直径等于0.05 mm,且与组合基准线 $A-B$ 同轴的圆柱面内	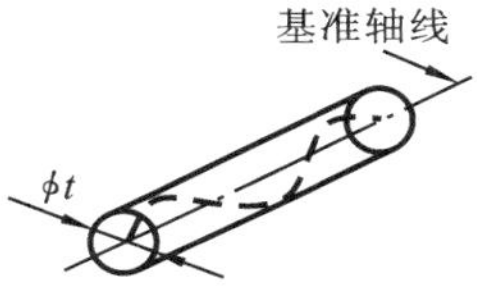 基准轴线 φt 公差值前标注符号 ϕ,公差带是直径等于公差值 ϕt,且与组合基准线 $A-B$ 同轴的圆柱面所限定的区域
同 心 度	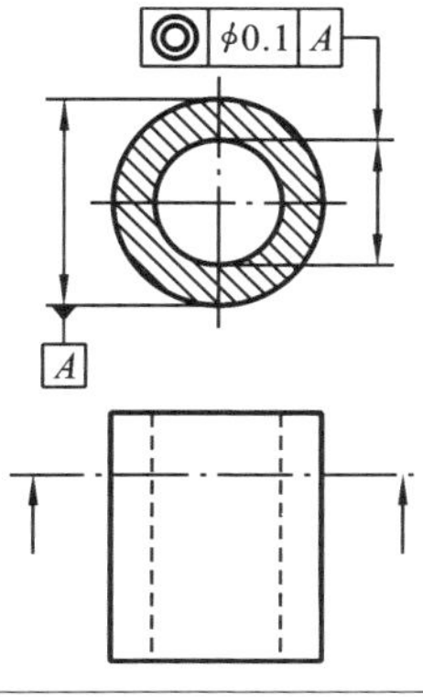 ◎ φ0.1 A A	在任意横截面内,内圆的提取(实际)中心应限定在直径等于 $\phi0.1$ mm,且以基准点为圆心的圆内	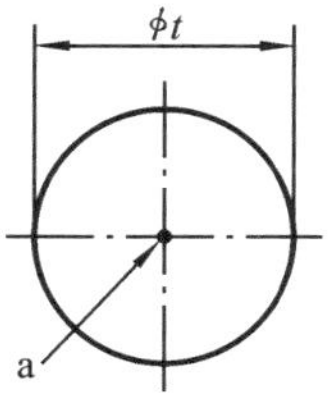 φt a ᵃ基准点 公差值前标注符号 ϕ,公差带是直径为公差值 ϕt,且圆心与基准点重合的圆周所限定的区域
对 称 度	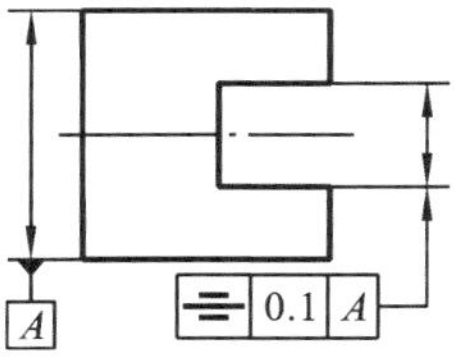 A　　　⬓ 0.1 A	提取(实际)中心平面应限定在距离为 0.1 mm,且相对基准中心平面 A 对称配置的两平行平面之间	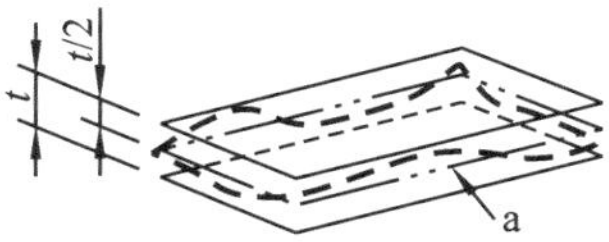 t/2 t a ᵃ基准中心平面 公差带是距离为公差值 t,且相对基准中心平面 A 对称配置的两平行平面所限定的区域

续表

公差项目	标　注	解　释	公差带说明
位置度	点的位置度公差 $\bigoplus$ Sϕ0.3 A B C 25 B A 30 C	提取(实际)球心应限定在直径为 Sϕ0.2 mm,其中心由基准平面 A、B、C 所确定的、具有理论正确尺寸的圆球面内	x Sϕt a c y b [a]基准平面 A;[b] 基准平面 B;[c]基准平面 C 公差值前加注 Sϕ,公差带为直径为公差值 Sϕt 的圆球面所限定的区域,该圆球面中心的理论正确位置由基准平面 A、B、C 和理论正确尺寸确定
	线的位置度公差 C 8×ϕ12 $\bigoplus$ 0.05 C A B 8×ϕ12 $\bigoplus$ 0.2 C A B A 30 30 30 15 B 30 20	各孔的测得(实际)中心线在给定方向上应各自限定在间距分别为 0.05 mm 和 0.2 mm 且相互垂直的两对平行平面内。每对平行平面对称于由基准平面 C、A、B 和理论正确尺寸 20 mm、15 mm、30 mm 确定的各孔轴线的理论正确位置	a 0.05 c b t_1/2 t_1/2 0.2 b a c t_2/2 t_2/2 [a]基准平面 A;[b] 基准平面 B;[c]基准平面 C 在给定两个方向的公差时,公差带是间距分别为公差值 t_1 和 t_2,对称于线的理论正确位置的两对相互垂直的平行平面所限定的区域,线的理论正确位置由基准平面 C、A、B 及理论正确尺寸确定

公差项目	标　注	解　释	公差带说明
位置度	线的位置度公差 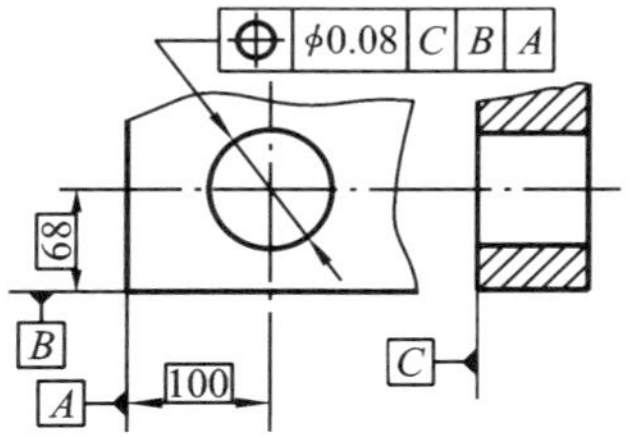 	提取（实际）孔的轴线应限定在直径为 $\phi 0.08$ mm 的圆柱面内，且该圆柱面的轴线的正确位置应处于由基准平面 A、B、C 和理论正确尺寸 100 mm、68 mm 所确定的理想位置上	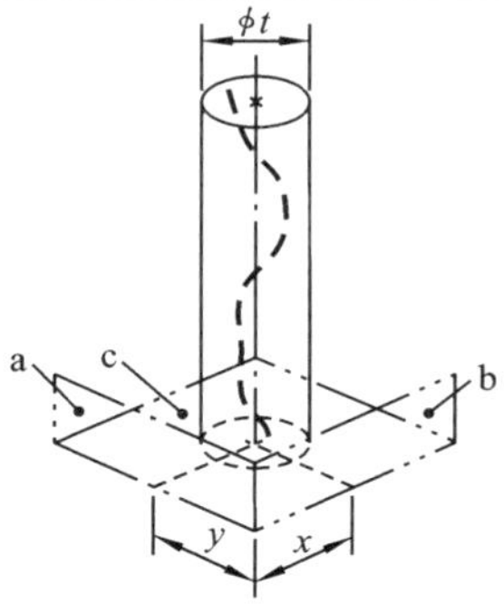 ª 基准平面 A；ᵇ 基准平面 B；ᶜ 基准平面 C 公差值前加注符号 ϕ，公差带是直径为公差值 ϕt 的圆柱面所限定的区域，该圆柱面的轴线位置由基准平面 C、A、B 及理论正确尺寸确定
	面的位置度 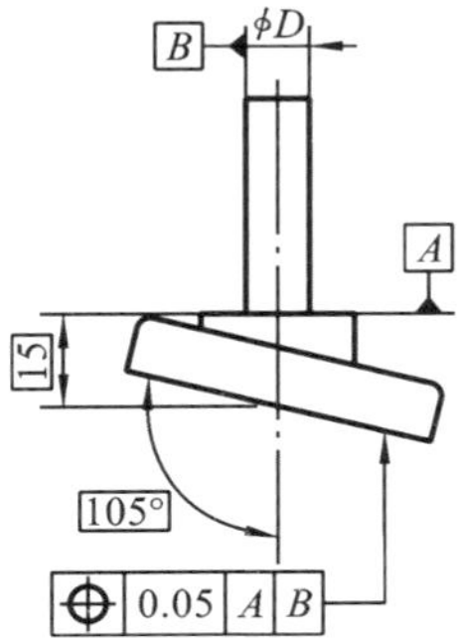 	提取（实际）平面应限定在间距为 0.05 mm，且对称于平面的理论正确位置的两平行平面间，该两平行平面对称于正确位置由基准平面 A、B 及理论正确尺寸 15、105° 所确定的被测面的理论正确位置	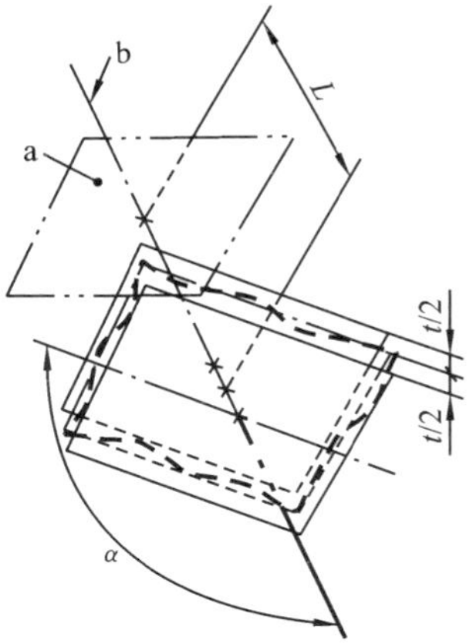 ª 基准平面；ᵇ 基准轴线 公差带是间距为公差值 t，且对称于被测面的理论正确位置的两平行平面所限定的区域。被测面的理论正确位置由基准 A、B 及理论正确尺寸确定

47

续表

公差项目	标　　注	解　　释	公差带说明
圆跳动	径向圆跳动 ![标注图] ⟋ 0.1 A—B A　　B	在任一垂直于基准轴线 A—B 的横截面内,提取(实际)圆应限定在半径差等于 0.1 mm,圆心在基准轴线 A—B 上的两同心圆之间	![公差带图] b　　t a ᵃ基准轴线;ᵇ横截面 公差带是在垂直于基准轴线的横截面内,半径差为公差值 t,且圆心在基准轴线上的两个同心圆所限定的区域
	轴向圆跳动 ![标注图] ⟋ 0.1 D D	在与基准轴线 D 同轴的任一圆柱形截面上,提取(实际)圆应限定在轴向距离等于 0.1 mm 的两个等圆之间	![公差带图] a b t　c ᵃ基准轴线;ᵇ公差带; ᶜ任意直径 公差带是在与基准轴线同轴的任一直径的圆柱截面上,间距为公差值 t 的两圆所限定的圆柱面区域

公差项目	标 注	解 释	公差带说明
圆跳动	斜向圆跳动 (a) (b)	在与基准轴线同轴的任一圆锥截面上，提取（实际）线应限定在素线方向间距等于0.1 mm的两不等圆之间（见图a） 当标注公差的素线不是直线时，圆锥截面的锥角要随所测圆的实际位置而改变（见图b）	ᵃ基准轴线；ᵇ公差带 公差带是在与基准轴线同轴的任一测量圆锥面上，间距为公差值 t 的两圆所限定的圆锥面区域。除另有规定外，其测量方向应与被测面垂直
	给定方向的斜向圆跳动	在与基准轴线同轴且有给定角度60°的任一圆锥截面上，提取（实际）线应限定在素线方向间距等于公差值0.1 mm的两不等圆之间	ᵃ基准轴线；ᵇ公差带 公差带是在与基准轴线同轴且有给定锥角的任一圆锥截面上，间距等于公差值 t 的两不等圆所限定的区域

续表

公差项目	标 注	解 释	公差带说明
全跳动	径向全跳动 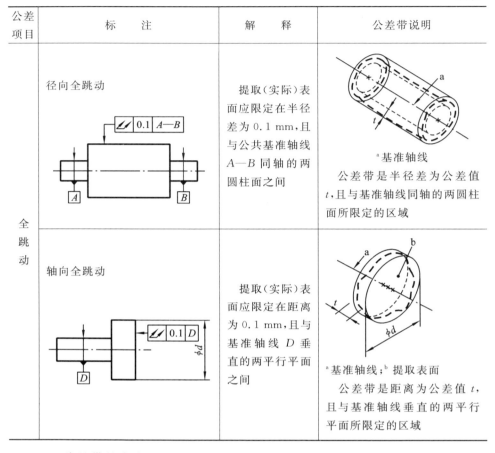	提取(实际)表面应限定在半径差为 0.1 mm,且与公共基准轴线 A—B 同轴的两圆柱面之间	ᵃ基准轴线 公差带是半径差为公差值 t,且与基准轴线同轴的两圆柱面所限定的区域
	轴向全跳动	提取(实际)表面应限定在距离为 0.1 mm,且与基准轴线 D 垂直的两平行平面之间	ᵃ基准轴线;ᵇ 提取表面 公差带是距离为公差值 t,且与基准轴线垂直的两平行平面所限定的区域

(2)公差带的大小用公差带的宽度或直径来表示,如图 2-4 所示。

(3)公差带的方向是公差带的延伸方向,与测量方向垂直,如图 2-5 所示。

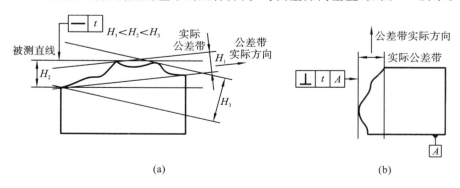

(a)　　　　　(b)

图 2-5　公差带的方向

图 2-5(a)所示是形状公差带(无基准)的方向,公差带的实际方向由最小条

件决定;图 2-5(b)所示是有基准的公差带的方向,公差带的实际方向与基准之间保持图样上给定的几何关系。

（4）公差带的位置分浮动和固定的两种,图 2-6 所示公差带位置随尺寸变化而变化,但几何公差须落在尺寸公差带内,即同一要素几何公差值小于或等于尺寸公差。图 2-7 所示公差带位置不随被测表面尺寸变化而变化。

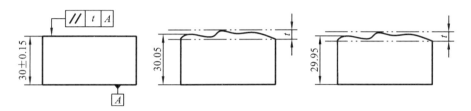

图 2-6　公差带位置浮动

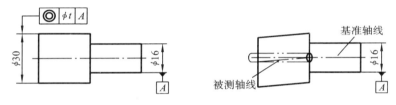

图 2-7　公差带位置固定

3. 理论正确尺寸

要素的位置度、轮廓度、倾斜度尺寸由不带公差的理论正确尺寸确定,理论正确尺寸应围以框格表示,如图 2-8 所示。

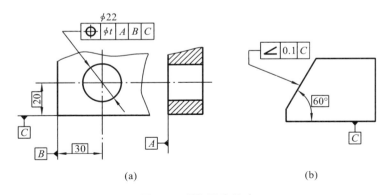

(a)　　　　　　　　　　　　　　(b)

图 2-8　理论正确尺寸

4. 延伸公差带

延伸公差带用附加符号Ⓟ表示,该符号应置于图样上公差框格的几何公差值后面。延伸公差带的最小延伸范围和位置应在图样上相应视图中用细双点画线表示,需标出相应的延伸尺寸并在该尺寸前加注符号ⓟ,如图 2-9 所示。延伸公差带的主要作用是防止零件装配时发生干涉。

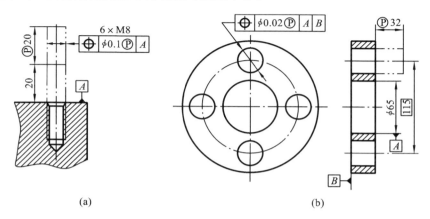

(a)   (b)

图 2-9　延伸公差带

5. 基准目标

当需要在基准要素上指定某些点、线或局部表面来体现各种基准时,应标注

图 2-10　基准目标代号

基准目标。基准目标代号如图 2-10 所示。基准目标的圆圈用细实线画出,圈内分上、下两部分,上部分填写给定局部表面的尺寸,下半部分填写基准目标代号的字母,基准目标指引线自圆圈指向基准目标。

图 2-11 所示是基准目标的标注示例。图 2-11(a)中基准目标为点,用"×"表示;图 2-11(b)中基准目标为线,在棱边上加"×";图 2-11(c)中基准目标为局部表面,用细双点画线绘出该局部表面图形并画上与水平方向成 45°的细实线。

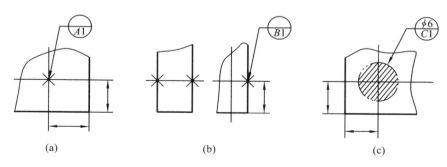

(a)   (b)   (c)

图 2-11　基准目标

6. 有关几何公差现行国家标准

《产品几何技术规范(GPS)　几何公差　形状、方向、位置和跳动公差标注》(GB/T 1182—2008)

《形状和位置公差　未注公差值》(GB/T 1184—1996)

《产品几何技术规范(GPS)　公差原则》(GB/T 4249—2009)

《产品几何技术规范(GPS)　几何公差　最大实体要求、最小实体要求和可逆要求》(GB/T 16671—2009)

《产品几何技术规范(GPS)　几何公差　位置度公差注法》(GB/T 13319—2003)

国家标准 GB/T 1182—2008 规定了几何公差特征项目符号共 14 种,如表 2-2 所示。有时需要对几何公差做进一步的要求,此时需应用附加符号。

表 2-2　几何公差特征项目符号(摘自 GB/T 1182—2008)

公差类型	特征项目	符 号	有或无基准要素
形状公差	直线度	—	无
	平面度	▱	无
	圆度	○	无
	圆柱度	⌀	无
	线轮廓度	⌒	无
	面轮廓度	⌓	无
方向公差	平行度	//	有
	垂直度	⊥	有
	倾斜度	∠	有
	线轮廓度	⌒	有
	面轮廓度	⌓	有
位置公差	位置度	⊕	有或无
	同心度(用于中心点)	◎	有
	同轴度(用于轴线)	◎	有
	对称度	═	有
	线轮廓度	⌒	有
	面轮廓度	⌓	有
跳动公差	圆跳动	↗	有
	全跳动	↗↗	有

知识点 2　几何公差项目的种类、符号及公差带含义

机械零件的几何误差对机械产品的运动平稳性、工作精度、密封性、耐磨性、使用寿命都有很大影响,特别是对在高速、重载、高温、高压、高精度要求等条件下工作的零件影响更大。

几何公差特征项目是为了限制几何误差而设的,它包括形状公差、方向公差、位置公差和跳动公差几种。几何公差特征项目符号如表 2-2 所示。

1. 形状公差项目

形状公差是为了限制形状误差而设置的,形状公差有直线度、平面度、圆度、圆柱度、线轮廓度、面轮廓度六项,用于单一要素、单一实际要素的形状所允许变动的全量。形状公差用形状公差带来表达,用以限制实际要素变动的区域。显然,实际要素在此区域内则为合格,反之,则为不合格。形状公差被测要素为直线、平面、圆和圆柱面、轮廓线、轮廓面。

1) 直线度与平面度

(1)圆柱体素线直线度与圆柱体轴线的直线度之间既有联系又有区别。如轴发生鼓形或鞍形变形时,轴线不一定不直而素线一定不直。素线直线度误差可以控制轴线直线度误差,反之,轴线直线度误差不能完全控制素线直线度误差。

(2)平面度控制平面的形状误差,直线度控制直线、平面、圆柱面以及圆锥面的形状误差。

(3)直线度公差带只控制直线本身,与其他要素无关;平面度公差带只控制平面本身,与其他要素无关。因此,公差带的位置都可以浮动。

(4)对窄长平面的形状误差,可用直线度控制。

2) 圆度与圆柱度

(1)圆度和圆柱度一样,是用半径差来表示的,是符合生产实际的,所以是比较先进的、科学的指标。两者不同之处是:圆度公差控制横截面误差,而圆柱度公差则控制横截面和轴截面的综合误差。

(2)圆度和圆柱度公差值只是指两圆或圆柱面的半径差,未限定圆或圆柱面的半径和圆心位置,因此,公差带不受直径大小和位置的约束,可以浮动。

(3)圆柱度公差用于对整体形状精度要求比较高的零件,如汽车起重机上的液压柱塞、精密机床的主轴颈等。

3) 线轮廓度和面轮廓度

轮廓度是对非圆曲线(面)形状精度的要求,其定义、标注和解释与说明如表2-1 所示。

(1)线轮廓度和面轮廓度均用于控制零件轮廓形状的精度,但两者控制的对象不同。前者用于控制轮廓线,此线为给定平面内的由二维坐标系确定的平面曲线,例如样板轮廓面上的素线(轮廓线)的形状要求。后者用于控制轮廓面,此面为由三维坐标系确定的空间曲面。不管其形状沿厚度是否变化,均可应用面轮廓度公差来控制。

（2）由于工艺上的原因，有时也用线轮廓度来控制曲面形状，即用线轮廓度来解决面轮廓度问题。方法是用平行于投影面的平面剖截轮廓面，以形成轮廓线，用线轮廓度控制此平面轮廓线的形状误差，从而近似地控制轮廓面的形状。就相当于用直线度来控制平面的平面度误差一样。

　　（3）当线、面轮廓度仅用于限制被测要素的形状时，不标注基准，其公差带的位置是浮动的。当线、面轮廓度不仅用于限制被测要素的形状，还用于限制被测要素的位置时，其公差带的位置是固定的，因此将线、面轮廓度划为形状或位置公差类。

2. 方向公差项目

　　在构成零件的几何要素中，有的要素对其他要素（基准要素）有方向要求。例如机床主轴对主轴箱平面有平行度的要求。为限制关联要素对基准的方向的误差，应按零件的功能要求，规定必要的方向公差。方向公差包括平行度、垂直度、倾斜度、有基准的线轮廓度和面轮廓度。

1）方向公差的特点

　　（1）方向公差带相对基准有确定的方向，而其位置往往是浮动的。

　　（2）方向公差带具有综合控制被测要素的方向和形状的功能。

2）方向公差应用说明

　　（1）方向公差带控制被测要素的方向角，同时也控制形状误差。由于合格零件的实际要素相对基准的位置允许在其尺寸公差内变动，所以方向公差带的位置允许在一定范围内（尺寸公差带内）浮动。

　　（2）在保证功能要求的前提下，当对某一被测要素给出方向公差后，通常不再对被测要素给出形状公差。只有在对被测要素的形状精度有特殊的较高要求时，才另行给出形状公差，但其公差数值应小于方向公差值。

　　（3）标注倾斜度时，被测要素与基准要素间的夹角是不带偏差的理论正确角度，标注时倾斜度数值要带方框。平行度和垂直度可看成是倾斜度的两个极端情况：当被测要素与基准要素之间的倾斜角 $\alpha = 0°$ 时，就是平行度；当 $\alpha = 90°$ 时，就是垂直度。这两个项目名称的本身已包含了特殊角 $0°$ 和 $90°$ 的含义，因此标注时不必再带有方框了。

3. 位置公差项目

　　位置误差是指被测实际要素对理想要素位置的变动量；位置公差是指关联实际要素的位置对基准（理想要素位置）所允许的变动全量，它是为了限制位置误差而设置的。位置公差带限制关联实际要素变动的区域，被测实际要素位于此区域内为合格，区域的大小由公差值决定。位置公差包括位置度、同心度、同轴度、对称度、有基准的线轮廓度和面轮廓度。

1）位置公差带的特点

（1）位置公差带相对于基准具有确定位置。其中,位置度公差带的位置由理论正确尺寸确定,同心度、同轴度和对称度的理论正确尺寸为零,图上省略不注。

（2）位置公差带具有综合控制被测要素位置、方向和形状的功能。

2）位置公差的应用说明

（1）位置公差带不但具有确定的方向,而且还具有确定的位置,其相对于基准的尺寸为理论正确尺寸。位置公差带具有综合控制被测要素位置、方向和形状的功能,但不能控制形成中心要素的轮廓要素上的形状误差。

（2）在保证功能要求的前提下,对被测要素如给定位置公差后,通常不再对该要素给出方向和形状公差,只有在对该被测要素有特殊的较高的方向和形状精度要求时,才另外给出其方向和形状公差,但其数值应小于位置公差值。

（3）同轴度可控制轴线的直线度,不能完全控制圆柱度;对称度可以控制中心面的平面度,不能完全控制构成中心面的两对称面的平面度和平行度。

4. 跳动公差项目

跳动公差是指关联要素绕基准轴线回转一周或回转时允许的最大跳动量。测量时指示表所示的最大值和最小值之差即为最大变动量。因为它的检测方法简便,又能综合控制被测要素的位置、方向和形状,故在生产中得到了广泛应用。跳动公差分为圆跳动公差和全跳动公差。

圆跳动公差包括径向圆跳动、轴向圆跳动、斜向圆跳动和给定方向的斜向圆跳动公差四种;全跳动公差包括径向全跳动和轴向全跳动公差两种。

（1）跳动公差是一项综合性的误差项目,它综合反映了被测要素的形状误差和位置误差,因而跳动公差带可以综合控制被测要素的位置、方向和形状误差。

（2）利用径向圆跳动公差可以控制圆度误差,只要跳动量小于圆度公差值,就能保证圆度误差小于圆度公差。而轴向圆跳动在一定情况下也能反映端面对基准轴线的垂直度误差。

（3）径向全跳动的公差带与圆柱度公差带形状是相同的,但前者的轴线与基准轴线同轴,后者是浮动的,随圆柱度误差的形状而定。

径向全跳动是被测圆柱面的圆柱度误差和同轴度误差的综合反映,因而利用径向全跳动公差可以控制圆柱度误差,只要跳动量小于圆柱度公差值,就能保证圆柱度误差小于圆柱度公差。径向全跳动公差还可以控制同轴度误差。

（4）轴向全跳动的公差带与平面对轴线的垂直度公差带形状相同,因而可以利用轴向全跳动控制平面对轴线的垂直度误差。

（5）圆跳动仅反映单个测量面内被测要素轮廓形状的误差情况,而全跳动则反映整个被测表面的误差情况。

方向公差、位置公差和跳动公差的共同特点是都涉及基准。

知识点 3　几何公差的标注

1. 几何公差框格和指引线

几何公差代号由两格或多格矩形细实线方框组成,在格中从左至右依次填写几何公差特征项目符号、几何公差值、基准符号和其他附加符号等。指引线由公差框格引出箭头指向被测要素,如图 2-12 所示。形状公差方框只有两格,分别填写公差特征符号、公差值及有关符号;位置公差方框根据功能要求可增至三到五格,用来填写表示基准或基准体系的字母和有关符号。当公差带是圆形或圆柱形时,公差值前应加注 ϕ;如为球形公差带,则应加注 $S\phi$。框格中数字、字母与图中尺寸数字高度相同。

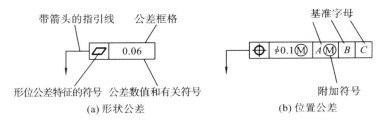

(a) 形状公差　　　　　　　　　　　(b) 位置公差

图 2-12　公差框格

几何公差数值从相应几何公差表中查取。

2. 附加符号

附加符号含义(见表 2-3)。

表 2-3　附加符号含义

说　　明	符　　号	说　　明	符　　号
被测要素		公共公差带	CZ
基准要素	$\boxed{A}$　$\boxed{A}$	小径	LD
基准目标	$\dfrac{\phi2}{A1}$	大径	LD
理论正确尺寸	$\boxed{30}$	中径、节径	PD
延伸公差带	Ⓟ	线素	LE
最大实体要求	Ⓜ	不凸起	NC
最小实体要求	Ⓛ	任意截面	ACS
自由状态条件 (非刚性零件)	Ⓕ	包容要求	Ⓔ
全周(轮廓)			

注:如需标注可逆要求,可采用符号Ⓡ。

3. 几何公差基准符号

零件若有位置公差要求,在图样上必须标明基准符号,并在方框中注出基准

图 2-13　基准符号

符号的字母。基准符号由一个涂黑的或空白的基准三角形、连线和带大写字母的方框组成,如图 2-13 所示。不得采用在几何公差中另有含义的字母 E、I、J、M、O、P、R、L、F 作为基准代号。

4. 被测要素的标注

如图 2-14 所示,被测要素由指引线与几何公差代号相连,指引线用细实线,可用折线,弯折不能超过两次,其一端接公差方框,另一端画上箭头,并垂直指向被测要素或其延长线。

(1) 当被测要素为轮廓要素时,指引线的箭头应指在该要素的轮廓线或其延长线上,并应明显地与尺寸线错开,如图 2-14(a)、(b)所示。箭头也可指向引出线的水平线,引出线引自被测面,见图 2-14(c)所示。

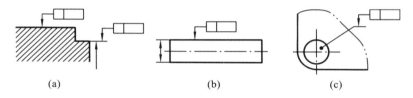

(a)　　　　　　　　(b)　　　　　　　　(c)

图 2-14　被测轮廓要素的标注

(2) 如图 2-15(a)、(b)所示,当被测要素为中心要素时,指引线的箭头应与被测要素的尺寸线对齐,当箭头与尺寸线的箭头重叠时,可代替尺寸线箭头。指引线的箭头不允许直接指向中心线,如图 2-15(c)所示的标注方法是不允许采用的。

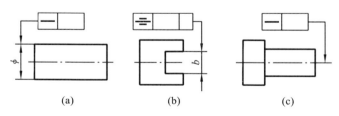

(a)　　　　　　　　(b)　　　　　　　　(c)

图 2-15　被测中心要素的标注

(3) 如图 2-16 所示,当被测要素为圆锥体的轴线时,指引线的箭头应与圆锥体直径尺寸线(大端或小端)对齐。必要时也可在圆锥体内画出空白的尺寸线,并将指引线的箭头与该空白的尺寸线对齐。如圆锥体采用角度尺寸标注,则指引线的箭头应对着该角度的尺寸线。

(4) 如图 2-17 所示,当多个被测要素有相同的几何公差(单项或多项)要求时,可以在从框格引出的指引线上绘制多个指示箭头,并分别与被测要素相连。用同一公差带控制几个分离要素时,应在公差框格内公差值后加注公共公差带

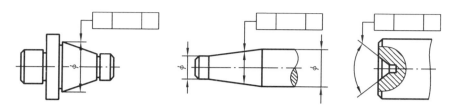

图 2-16 被测圆锥体轴线的标注

符号 CZ,如图 2-17(c)所示。

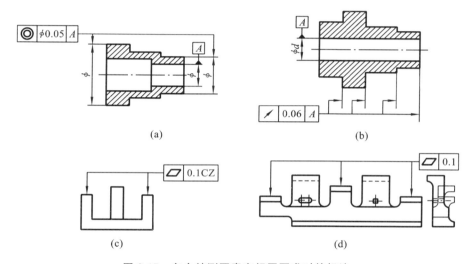

图 2-17 多个被测要素有相同要求时的标注

(5)如图 2-18 所示,当同一个被测要素有多项几何公差要求,其标注方法又一致时,可以将这些框格绘制在一起,并采用一根指引线,如图 2-18(a)所示。如测量方向不完全相同,则应将测量方向不同的项目分开标注,如图 2-18(b)所示。

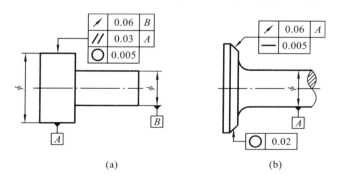

图 2-18 被测要素有多项几何公差要求时的标注

5．几何公差基准要素的标注

1）用基准符号标注基准要素

当基准要素为轮廓要素时，其基准符号的基准三角形应靠近轮廓要素或其延长线(应与尺寸线错开)，如图 2-19(a)所示；基准符号还可以置于该轮廓面引出线的水平线上，如图 2-19(b)所示；当基准要素为中心要素时，其连线应与该要素的尺寸线对齐，如图 2-19(c)所示。

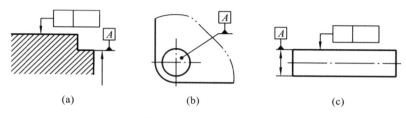

(a)　　　　　　　　(b)　　　　　　　　(c)

图 2-19　基准符号的标注

2）基准的分类与标注

(1)**单一基准**　由单个要素建立的基准为单一基准，如图 2-20 所示。

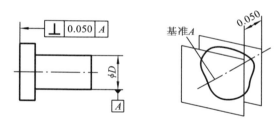

图 2-20　单一基准示例

(2)**组合基准(公共基准)**　由两个或两个以上的要素建立的一个独立的基准，称为组合基准或公共基准。如图 2-21 中轴线的径向圆跳动标注，两段轴线 A、B 建立起公共基准 A—B。

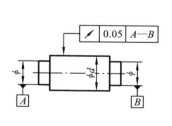
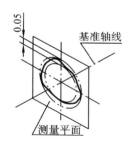

图 2-21　组合基准

(3)**基准体系**　在位置公差中，为了确定被测要素在空间的方向和位置，有时仅指定一个基准是不够的，而要使用两个或三个基准组成基准体系。如图2-22

所示,三个基准平面按标注顺序分别称为第一基准平面(基准 A)、第二基准平面(基准 B)和第三基准平面(基准 C)。基准顺序要根据零件的功能要求和结构特征来确定。

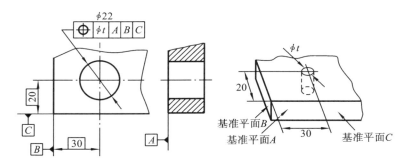

图 2-22　基准体系

3) 任选基准的标注

如图 2-23 所示,对相关要素不指定基准时,称为任选基准的标注,测量时可以任选一个要素为基准。

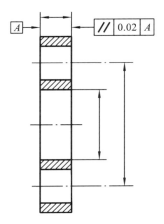

图 2-23　任选基准的标注

知识点 4　公差原则

任何一个机械零件,都既存在几何误差,也存在尺寸误差。有些几何误差与尺寸误差密切相关,如圆柱面的圆度误差与尺寸误差相关;有些几何误差与尺寸误差可以毫不相关,如圆柱面轴线的直线度误差与直径的尺寸误差不相关。影响机械零件使用性能的有时主要是几何误差,有时主要是尺寸误差,有时是几何误差和尺寸误差的综合,因此应根据不同需要区别处理几何公差与尺寸公差的关系。

公差原则规定了尺寸(线性尺寸和角度尺寸)公差和几何公差之间相互关系的原则,包括独立原则和相关要求。

独立原则指图样上每一个尺寸和几何(形状、方向、位置)要求均是独立的,应分别予以满足。相关要求是指图样上给定的尺寸公差和几何公差相互有关的公差要求,含包容要求、最大实体要求(包括可逆要求应用于最大实体要求)和最小实体要求(包括可逆要求应用于最小实体要求)三种。

如图 2-24(a)所示,直径与轴线直线度要求是独立的,应分别检验、分别满足。轴直径尺寸要求控制在 11.98～12 mm 之间,不论轴的局部实际尺寸如何,任意方向轴线直线度误差都不许超过 0.01 mm,即形状公差值与实际尺寸无关。

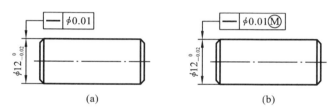

图 2-24　独立原则与相关要求

独立原则常应用于尺寸要求不高,但形状精度要求高的场合,如液压缸内孔、印刷机滚筒外圆等。

图 2-24(b)所示的轴服从相关原则,要求满足最大实体要求,轴直径尺寸应控制在 11.98～12 mm 之间,而其轴线直线度误差允许值与直径尺寸有关,直径尺寸为 12 mm 时直线度误差允许值为 0.01 mm,直径尺寸为 11.98 mm 时直线度误差允许值为 0.03 mm。可见图 2-24(b)所示的轴与图 2-24(a)所示的轴相比,加工要求放宽了。

1. 有关术语及定义

1) 最大实体状态与最大实体尺寸

最大实体状态(MMC)指假定提取组成要素的局部尺寸处处位于极限尺寸且使其具有实体最大时的状态,最大实体尺寸(MMS)指确定要素最大实体状态的尺寸,如图 2-25 所示。

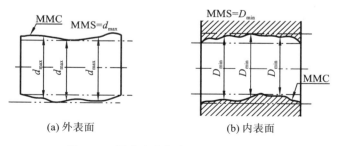

(a) 外表面　　　　　　　　(b) 内表面

图 2-25　最大实体状态与最大实体尺寸

对于外要素，$\qquad$ MMS$=d_{max}$

对于内要素，$\qquad$ MMS$=D_{min}$

从寿命角度看，最大实体状态对应磨损寿命最长的状态。

2）最小实体状态和最小实体尺寸

最小实体状态（LMC）指假定提取组成要素的局部尺寸位于极限尺寸且使其具有实体最小时的状态，最小实体尺寸（LMS）指确定要素最小实体状态的尺寸，如图 2-26 所示。

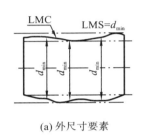 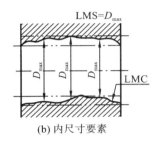

(a) 外尺寸要素　　　　　　　　　　(b) 内尺寸要素

图 2-26　最小实体状态与最小实体尺寸

对于外尺寸要素，$\qquad$ LMS$=d_{min}$

对于内尺寸要素，$\qquad$ LMS$=D_{max}$

从寿命角度看，最小实体状态对应磨损寿命最短的状态。

3）最大实体实效尺寸与最大实体实效状态

最大实体实效尺寸 MMVS 指尺寸要素的最大实体尺寸与其导出中心要素的几何公差 t 共同作用产生的尺寸，如图 2-27 所示。

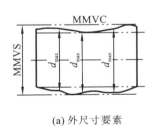 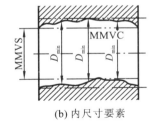

(a) 外尺寸要素　　　　　　　　　　(b) 内尺寸要素

图 2-27　最大实体实效尺寸与最大实体实效状态

对于外尺寸要素，$\qquad$ MMVS$=$MMS$+t$

对于内尺寸要素，$\qquad$ MMVS$=$MMS$-t$

从装配角度看，最大实体实效状态（MMVC）对应零件可装配性最差的状态。

4）最小实体实效尺寸与最小实体实效状态

如图 2-28 所示，最小实体实效尺寸（LMVS）指尺寸要素的最小实体尺寸与其导出要素的几何公差 t 共同作用产生的尺寸。

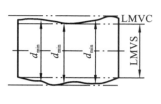
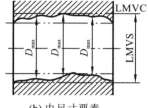

(a) 外尺寸要素　　　　　　　　　(b) 内尺寸要素

图 2-28　最小实体实效尺寸与最小实体实效状态

对于外尺寸要素，$\qquad$ LMVS＝LMS－t

对于内尺寸要素，$\qquad$ LMVS＝LMS＋t

从强度角度看,最小实体实效状态(LMVC)对应零件强度最差的状态。

5）最大实体边界、最小实体边界、最大实体实效边界与最小实体实效边界状态

最大实体边界(MMB)指最大实体状态的理想形状的极限包容面。

最小实体边界(LMB)指最小实体状态的理想形状的极限包容面。

最大实体实效边界(MMVB)指边界尺寸等于最大实体实效尺寸时的理想边界。

最小实体实效边界(LMVB)指边界尺寸等于最小实体实效尺寸时的理想边界。

2. 包容要求

包容要求是指尺寸要素的非理想要素不得违反其最大实体边界的一种尺寸要素要求。

如图 2-29(a)所示,采用包容要求的尺寸要素应在其极限偏差或公差带后加注"Ⓔ"符号。

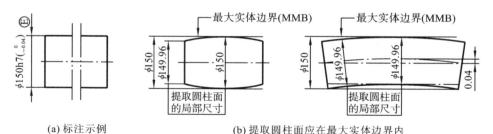

(a) 标注示例　　　　　　　(b) 提取圆柱面应在最大实体边界内

图 2-29　包容要求

如图 2-29(b)所示,采用包容要求时,提取圆柱面应在其最大实体边界内,该边界尺寸为 150 mm,且提取圆柱面局部尺寸不得小于149.96 mm。

包容要求下提取要素局部尺寸与提取要素的导出中心要素的几何公差间的

关系如表 2-4 所示。可以看到包容要求下提取要素的导出中心要素的几何公差——轴线的直线度公差的值随着提取要素局部尺寸的变化而变动。

表 2-4　包容要求的动态公差 （mm）

提取要素局部尺寸	直线度动态公差
$\phi 150$	$\phi 0$
$\phi 149.99$	$\phi 0.01$
$\phi 149.98$	$\phi 0.02$
$\phi 149.97$	$\phi 0.03$
$\phi 149.96$	$\phi 0.04$

包容要求将尺寸误差和几何误差都控制在尺寸公差范围内,常应用于配合性质要求严格的场合,如回转轴的轴颈和滚动轴承、滑块和槽等。

3. 最大实体要求

最大实体要求(MMR)是指基准要素的提取组成要素不得违反基准要素的最大实体实效状态的一种尺寸要素要求,是控制提取组成要素不得超越其最大实体实效边界的一种公差要求。

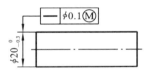

图 2-30 所示为最大实体要求标注示例,图2-31 是最大实体要求下提取要素局部尺寸与动态公差关系的示意图。

图 2-30　最大实体要求标注

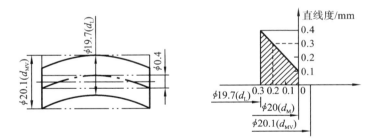

图 2-31　最大实体要求提取要素局部尺寸与动态公差的关系

该轴提取组成要素遵守最大实体实效边界,提取要素局部尺寸必须在最大实体尺寸和最小实体尺寸之间。当提取要素局部尺寸处处均为最大实体尺寸时,允许的直线度几何误差为图样上给定的直线度公差值;当提取要素局部尺寸偏离最大实体尺寸时,其偏离量可补偿给几何公差,直线度几何公差为图样上给定的几何公差值与偏离量之和,直线度几何公差值变动情况见表 2-5。

最大实体要求适用于中心要素,常用于要求可自由装配的场合。当其提取要素局部尺寸偏离最大实体尺寸时,允许其几何误差值超出给定的公差值,此时应在图样上标注符号"Ⓜ"。

表 2-5　提取要素局部尺寸与动态几何公差　　　　　　　(mm)

提取要素局部尺寸	直线度公差
$\phi 20$	$\phi 0.1$
$\phi 19.9$	$\phi 0.2$
$\phi 19.8$	$\phi 0.3$
$\phi 19.7$	$\phi 0.4$

4. 最小实体要求

最小实体要求(LMR)是指基准要素的提取组成要素不得违反基准要素的最小实体实效状态的一种尺寸要素要求,是控制提取组成要素不得超越其最小实体实效边界的一种公差要求。

图 2-32(a)所示为最小实体要求标注示例,图样上在公差框格第二格公差数字后面标注"Ⓛ",最小实体要求遵循的边界及动态公差图分别如图 2-32(b)、(c)所示。当轴的提取要素局部尺寸处处为最小实体尺寸 $\phi 19.7$ mm 时,轴线的直线度公差为给定的 $\phi 0.1$ mm;当轴的实际尺寸为最大实体尺寸 $\phi 20$ mm 时,直线度公差值允许达到最大值 0.1 mm+0.3 mm=0.4 mm。表 2-6 所示为提取要素局部尺寸与动态几何公差。

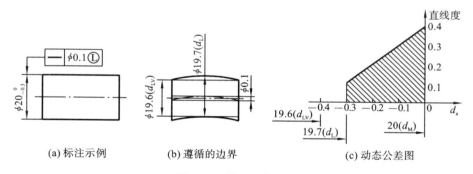

(a) 标注示例　　　(b) 遵循的边界　　　(c) 动态公差图

图 2-32　最小实体要求

表 2-6　提取要素局部尺寸与动态几何公差

提取要素局部尺寸	直线度公差值
$\phi 20$	$\phi 0.4$
$\phi 19.9$	$\phi 0.3$
$\phi 19.8$	$\phi 0.2$
$\phi 19.7$	$\phi 0.1$

最小实体要求适用于中心要素,如轴线、中心平面等。最小实体要求多用于

保证零件的强度要求。对于孔类零件,保证其壁厚;对于轴类零件,保证其最小有效截面。

5. 可逆要求

可逆要求是(RPR)最大实体要求或最小实体要求的附加要求,表示尺寸公差可以在实际几何误差小于几何公差之间的差值范围内增大。当尺寸要素导出中心要素的几何误差值小于给出的几何公差值时,允许在满足零件功能要求的前提下扩大尺寸公差。可逆要求只应用于被测要素,而不应用于基准要素。可逆要求用于最大实体要求时,在几何公差值后的符号"Ⓜ"后加注"Ⓡ"。可逆要求用于最小实体要求时,在几何公差值后的符号"Ⓛ"后加注"Ⓡ"。

知识点 5　几何公差的选用

几何误差对零部件的加工和使用性能有很大的影响。因此,正确合理地选择几何公差对保证机器及零件的功能要求和提高经济效益十分重要。几何公差的选择主要包括几何公差项目、基准、公差值(公差等级)的选择和公差原则的选择等。

1. 几何公差项目的选择

几何公差项目一般是根据零件的几何特征、使用要求和经济性等方面因素,综合考虑后确定的。在保证零件的功能要求的前提下,应尽量使几何公差项目减少,检测方法简单并能获得较好的经济效益。在选用时主要从以下几点考虑。

1) 零件的几何结构特征

零件几何结构特征是选择被测要素公差项目的基本依据。如:轴类零件的外圆可能出现圆度、圆柱度误差;零件平面要素会出现平面度的误差;阶梯轴(孔)会出现同轴度误差;槽类零件会出现对称度误差;凸轮类零件会出现轮廓度误差等等。

2) 零件的功能使用要求

着重从要素的几何误差对零件在机器中使用性能的影响角度考虑,选择和确定所需的几何公差项目。如:对活塞两销孔的轴线提出同轴度的要求,同时对活塞外圆柱面提出圆柱度公差,后者用以控制圆柱体表面的形状误差。

3) 几何公差项目的综合控制职能

各几何公差项目的控制功能都不尽相同,选择时要尽量发挥它们综合控制的功能,以便减少几何公差的项目。如圆柱度可综合控制圆度、直线度等误差。

4) 检测的方便性

选择几何公差项目时要与检测条件相结合,同时考虑检测的可行性和经济性。如果同样能满足零件的使用要求,应选择检测简便的项目。如:对轴类零件,可用径向圆跳动或径向全跳动代替圆度、圆柱度以及同轴度公差,而且跳动公差的检测方便,具有较好的综合性能。

2. 基准要素的选择

基准要素的选择包括基准部位的选择、基准数量的确定、基准顺序的合理安排等。

(1)基准部位的选择 主要根据设计和使用要求、零件的结构特点,并综合考虑基准的统一等原则进行。在满足功能要求的前提下,一般选用加工或装配精度要求较高的表面作为基准,力求使设计和工艺基准重合,以消除基准不统一产生的误差,同时简化夹具、量具的设计与制造。此外,基准要素应具有足够的刚度和大小,以确保定位稳定可靠。

(2)基准数量的确定 一般根据公差项目的定向、定位几何功能要求来确定基准的数量。方向公差大多只需要一个基准,而位置公差则需要一个或多个基准。

(3)基准顺序的安排 当选择两个或两个以上的基准要素时,就必须确定基准要素的顺序,并按顺序将基准代号填入公差框格。对基准顺序的安排主要考虑零件的结构特点以及装配和使用要求。

3. 几何公差值的确定

几何公差等级的选择原则与尺寸公差的选用原则基本相同。在满足零件的功能要求的前提下选取最经济的公差值,即尽量选用低的公差等级。确定几何公差值常采用类比法。所谓类比法就是参考现有的手册和资料,参照经过验证的类似产品的零部件,通过对比分析,确定几何公差值。采用类比法确定几何公差值时应考虑以下几个因素。

1)零件的结构特点

对于结构复杂、刚度低的零件(如细长轴、薄壁件等),以及不易加工或测量的零件,在满足零件功能要求的情况下,应选择较正常情况低1~2级的几何公差等级。

2)各公差值的关系

对同一要素来说,通常形状误差<方向误差<位置误差,所以当零件上某要素同时有形状、方向和位置公差要求时,则形状公差<方向公差<位置公差。

3)几何公差与尺寸公差的关系

表2-7所示为圆度、圆柱度公差与尺寸公差等级的对应关系;表2-8所示为平行度、垂直度和倾斜度公差与尺寸公差等级的对应关系;表2-9所示为同轴度、对称度、圆跳动和全跳动公差与尺寸公差等级的对应关系。

表 2-7　圆度、圆柱度公差与尺寸公差等级的对应关系

尺寸公差等级	圆度、圆柱度公差等级	公差占尺寸公差百分数（%）	尺寸公差等级	圆度、圆柱度公差等级	公差占尺寸公差百分数（%）	尺寸公差等级	圆度、圆柱度公差等级	公差占尺寸公差百分数（%）
01	0	66		3	16		8	13
0	0	60		4	26		9	20
	1	80	6	5	40	11	10	33
1	0	25		6	66		11	46
	1	50		7	95		12	83
	2	75		4	16		9	12
2	0	16		5	24		10	20
	1	33	7	6	40	12	11	28
	2	50		7	60		12	50
	3	85		8	80	13	10	14
3	0	10		5	17	13	11	20
	1	20		6	28		12	35
	2	30	8	7	43	14	11	11
	3	50		8	57		12	20
	4	80		9	85	15	12	12
4	1	13		6	16			
	2	20		7	24			
	3	33	9	8	32			
	4	53		9	48			
	5	80		10	80			
5	2	15		7	15			
	3	25		8	20			
	4	40	10	9	30			
	5	60		10	50			
	6	95		11	70			

表 2-8　平行度、垂直度和倾斜度公差与尺寸公差等级的对应关系

平行度公差等级	3	4	5	6	7	8	9	10	11	12
尺寸公差等级				3～4	5～6	7～9	10～12	12～14	14～16	
垂直度和倾斜度公差等级	3	4	5	6	7	8	9	10	11	12
尺寸公差等级		5	6	7～8	8～9	10	11～12	12～13	14	15

表 2-9　同轴度、对称度、圆跳动和全跳动公差与尺寸公差等级的对应关系

同轴度、对称度、径向圆跳动、径向全跳动公差等级	1	2	3	4	5	6	7	8	9	10	11	12
尺寸公差等级	2	3	4	5	6	7～8	8～9	10	11～12	12～13	14	15
轴向圆跳动、斜向圆跳动、轴向全跳动公差等级	1	2	3	4	5	6	7	8	9	10	11	12
尺寸公差等级	1	2	3	4	5	6	7～8	8～9	10	11～12	12～13	14

4) 几何公差与加工方法的关系

　　表 2-10 所示为几种主要加工方法能达到的直线度和平面度公差等级;表 2-11 所示为几种主要加工方法能达到的圆度和圆柱度公差等级;表 2-12 所示为几种主要加工方法能达到的同轴度、对称度、圆跳动和全跳动公差等级;表 2-13 所示为几种主要加工方法能达到的平行度、垂直度和倾斜度公差等级。

表 2-10　几种主要加工方法能达到的直线度和平面度公差等级

加工方法			公差等级										
			1	2	3	4	5	6	7	8	9	10	11	12
车	卧车、立车、自动车	粗											○	○
		半精									○	○		
		精					○	○	○	○				
铣	万能铣	粗											○	○
		半精										○	○	
		精						○	○	○	○			

续表

加工方法			公差等级											
			1	2	3	4	5	6	7	8	9	10	11	12
刨	龙门刨、牛头刨	粗											○	○
		半精									○	○		
		精							○	○	○	○		
磨	无心磨、外圆磨、平磨	粗									○	○	○	
		半精							○	○				
		精		○	○	○	○	○	○					
研磨	机动研、手工研	粗				○	○							
		半精			○									
		精	○	○										
刮		粗						○	○					
		半精				○	○							
		精	○	○	○									

表 2-11 几种主要加工方法能达到的圆度和圆柱度公差等级

加工项目	加工方法		公差等级											
			1	2	3	4	5	6	7	8	9	10	11	12
轴	车	自动、半自动							○	○	○			
		立、转塔						○	○	○	○			
		卧式					○	○	○	○	○	○	○	○
		精			○	○	○							
	磨	半精				○	○	○	○	○	○			
		精	○	○	○	○	○	○						
	研磨		○	○	○	○	○							
孔	钻								○	○	○	○	○	○
	铰、拉							○	○	○	○			
	车（扩）						○	○	○	○	○			
	镗	普通						○	○	○	○	○		
		精			○	○								
	珩磨							○	○	○				
	磨					○	○	○						
	研磨		○	○	○	○	○							

表 2-12　几种主要加工方法能达到的同轴度、对称度、圆跳动和全跳动公差等级

加工方法		同轴度、对称度、径向圆跳动公差等级											
		1	2	3	4	5	6	7	8	9	10	11	12
车	粗								○	○	○		
车	半精							○	○				
镗	粗				○	○	○	○					
铰	半精						○	○					
磨	粗							○	○				
磨	半精						○	○					
磨	精	○	○	○	○								
内圆磨	半精					○	○	○					
珩磨			○	○	○								
研磨		○	○	○	○								

加工方法		斜向圆跳动和端面圆跳动公差等级											
		1	2	3	4	5	6	7	8	9	10	11	12
车	粗										○	○	
车	半精								○	○			
车	精						○	○	○				
磨	半精					○	○	○	○				
磨	精					○	○	○					
刮	半精		○	○	○	○							

表 2-13　几种主要加工方法能达到的平行度、垂直度和倾斜度公差等级

公差等级	线对线或面的平行度								面对面的平行度												
	车		钻	镗			磨	坐标镗	刨		铣		拉	磨			刮			研磨	超精研
	粗	半精		粗	半精	精			粗	半精	粗	半精		粗	半精	精	粗	半精	精		
1																			○	○	○
2																		○		○	○
3																○		○			
4							○								○				○		
5						○								○	○						
6					○	○						○		○	○						
7			○			○				○	○	○									

续表

公差等级	线对线或面的平行度								面对面的平行度												
	车		钻	镗			磨	坐标镗	刨		铣		拉	磨			刮			研磨	超精研
	粗	半精		粗	半精	精			粗	半精	粗	半精		粗	半精	精	粗	半精	精		
8		○		○			○		○	○	○	○	○								
9		○	○	○					○		○										
10	○	○	○	○					○		○										
11	○								○												
12																					

公差等级	线对线或面的垂直度和倾斜度											面对面的平行度和倾斜度											
	车		钻	镗					金刚镗	磨		刨		铣		插		磨			刮		研磨
				车铣		镗床																	
	粗	半精		粗	半精	粗	半精	精		粗	半精	粗	半精	粗	半精	粗	半精	粗	半精	精	半精	精	
1																							
2																							
3																						○	○
4																				○		○	○
5																			○	○	○		○
6				○		○	○					○				○			○		○		
7					○	○	○	○					○		○		○	○				○	
8		○		○		○						○		○		○							
9		○		○								○		○									
10	○	○	○	○								○		○									
11	○																						
12			○																				

5) 表面粗糙度

通常情况下,表面粗糙度的 Ra 值占形状公差值的 20%~25%。

6) 公差等级

除了线轮廓度、面轮廓度以及位置度外,国家标准对其余几何公差项目均已划分了公差等级。一般分为 12 级,即 1 级、2 级……12 级,精度依次降低。其中圆度和圆柱度公差划分为 13 级,增加了一个 0 级,以适应精密零件的需要,各个公差项目的等级公差值见表 2-14 至表 2-17。位置度只规定了位置度系数,见表 2-18。

表 2-14　直线度和平面度公差值(摘自 GB/T 1184—1996)　　　　(μm)

主参数 L/mm	公差等级											
	1	2	3	4	5	6	7	8	9	10	11	12
≤10	0.2	0.4	0.8	1.2	2	3	5	8	12	20	30	60
>10~16	0.25	0.5	1	1.5	2.5	4	6	10	15	25	40	80
>16~25	0.3	0.6	1.2	2	3	5	8	12	20	30	50	100
>25~40	0.4	0.8	1.5	2.5	4	6	10	15	25	40	60	120
>40~63	0.5	1	2	3	5	8	12	20	30	50	80	150
>63~100	0.6	1.2	2.5	4	6	10	15	25	40	60	100	200
>100~160	0.8	1.5	3	5	8	12	20	30	50	80	120	250
>160~250	1	2	4	6	10	15	25	40	60	100	150	300
>250~400	1.2	2.5	5	8	12	20	30	50	80	120	200	400
>400~630	1.5	3	6	10	15	25	40	60	100	150	250	500
>630~1000	2	4	8	12	20	30	50	80	120	200	300	600
>1000~1600	2.5	5	10	15	25	40	60	100	150	250	400	800
>1600~2500	3	6	12	20	30	50	80	120	200	300	500	1000
>2500~4000	4	8	15	25	40	60	100	150	250	400	600	1200
>4000~6300	5	10	20	30	50	80	120	200	300	500	800	1500
>6300~10000	6	12	25	40	60	100	150	250	400	600	1000	2000

图例

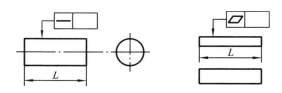

表 2-15　圆度和圆柱度公差值(摘自 GB/T 1184—1996)　　　　(μm)

主参数 D,d/mm	公差等级												
	0	1	2	3	4	5	6	7	8	9	10	11	12
≤3	0.1	0.2	0.3	0.5	0.8	1.2	2	3	4	6	10	14	25
>3~6	0.1	0.2	0.4	0.6	1	1.5	2.5	4	5	8	12	18	30
>6~10	0.12	0.25	0.4	0.6	1	1.5	2.5	4	6	9	15	22	36
>10~18	0.15	0.25	0.5	0.8	1.2	2	3	5	8	11	18	27	43
>18~30	0.2	0.3	0.6	1	1.5	2.5	4	6	9	13	21	33	52
>30~50	0.25	0.4	0.6	1	1.5	2.5	4	7	11	16	26	39	62
>50~80	0.3	0.5	0.8	1.2	2	3	5	8	13	19	30	46	74

续表

主参数	公差等级												
$D,d/\text{mm}$	0	1	2	3	4	5	6	7	8	9	10	11	12
>80～120	0.4	0.6	1	1.5	2.5	4	6	10	15	22	35	54	87
>120～180	0.6	1.0	1.2	2	3.5	5	8	12	18	25	40	63	100
>180～250	0.8	1.2	2	3	4.5	7	10	14	20	29	46	72	115
>250～315	1.0	1.6	2.5	4	6	8	12	16	23	32	52	81	130
>315～400	1.2	2	3	5	7	9	13	18	25	36	57	89	140
>400～500	1.5	2.5	4	6	8	10	15	20	27	40	63	97	155

图例

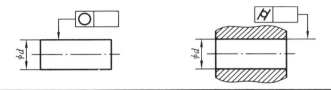

表 2-16　平行度、垂直度和倾斜度公差值（摘自 GB/T 1184—1996）　　　　　　（μm）

主参数	公 差 等 级											
$L,D,d/\text{mm}$	1	2	3	4	5	6	7	8	9	10	11	12
≤10	0.4	0.8	1.5	3	5	8	12	20	30	50	80	120
>10～16	0.5	1	2	4	6	10	15	25	40	60	100	150
>16～25	0.6	1.2	2.5	5	8	12	20	30	50	80	120	200
>25～40	0.8	1.5	3	6	10	15	25	40	60	100	150	250
>40～63	1	2	4	8	12	20	30	50	80	120	200	300
>63～100	1.2	2.5	5	10	15	25	40	60	100	150	250	400
>100～160	1.5	3	6	12	20	30	50	80	120	200	300	500
>160～250	2	4	8	15	25	40	60	100	150	250	400	600
>250～400	2.5	5	10	20	30	50	80	120	200	300	500	800
>400～630	3	6	12	25	40	60	100	150	250	400	600	1000
>630～1000	4	8	15	30	50	80	120	200	300	500	800	1200
>1000～1600	5	10	20	40	60	100	150	250	400	600	1000	1500
>1600～2500	6	12	25	50	80	120	200	300	500	800	1200	2000
>2500～4000	8	15	30	60	100	150	250	400	600	1000	1500	2500
>4000～6300	10	20	40	80	120	200	300	500	800	1200	2000	3000

续表

主参数	公差等级											
L,D,d/mm	1	2	3	4	5	6	7	8	9	10	11	12
>6300~10000	12	25	50	100	150	250	400	600	1000	1500	2500	4000

图例

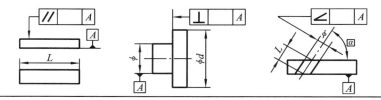

表 2-17　同轴度和对称度、圆跳动和全跳动公差值(摘自 GB/T 1184—1996)　　(μm)

主参数	公差等级											
L,B,D,d/mm	1	2	3	4	5	6	7	8	9	10	11	12
≤1	0.4	0.6	1	1.5	2.5	4	6	10	15	25	40	60
>1~3	0.4	0.6	1	1.5	2.5	4	6	10	20	40	60	120
>3~6	0.5	0.8	1.2	2	3	5	8	12	25	50	80	150
>6~10	0.6	1	1.5	2.5	4	6	10	15	30	60	100	200
>10~18	0.8	1.2	2	3	5	8	12	20	40	80	120	250
>18~30	1	1.5	2.5	4	6	10	15	25	50	100	150	300
>30~50	1.2	2	3	5	8	12	20	30	60	120	200	400
>50~120	1.5	2.5	4	6	10	15	25	40	80	150	250	500
>120~250	2	3	5	8	12	20	30	50	100	200	300	600
>250~500	2.5	4	6	10	15	25	40	60	120	250	400	800
>500~800	3	5	8	12	20	30	50	80	150	300	500	1000
>800~1250	4	6	10	15	25	40	60	100	200	400	600	1200
>1250~2000	5	8	12	20	30	50	80	120	250	500	800	1500
>2000~3150	6	10	15	25	40	60	100	150	300	600	1000	2000
>3150~5000	8	12	20	30	50	80	120	200	400	800	1200	2500
>5000~8000	10	15	25	40	60	100	150	250	500	1000	1500	3000
>8000~10000	12	20	30	50	80	120	200	300	600	1200	2000	4000

图例

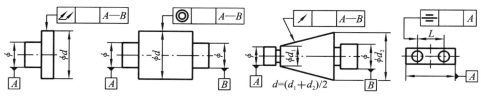

表 2-18 位置度系数(摘自 GB/T 1184—1996)

1	1.2	1.5	2	2.5	3	4	5	6	8
1×10^n	1.2×10^n	1.5×10^n	2×10^n	2.5×10^n	3×10^n	4×10^n	5×10^n	6×10^n	8×10^n

注:n 为正整数。

7) 未注几何公差值的规定

未注公差值符合工厂的常用精度等级时,不需在图样上注出。直线度、平面度、垂直度、对称度、圆跳动的未注公差值均分 H、K、L 三个公差等级;圆度的未注公差值规定采用相应的直径公差值;圆柱度由圆度、轴线直线度、素线直线度和素线平行度组成,其各项受相应公差控制;线轮廓度、面轮廓度未规定未注公差值,受线轮廓、面轮廓的线性尺寸或角度公差控制;平行度公差等于相应的尺寸公差值;位置度、全跳动未规定未注公差值。详见表 2-19 至表 2-22。

表 2-19 直线度、平面度未注公差值(摘自 GB/T 1184—1996) (mm)

公差等级	基本长度范围					
	~10	>10~30	>30~100	>100~300	>300~1000	>1000~3000
H	0.02	0.05	0.1	0.2	0.3	0.4
K	0.05	0.1	0.2	0.4	0.6	0.8
L	0.1	0.2	0.4	0.8	1.2	1.6

表 2-20 垂直度未注公差值(摘自 GB/T 1184—1996) (mm)

公差等级	基本长度范围			
	~100	>100~300	>300~1000	>1000~3000
H	0.2	0.3	0.4	0.5
K	0.4	0.6	0.8	1
L	0.6	1	1.5	2

表 2-21 对称度未注公差值(摘自 GB/T 1184—1996) (mm)

公差等级	基本长度范围			
	~100	>100~300	>300~1000	>1000~3000
H	0.5			
K	0.6		0.8	1
L	0.6	1	1.5	2

表 2-22　圆跳动未注公差值(摘自 GB/T 1184—1996)　　　　(mm)

公　差　等　级	公　差　值
H	0.1
K	0.2
L	0.5

4. 公差原则的选择

1) 公差原则的应用

独立原则主要用于非配合零件、未注公差零件或尺寸精度与几何精度要求相差较大的场合;或用于保证运动精度、密封性等而提出与尺寸精度无关的几何公差要求的场合。

包容要求主要用于需严格保证配合性质的场合。

最大实体要求主要用于中心要素且要求保证可装配性(无配合性质要求)的场合;最小实体要求主要用于要求保证壁厚或强度的场合。

公差原则的应用场合详见表 2-23。

表 2-23　公差原则的应用场合及示例

公差原则	应 用 场 合	示　　例
独立原则	尺寸精度与几何精度要求需分别满足	齿轮箱孔的尺寸精度与两孔轴线的平行度
	尺寸精度与几何精度要求相差较大	滚筒类零件尺寸精度要求低,形状精度要求高;冲模架下模座平行度精度要求高,尺寸精度要求低
	尺寸精度与几何精度无关系	滚子链条套筒、滚子内外圆柱面的同轴度与尺寸精度;齿轮箱孔尺寸精度与孔轴线间位置度精度
	保证运动精度	导轨形状精度要求严格,尺寸精度要求则是次要的
	保证密封性	汽缸套形状精度要求严格,尺寸精度要求则是次要的
	未注公差	退刀槽、倒角、圆角
包容要求	保证配合性质	$\phi20H7$ Ⓔ 与 $\phi20h6$ Ⓔ配合,保证最小实际间隙为 0
	保证关联提取组成要素不超越最大实体边界	标注 0 Ⓜ
	尺寸公差与几何公差无严格比例关系	孔与轴的配合只要求提取组成要素不超越最大实体边界,局部尺寸不超越最小实体尺寸

续表

公差原则	应　用　场　合	示　　例
最大实体要求	被测轴线、中心面、基准轴线、中心面	要求自由装配的螺钉孔、法兰孔的轴线、同轴度基准轴线
最小实体要求	被测轴线、中心面、基准轴线、中心面	保证零件强度要求,保证最小壁厚的孔,保证最小截面要求的轴

在图样上采用未注公差值时,应在图样的标题栏附近或在技术要求中标出未注公差的等级及标准编号,如 GB/T 1184—K、GB/T 1184—H 等,同一图样采用同一未注公差等级。

2) 公差原则的选择

选择公差的总原则是:在保证使用功能要求的前提下,尽量提高加工的经济性。具体须综合考虑以下因素。

(1) 功能性要求　采用何种公差原则,主要应从零件的使用功能要求出发来考虑。

(2) 设备状况　机床的精度在很大程度上决定了加工中零件的几何误差的大小。

(3) 生产批量　一般情况下,大批量生产时采用相关要求较为经济。

(4) 操作技能　操作技能的高低,在很大程度上决定了尺寸误差的大小。一般来说,操作技能较高意味着尺寸补偿量大,可采用包容要求或最大实体的零几何公差,反之,宜采用独立原则或最大实体要求。

项 目 任 务

任务1　读零件图认识几何公差的定义、标准和标注

1. 项目任务引入

读缸套、拨叉、曲轴、减速器箱等零件图样,分析其几何公差要求及标注。

2. 任务分析

1) 缸套零件几何公差分析

图 2-33 所示为缸套零件图。

(1) 外圆对基准 A 的同轴度公差为 ϕ0.05 mm。

(2) 右端面对基准面 B 的平行度公差为 0.05 mm。

(3) 外圆表面圆度公差为 0.01 mm。

(4) 内圆表面圆度公差为 0.01 mm。

2)拨叉零件几何公差分析

图 2-34 所示为拨叉零件图。

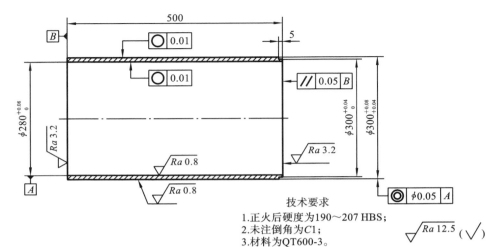

技术要求

1.正火后硬度为190~207 HBS;
2.未注倒角为C1;
3.材料为QT600-3。

图 2-33　缸套

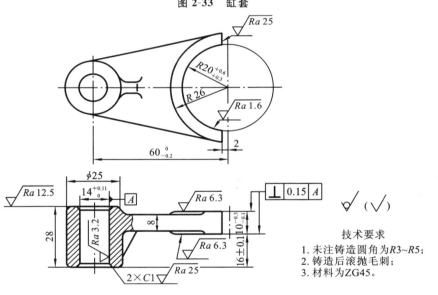

技术要求

1. 未注铸造圆角为R3~R5;
2. 铸造后滚抛毛刺;
3. 材料为ZG45。

图 2-34　拨叉

拨叉右端两侧面,对基准孔轴线 A 的垂直度公差为 0.15 mm。

3)曲轴零件几何公差分析

图 2-35 所示为单拐曲轴零件图。

(1) $28_{-0.074}^{-0.022}$ mm×176 mm 键槽对 1∶10 锥面轴线的对称度公差为 0.05 mm。

(2) $\phi110_{+0.003}^{+0.025}$ mm 轴段与 $\phi110_{-0.071}^{-0.036}$ mm 拐的圆柱度公差为 0.015 mm。

(3) $\phi110_{+0.003}^{+0.025}$ mm 两轴段的同轴度公差为 $\phi0.02$ mm。

(4) 1∶10 锥面对 A—B 轴线的圆跳动公差为 0.03 mm。

(5) $\phi110_{-0.071}^{-0.036}$ mm 拐的轴线对 A—B 轴线的平行度公差为 $\phi0.02$ mm。

(6) Ⓔ表示包容要求。

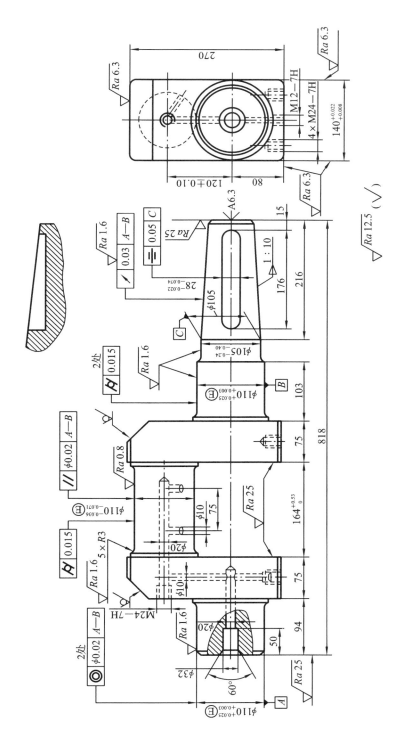

图 2-35 单拐曲轴

4）减速器箱零件几何公差分析

图 2-36 所示为减速器箱零件图。

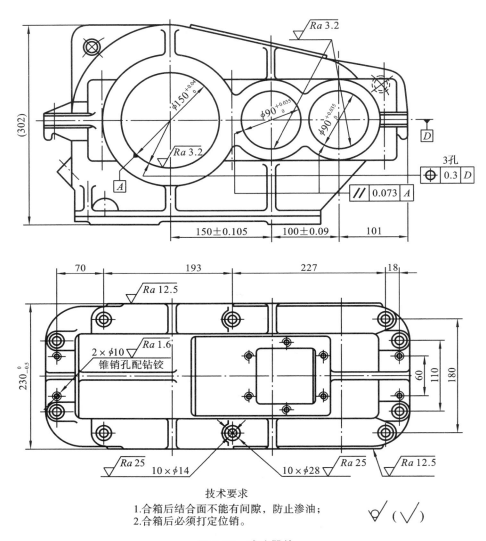

技术要求
1.合箱后结合面不能有间隙，防止渗油；
2.合箱后必须打定位销。

图 2-36 减速器箱

（1）$\phi 150^{+0.04}_{0}$ mm 孔、两 $\phi 90^{+0.035}_{0}$ mm 孔,这三个孔轴线的平行度公差为 0.073 mm。

（2）$\phi 150^{+0.04}_{0}$ mm 孔、两 $\phi 90^{+0.035}_{0}$ mm 孔,这三个孔的轴线对基准面 D 的位置度公差为 0.3 mm。

任务 2　读图熟悉典型零件几何公差的选用、标注与测量

1. 任务引入

读定位销轴、飞轮、方刀架、车床尾座套筒、钻床主轴、偏心套等典型零件图，熟悉几何公差的选用、标注及检测。

2. 任务分析

1）定位销轴零件几何公差分析

图 2-37 所示为定位销轴零件图。

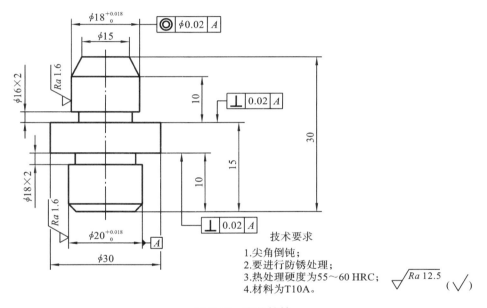

技术要求
1. 尖角倒钝；
2. 要进行防锈处理；
3. 热处理硬度为 55～60 HRC；
4. 材料为 T10A。

图 2-37　定位销轴

（1）以 $\phi 20^{+0.018}_{0}$ mm 轴段的轴线为基准，尺寸 $\phi 18^{+0.018}_{0}$ mm 轴段与尺寸为 $\phi 20^{+0.018}_{0}$ mm 轴段的同轴度公差要求为 $\phi 0.02$ mm。

（2）以 $\phi 20^{+0.018}_{0}$ mm 轴段的轴线为基准，尺寸为 $\phi 30$ mm 的圆柱端面与基准轴线的垂直度公差为 0.02 mm。

同轴度和垂直度的检验可采用如图 2-38 所示的工具检测，也可采用偏摆仪检测。先将工件装在偏摆仪上，将百分表触头与工件外圆最高点接触，然后转动工件，用百分表测量外圆的跳动量，即得同轴度误差，测量端面的跳动量，即得垂直度误差。

2）飞轮零件几何公差分析

图 2-39 所示为飞轮零件图。

（1）$\phi 200$ mm 外圆与 $\phi 38^{+0.025}_{0}$ mm 内孔同轴度公差为 $\phi 0.05$ mm。进行 $\phi 200$

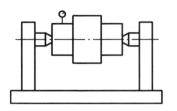

技术要求

1. 顶尖和底座要有较好的平行度;
2. 其中一顶尖应为活顶尖。

图 2-38　同轴度检具

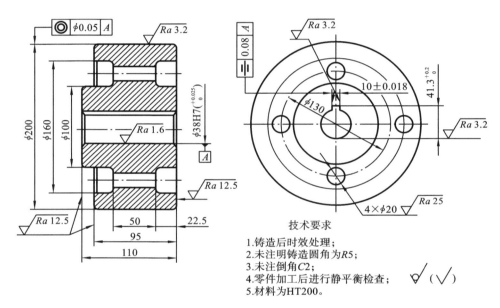

技术要求

1. 铸造后时效处理;
2. 未注明铸造圆角为R5;
3. 未注倒角C2;
4. 零件加工后进行静平衡检查;
5. 材料为HT200。

图 2-39　飞轮

mm 外圆与 $\phi38^{+0.025}_{0}$ mm 内孔同轴度检查时,可用心轴装夹工件,然后在偏摆仪上或 V 形块上用百分表测量。

（2）10 ± 0.018 mm 键槽对 $\phi38^{+0.025}_{0}$ mm 内孔轴线对称度公差为 0.08 mm。10 ± 0.018 mm 键槽对 $\phi38^{+0.025}_{0}$ mm 内孔轴线的对称度检查,可采用专用检具进行。

（3）零件加工后进行静平衡检查。零件静平衡检查,可在 $\phi38^{+0.025}_{0}$ mm 孔内装上心轴后进行。在静平衡架上找静平衡,如果零件不平衡,可在左侧端面（$\phi200$ mm 与 $\phi160$ mm 两圆之间）上钻孔减轻质量,以保证最后调到平衡。

3）方刀架零件几何公差分析

图 2-40 所示为方刀架零件图。

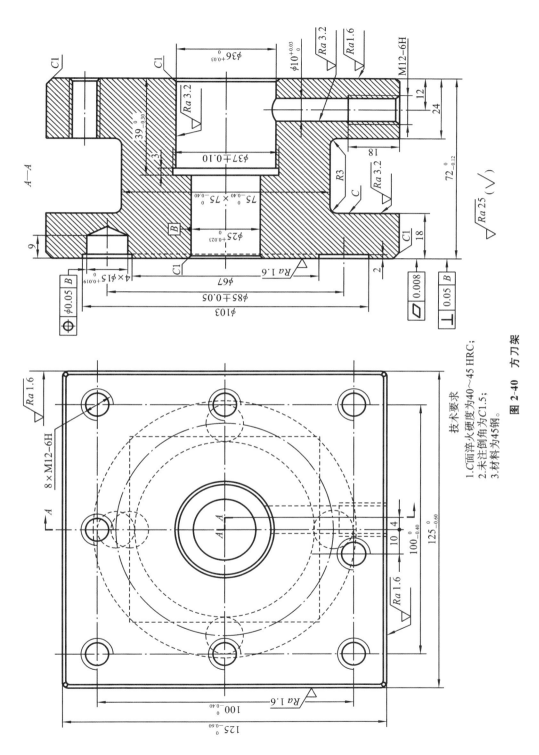

图 2-40　方刀架

技术要求
1.C 面淬火硬度为 40~45 HRC;
2.未注倒角为 C1.5;
3.材料为 45 钢。

（1）该零件在加工中要多次装夹，均以 $\phi36^{+0.03}_{0}$ mm 孔及右端面定位，以保证加工基准的统一，从而保证工件的加工精度。该零件左端面与车床拖板面结合，并可以转动，$\phi15^{+0.019}_{0}$ mm 孔用于刀架定位，以保证刀架与主轴的位置，其精度直接影响机床的精度。$\phi15^{+0.019}_{0}$ mm 孔对基准 B 的位置度公差为 $\phi0.05$ mm。四个 $\phi15^{+0.019}_{0}$ mm 孔可采用铣床加工，其精度可以得到更好的保证。

（2）四个侧面和左、右两端面均进行磨削，目的是保证定位时的精度。左端面（方刀架底面）的平面度公差为 0.008 mm。

（3）左端面对基准 B 的垂直度公差为 0.05 mm。

该零件为车床用方刀架，中间周圈槽用于装夹车刀，其 C 面直接与车刀接触，所以要求有一定的硬度，因此要求 C 表面热处理硬度为 40～45 HRC。

4）车床尾座套筒零件几何公差分析

图 2-41 所示为车床尾座套筒零件图。

（1）$\phi55^{0}_{-0.013}$ mm 外圆的圆柱度公差为 0.005 mm。$\phi55^{0}_{-0.013}$ mm 外圆的圆柱度检验方法：将工件外圆放置在标准 V 形块上（V 形块放在标准平板上），用百分表测量所得外圆点最大读数与最小读数之差为该截面圆度值，测三个横截面，取最大圆度值作为圆柱度值（见图 2-42）。也可采用偏摆仪，先测出工件的圆度值，然后再计算出圆柱度值。

（2）莫氏 4 号锥孔与 $\phi55^{0}_{-0.013}$ mm 外圆的同轴度公差为 $\phi0.01$ mm。

（3）莫氏 4 号锥孔轴线对 $\phi55^{0}_{-0.013}$ mm 外圆轴线的径向跳动公差为 0.01 mm。

（4）$8^{+0.085}_{+0.035}$ mm 宽键槽对 $\phi55^{0}_{-0.013}$ mm 外圆轴线的对称度公差为 0.1 mm。$8^{+0.085}_{+0.035}$ mm 宽键槽侧平面平行度公差为 0.025 mm。$8^{+0.085}_{+0.035}$ mm 宽键槽对称度的检验，采用键槽对称度量规进行（见图 2-43）。

5）钻床主轴零件几何公差分析

图 2-44 所示为钻床主轴零件图。

（1）$\phi70$ mm 外圆对公共轴线 $A—B$ 的圆跳动公差为 0.01 mm。

（2）$\phi40^{+0.013}_{+0.002}$ mm 外圆有包容要求，对公共轴线 $A—B$ 的同轴度公差为 $\phi0.008$ mm。

（3）$\phi40^{+0.006}_{+0.005}$ mm 外圆有包容要求，对公共轴线 $A—B$ 的同轴度公差为 $\phi0.008$ mm。

（4）花键轴 $\phi32^{-0.009}_{-0.025}$ mm 外圆对公共轴线 $A—B$ 的圆跳动公差为 0.03 mm。

（5）$\phi40^{+0.013}_{+0.002}$ mm 轴段的左端面对公共轴线 $A—B$ 的圆跳动公差为 0.02 mm。

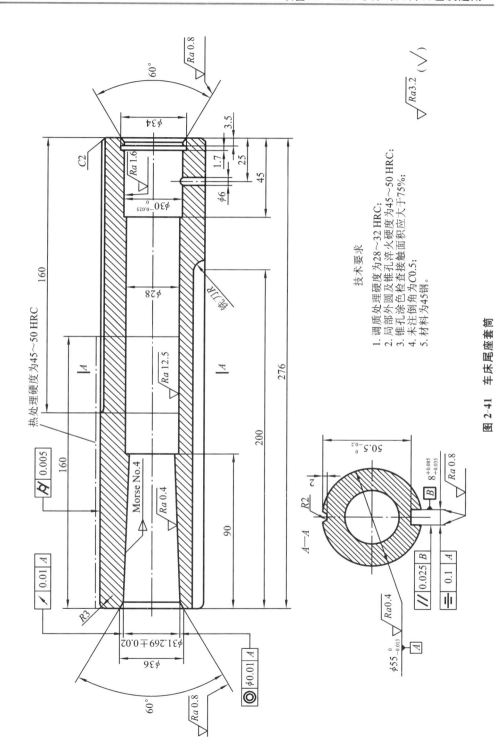

图 2-41 车床尾座套筒

技术要求

1. 调质处理硬度为28～32 HRC；锥孔淬火硬度为45～50 HRC；
2. 局部外圆及锥孔查检着色接触面积应大于75%；
3. 锥孔涂色检查接触面积应大于75%；
4. 未注倒角为C0.5；
5. 材料为45钢。

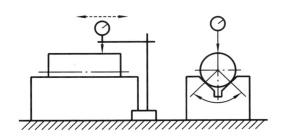

图 2-42　在 V 形块上检测工件的圆柱度值

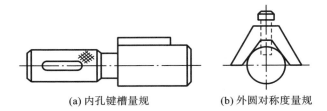

(a) 内孔键槽量规　　　　　(b) 外圆对称度量规

图 2-43　键槽对称度量规

6) 偏心套零件几何公差分析

图 2-45 所示为偏心套零件图。

(1) 偏心套在 180°方向上对称偏心,偏心距为 8±0.05 mm。偏心距误差的检测方法:首先将偏心套装在 1∶3000(ϕ60 mm)小锥度心轴上(采用 1∶3000 锥度心轴主要是为了消除偏心套与心轴之间的间隙,以提高定位精度;心轴大、小端直径及心轴长度的选择应能包容孔径的最大与最小值,并能保证工件在心轴中心位置);心轴两端各有高精度的中心孔,将心轴装夹在偏摆仪两顶尖之间(见图 2-38),将百分表触头顶在 $\phi120^{+0.043}_{+0.020}$ mm 外圆上,转动心轴,百分表最大读数与最小读数之差即为偏心距。

(2) $\phi120^{+0.043}_{+0.020}$ mm 偏心圆柱轴线对 $\phi60^{+0.043}_{0}$ mm 中心孔的轴线的平行度公差为 0.01 mm。$\phi120^{+0.043}_{+0.020}$ mm 偏心圆柱线对中心孔的轴线的平行度误差检测方法:将偏心套装在 1∶3000 小锥度心轴上,然后将小锥度心轴放在两块标准 V 形块上(V 形块放在工作平板上),先用百分表找出偏心套外圆最高点,然后在相距约 30 mm 处,测出另一最高点值,两点读数之差为两轴线平行度误差。

(3) $\phi120^{+0.043}_{+0.020}$ mm 外圆圆柱度公差为 0.01 mm。该圆柱度误差的检测方法:将偏心套装在 1∶3000 小锥度心轴上,再将心轴装夹在偏摆仪两顶尖之间,将百分表触头顶在 $\phi120^{+0.043}_{+0.020}$ mm 外圆上,转动心轴,测三个横截面,百分表最大读数与最小读数之差即为圆柱度误差。

(4) $\phi60^{+0.043}_{0}$ mm 内圆圆柱度公差为 0.01 mm。

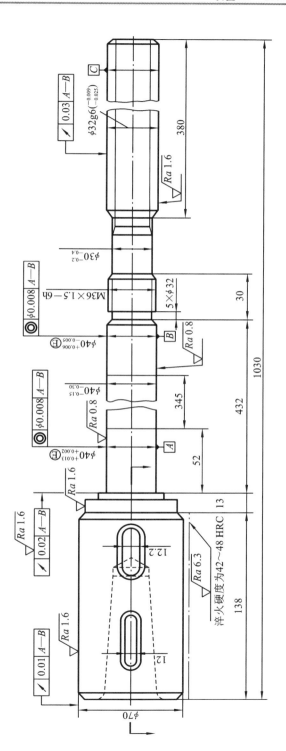

图 2-44 钻床主轴

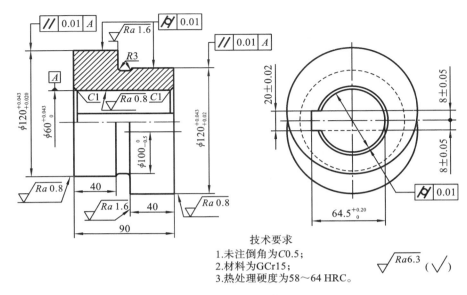

技术要求
1.未注倒角为C0.5；
2.材料为GCr15；
3.热处理硬度为58~64 HRC。

图 2-45 偏心套

习　题

2.1　试述几何公差带与尺寸公差带的异同点。

2.2　径向圆跳动与同轴度、轴向跳动与轴向垂直度有何关系？

2.3　试述径向全跳动公差带与圆柱度公差带、轴向全跳动公差带与回转体轴向垂直度公差带的异同点。

2.4　什么是实效尺寸？它与作用尺寸有何关系？

2.5　在表 2-24 中填写几何公差各项目的符号，并注明该项目属于形状公差还是属于位置公差。

表 2-24　题 2.5 表

项目	符号	几何公差类别	项目	符号	几何公差类别
同轴度			圆度		
圆柱度			平行度		
位置度			平面度		
面轮廓度			圆跳动		
全跳动			直线度		

2.6　在表 2-25 中填写出常用的 10 种公差带形状。

表 2-25　题 2.6 表

序号	公差带形状	序号	公差带形状
1		6	
2		7	
3		8	
4		9	
5		10	

2.7　说明图 2-46 中几何公差标注的含义。

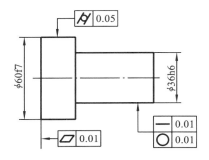

图 2-46　题 2.7 图

2.8　说明图 2-47 中几何公差标注的含义。

2.9　按下列要求在图 2-48 上标注出几何公差。

(1) ϕ50 mm 圆柱面素线的直线度公差为 0.02 mm。

(2) ϕ30 mm 圆柱面的圆柱度公差为 0.05 mm。

(3) 整个零件的轴线必须位于直径为 0.04 mm 的圆柱面内。

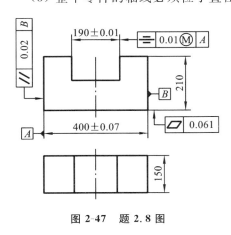

图 2-47　题 2.8 图

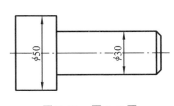

图 2-48　题 2.9 图

2.10 将下列技术要求用代号标注在图 2-49 上。

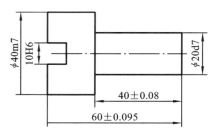

图 2-49 题 2.10 图

(1) $\phi20d7$ 圆柱面任一素线的直线度公差为 0.05 mm。

(2) $\phi40m7$ 外圆轴线必须位于直径为公差值 0.01 mm,且与 $\phi20d7$ 外圆同轴的圆柱面内。

(3) 宽 10H6 槽的两平行平面中任一平面对另一平面的平行度公差为 0.015 mm。

(4) 宽 10H6 槽的中心平面对 $\phi40m7$ 外圆轴线的对称度公差为 0.01 mm。

(5) $\phi20d7$ 圆柱面轴线必须位于直径为公差值 0.02 mm,且垂直于 $\phi40m7$ 圆柱右肩面的圆柱面内。

2.11 如图 2-50 所示,试回答问题并按要求填空。

(1) 当孔处在最大实体状态时,孔的轴线对基准平面 A 的平行度公差为 _____ mm。

(2) 孔的局部实际尺寸必须在 _____ mm 至 _____ mm 之间。

(3) 孔的直径均为最小实体尺寸 $\phi6.6$ mm 时,孔轴线对基准 A 的平行度公差为 _____ mm。

(4) 一实际孔,测得其孔径为 $\phi6.55$ mm,孔轴线对基准 A 的平行度误差为 0.12 mm。问该孔是否合格? _____。

(5) 孔的最大实体实效尺寸为 _____ mm。

2.12 一销轴尺寸标注如图 2-51 所示,试按要求填空,并填表。

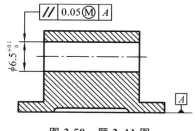

图 2-50 题 2.11 图

图 2-51 题 2.12 图

(1) 销轴的局部实际尺寸必须在 _____ mm 至 _____ mm 之间。

(2) 当销轴的直径为最大实体尺寸 _____ mm 时，允许的轴线直线度误差为 _____ mm。

（3）完成表 2-26。

表 2-26 题 2.12 表

单一要素实际尺寸	销轴轴线的直线度公差
$\phi 10$	
$\phi 9.995$	
$\phi 9.99$	
$\phi 9.985$	

2.13 识读图 2-52 中几何公差标注，按要求填空，完成表 2-27。

表 2-27 题 2.13 表

序号	被测要素	基准要素	公差带形状
1			
2			
3			
4			
5			

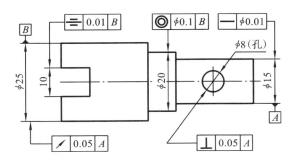

图 2-52 题 2.13 图

2.14 改正图 2-53(a)、(b)中几何公差标注上的错误(不改变几何公差项目)。

2.15 读图 2-54 所示传动座零件图，解释图中几何公差标注的含义。

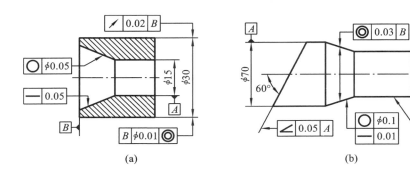

(a)　　　　　　　　　　　　　　(b)

图 2-53　题 2.14 图

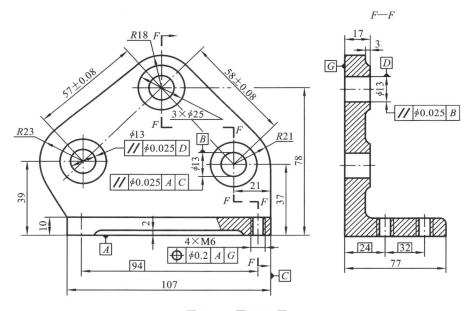

图 2-54　题 2.15 图

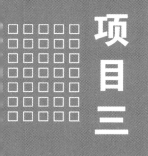

项目三

零件表面粗糙度参数的选用

【项目内容】
◆ 表面粗糙度标注和参数选用。

【知识点与技能点】
◆ 零件表面粗糙度的概念、主要术语；
◆ 表面粗糙度对零件使用性能的影响；
◆ 表面粗糙度的主要评定参数及选用；
◆ 表面粗糙度的标注规定。

相 关 知 识

表面粗糙度是指零件表面经加工后在微小区域内形成的表面粗糙程度。将表面粗糙度用数值表现出来，指示一个限定区域内排除了形状和波纹度误差后的零件表面微观几何形状误差，是评定机械零件和产品质量的一个重要方法。

知识点 1 表面粗糙度的概念

零件被加工表面上的微观的几何误差称为表面粗糙度，又称微观不平度。表面粗糙度是由于加工过程中刀具和被加工表面间的摩擦、切削过程中切屑分离时表层金属材料的塑性变形以及工艺系统的高频振动等原因而形成的。

表面粗糙度与形状误差（宏观的误差）和表面波纹度是有区别的。通常波距 λ（指相邻两波峰或两波谷之间的距离）小于 1 mm 的属于表面粗糙度，波距在 1～10 mm 的属于表面波纹度，波距大于 10 mm 的属于形状误差，如图 3-1 所示。

表面粗糙度直接影响零件的使用性能，主要表现在以下几个方面。

1．对摩擦、磨损的影响

表面越粗糙，零件表面的摩擦因数就越大，两相对运动的零件表面磨损越快；若表面过于光滑，磨损下来的金属微粒的刻划作用、润滑油被挤出、分子间的

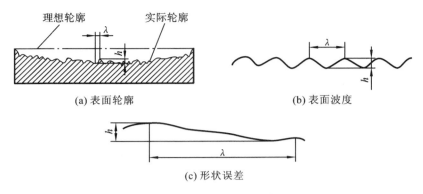

(a) 表面轮廓   (b) 表面波度

(c) 形状误差

图 3-1   表面粗糙度概念

吸附作用等因素,也会导致磨损加快。由实践可得磨损程度和表面结构特征关系曲线,如图 3-2 所示。

图 3-2   磨损量和表面粗糙度关系

2. 对配合性质的影响

对于有配合要求的零件表面,表面粗糙度会影响配合的稳定性。若是间隙配合,则表面越粗糙,微观峰尖在工作时磨损越快,导致间隙增大;若是过盈配合,则在装配时零件表面的峰顶会被挤平,从而使实际过盈小于理论过盈,降低连接强度。

3. 对腐蚀性的影响

金属零件的腐蚀主要是由化学和电化学反应造成的,如钢铁的锈蚀。零件表面粗糙,腐蚀介质就容易存积在零件表面凹谷内,再渗入金属内层,造成锈蚀。

4. 对疲劳强度的影响

在交变载荷作用下,粗糙的零件表面对应力集中很敏感,因而会降低零件的疲劳强度。

5. 对结合面密封性的影响

粗糙表面结合时,两表面只在局部点上接触,中间存在缝隙,从而会使密封性能降低。由此可见,在保证零件尺寸精度、几何公差的同时,应控制表面粗糙度。

知识点 2 表面粗糙度的评定参数

1. 基本术语

1) 取样长度

测量和评定表面粗糙度时,为了减少波纹度、形状误差对测量结果的影响,应把测量限制在一段足够短的长度上,这段规定的基准长度,称为取样长度,如图 3-3 所示。评定粗糙度的取样长度用 lr 表示,评定波纹度的取样长度用 lw 表示,原始轮廓的取样长度用 lp 表示。一般表面越粗糙,取样长度应越长。国家标准规定的取样长度 lr 的选用值见表 3-1。

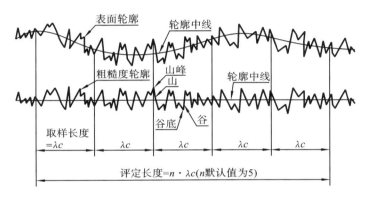

图 3-3 取样长度与评定长度

表 3-1 取样长度 lr 和评定长度 ln 的标准选用值

$Ra/\mu m$	$Rz/\mu m$	标准取样长度 lr		$ln(= 5lr)/\ mm$
		$\lambda s/mm$	$lr(=\lambda c)\ /mm$	
≥0.008~0.02	≥ 0.025~0.10	0.0025	0.08	0.4
> 0.02~0.10	> 0.10~0.50	0.0025	0.25	1.25
> 0.10~2.0	> 0.50~10.0	0.0025	0.8	4.0
> 2.0~10.0	> 10.0~50.0	0.008	2.5	12.5
> 10.0~80.0	> 50.0~320	0.025	8.0	40.0

2) 评定长度

由于零件表面微小峰谷特征存在不均匀性,只在一个取样长度上评定往往不能合理反映被测表面粗糙度,因此在几个取样长度上分别测量,取其平均值作为测量结果。评定长度是用于评定被评定轮廓的 x 轴方向上的长度,用符号 ln 表示。

国家标准推荐的 $ln＝5lr$,见表 3-1。

3)轮廓滤波器、传输带

由于零件加工表面按相邻峰、谷间距大小划分,存在由表面粗糙度、波纹度、宏观形状等构成的几何误差,为了评定其中某种几何形状误差,需要用滤波器来过滤其他的几何误差。

滤波器可以将表面轮廓分为长波成分和短波成分,其中 λs 轮廓滤波器用于确定存在于表面的粗糙度与比它更短的波之间的界限,λc 滤波器用于确定粗糙度与波纹度之间的界限,λf 滤波器用于确定存在于表面的波纹度与比它更长的波之间的界限,滤波器用截止波长值表示。

从短波截止波长 λs 到长波截止波长 λc 之间的波长范围称为评定表面粗糙度的传输带,如图 3-4 所示。评定零件表面粗糙度的取样长度在数值上等于其长波滤波器的截止波长 λc。

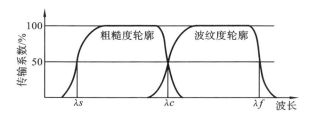

图 3-4　轮廓滤波器

4)轮廓中线(基准线)

轮廓中线是指具有几何轮廓形状并划分轮廓的基准线,是用来评定、计算表面粗糙度参数值的基准线,如图 3-3 所示。

2. 表面粗糙度的评定参数

1)轮廓算术平均偏差 Ra(幅度参数)

轮廓算术平均偏差是指在一个取样长度范围内,被评定轮廓上各点至中线的纵坐标 $Z(x)$ 绝对值的算术平均值,如图 3-5 所示。

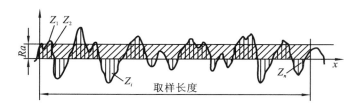

图 3-5　轮廓算术平均偏差

$$Ra = \frac{1}{l}\int_0^l |Z(x)| \, \mathrm{d}x$$

Ra 参数能较充分地反映表面微观几何形状,其值越大,表面越粗糙。

2）轮廓最大高度 Rz（幅度参数）

轮廓最大高度是指在一个取样长度内，被评定轮廓的最大轮廓峰高 Zp 与最大轮廓谷深 Zv 之和，即 $Rz= Zp+Zv$，如图 3-6 所示。

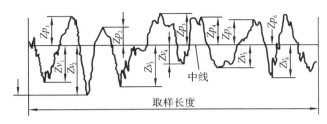

图 3-6　轮廓最大高度

3）轮廓单元的平均宽度 Rsm（间距参数）

如图 3-7 所示，一个相邻轮廓峰与相邻轮廓谷组成一个轮廓单元。轮廓单元的宽度 Xs 是指轮廓峰和相邻的轮廓谷在中线上的一段长度，轮廓单元的平均宽度是在一个取样长度内轮廓单元宽度 Xs 的平均值。

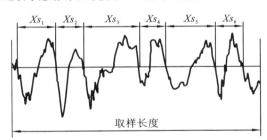

图 3-7　轮廓单元的宽度

知识点 3　表面粗糙度图形符号及标注

1. 表面粗糙度图形符号及含义

表面粗糙度的评定参数及其数值确定后，应按《产品几何技术规范（GPS）技术产品文件中表面结构的表示法》（GB/T 131—2006）的规定，把表面粗糙度要求正确标注在零件图上。图样上所标注的表面粗糙度图形符号及含义见表 3-2。若零件表面仅需要加工（采用去除材料的方法或不去除材料的方法），但对表面粗糙度的其他规定没有要求，允许在图样上只注表面粗糙度的扩展图形符号。

表 3-2　表面粗糙度的符号及含义

符　　号	意　　义
✓	基本图形符号，未指定工艺方法的表面，当通过一个注释解释时可单独使用

符 号	意 义
✓	扩展图形符号,表示表面是用去除材料的方法获得的,如用车、铣、刨、磨等方法
✓	扩展图形符号,表示表面是用不去除材料方法获得的,如用铸、锻、冲压变形、热轧、粉末冶金等方法
✓ ✓ ✓	完整图形符号,用于标注有关参数和说明,在文本中,这三个符号分别用 APA、MRR、NMR 表示
✓	对投影图上封闭轮廓线所表示的各表面具有相同的表面结构要求

2. 表面粗糙度代号

1)表面粗糙度代号各项技术要求的标注位置

表面粗糙度代号及各项技术要求的标注位置如图 3-8 所示。

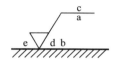

图 3-8 表面粗糙度代号

位置 a——依次注写上、下极限符号,传输带数值,幅度参数符号,评定长度值,极限判断规则,幅度参数极限值(μm)。

位置 b——注写附加评定参数符号及数值(如 Rsm 参数,mm)。

位置 c—— 注写加工方法、表面处理、涂层或其他加工工艺要求等。

位置 d—— 注写表面纹理和方向符号,如"="、"X"、"M"等。

位置 e—— 注写加工余量(mm)。

为了明确表面粗糙度要求,在完整图形符号周围除了标注粗糙度参数及数值外,必要时还要标注补充要求,构成表面粗糙度代号。补充要求包括传输带、取样长度、加工工艺、表面纹理及方向、加工余量等。图 3-8 所示是表面粗糙度单一要求和补充要求的注写位置。

2)表面粗糙度幅度参数极限值的标注

国家标准规定了标注表面粗糙度幅度参数的两种情况。一是标注单向极限,即标注极限值中的一个,默认是上限值,如图 3-9(a)所示。二是标注双向极限,即同时标注粗糙度幅度参数的上、下限值。分两行标注幅度参数符号和上下限值,上方一行加注上极限符号"U",下方一行加注下极限符号"L",如图 3-9(b)所示。

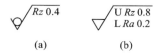

(a)   (b)

图 3-9 表面粗糙度幅度参数的单向极限与双向极限标注

3）表面粗糙度要求的极限值及极限规则

16％规则是所有表面粗糙度要求的默认规则,它是指允许表面粗糙度参数实测值超过规定值的个数少于总数的 16％;最大规则要求所有实测值均不得超过规定值。

如参数代号没标注"max",表示极限值采用默认的 16％规则,无须标注;采用最大规则时,在参数代号中加"max",如图 3-10 所示。

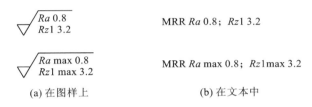

$$\sqrt{\begin{array}{l}Ra\,0.8\\Rz1\,3.2\end{array}} \qquad \text{MRR } Ra\,0.8;\; Rz1\,3.2$$

$$\sqrt{\begin{array}{l}Ra\,\text{max}\,0.8\\Rz1\,\text{max}\,3.2\end{array}} \qquad \text{MRR } Ra\,\text{max}\,0.8;\; Rz1\text{max}\,3.2$$

(a) 在图样上   (b) 在文本中

图 3-10　极限判断规则

4）传输带和评定长度标注

当参数代号中没有标注传输带时,表示采用默认传输带,如图 3-11 所示。如果表面粗糙度参数没有定义默认传输带,则表面粗糙度标注应该指定传输带,即短波滤波器和长波滤波器,传输带标注短波在前、长波在后,中间用"-"隔开;传输带标注在参数代号前,并用斜线"/"隔开。在某些情况下,例如当一个滤波器使用默认截止波长,而另一个滤波器使用非默认截止波长时,只标注一个滤波器,应保留"-"来表明是短波滤波器还是长波滤波器。如图 3-12 所示。

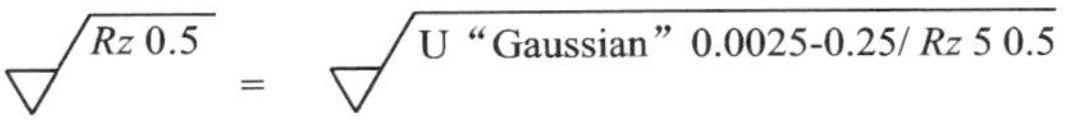

$$\sqrt{Rz\,0.5} \;=\; \sqrt{\text{U ``Gaussian'' }0.0025\text{-}0.25/\,Rz\,5\,0.5}$$

图 3-11　省略默认值的标注示例

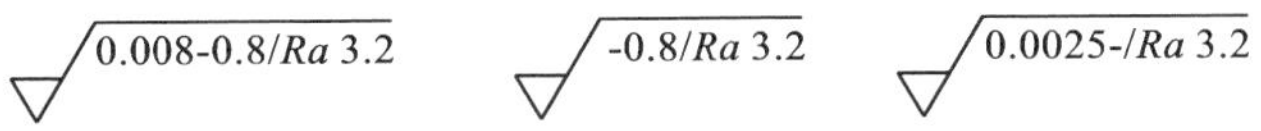

$$\sqrt{0.008\text{-}0.8/Ra\,3.2} \qquad \sqrt{\text{-}0.8/Ra\,3.2} \qquad \sqrt{0.0025\text{-}/Ra\,3.2}$$

图 3-12　传输带标注示例

如果评定长度采用默认值,即等于 5 个取样长度时,可省略标注,如图 3-11 所示。如果评定长度要求的取样长度的个数不等于默认值 5,应在相应参数代号后标注取样长度的个数。如 $Ra\,3$、$Ra\,6$ 等,如图 3-13 所示。

$$\sqrt{\text{-}1/Ra\,3\,1.6} \qquad \sqrt{0.008\text{-}1/Ra\,6\,\text{max}\,1.6}$$

图 3-13　评定长度的标注

5）加工方法、加工纹理、加工余量等相关信息的标注

表 3-3 所示为带有补充要求的标注;表 3-4 所示为不同表面粗糙度要求的表示方法;表 3-5 所示为表面纹理符号。

表 3-3　带有补充要求的标注

符　号	含　义
铣 符号	加工方法:铣削
M 符号	表面纹理:纹理呈多方向
3 符号	加工余量为 3 mm

注:这里给出的加工方法、表面纹理和加工余量仅作示例。

表 3-4　不同表面粗糙度要求的表示方法示例

符　号	含　义/解释
$Rz\,0.4$ 符号	表示不允许去除材料,单向上限值,默认传输带,R 轮廓,表面粗糙度的最大高度为 0.4 μm,评定长度为 5 个取样长度(默认),16% 规则(默认)
$Rz\,\max\,0.2$ 符号	表示去除材料,单向上限值,默认传输带,R 轮廓,表面粗糙度最大高度的最大值为 0.2 μm,评定长度为 5 个取样长度(默认),最大规则
$0.008\text{-}0.8/Ra\,3.2$ 符号	表示去除材料,单向上限值,传输带 0.008~0.8 mm,R 轮廓,算术平均偏差为 3.2 μm,评定长度为 5 个取样长度(默认),16% 规则(默认)
$-0.8/Ra\,3.2$ 符号	表示去除材料,单向上限值,传输带:根据 GB/T 6062,取样长度为 0.8 mm(λs 默认为 0.0025 mm),R 轮廓,算术平均偏差为 3.2 μm,评定长度包含 3 个取样长度,16% 规则(默认)
$U\,Ra\,\max\,3.2$ $L\,Ra\,0.8$ 符号	表示不允许去除材料,双向极限值,两极限值均使用默认传输带,R 轮廓,算术平均偏差为 3.2 μm,评定长度为 5 个取样长度(默认),最大规则。下限值:算术平均偏差为 0.8 μm,评定长度为 5 个取样长度(默认),16% 规则(默认)
$0.025\text{-}0.1/Rx\,0.2$ 符号	表示任意加工方法,单向上极限,传输带 $\lambda s = 0.0025$ mm,$A = 0.1$ mm,评定长度为 3.2 mm(默认),粗糙度图形参数,粗糙度图形最大深度为 0.2 μm,16% 规则(默认)
$/10/R\,10$ 符号	表示不允许去除材料,单向上限值,传输带 $\lambda s = 0.008$ mm(默认),$A = 0.5$ mm(默认),评定长度为 10 mm,粗糙度图形参数,粗糙度图形平均深度为 10 μm,16% 规则(默认)
$-0.3/6/AR\,0.09$ 符号	表示任意加工方法,单向上极限,传输带 $\lambda s = 0.008$ mm(默认),$A = 0.3$ mm(默认),评定长度为 6 mm,粗糙度图形参数,粗糙度图形平均间距为 0.09 mm,16% 规则(默认)

表 3-5　表面纹理符号

符 号	解 释	示 例
二	纹理平行于视图所在的投影面	纹理方向
⊥	纹理垂直于视图所在的投影面	纹理方向
×	纹理呈两斜向交叉且与视图所在的投影面相交	纹理方向
M	纹理呈多方向	
C	纹理呈近似同心圆且圆心与表面中心相关	
R	纹理呈近似放射状且与表面圆心相关	
P	纹理呈微粒状,凸起,无方向	

3．表面粗糙度的标注方法

表面粗糙度标注总的原则是根据《机械制图　尺寸注法》(GB/T 4458.4—2003)的规定,使表面粗糙度的注写和读取方向与尺寸的注写和读取方向一致,如图 3-14 所示。

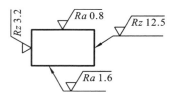

图 3-14　表面粗糙度的注写方向

1）标注在轮廓线上或指引线上

表面粗糙度可标注在轮廓线上,其符号应从材料外指向并接触表面。必要时,表面粗糙度符号也可用带箭头或黑点的指引线引出标注。如图 3-15 所示。

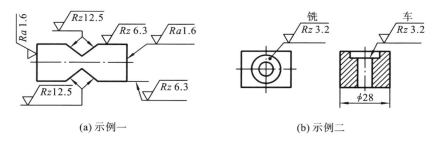

(a)示例一　　　　　　　　　　　　　(b)示例二

图 3-15　表面粗糙度标注在轮廓线上或指引线上

2）标注在特征尺寸的尺寸线上

在不致引起误解时,表面粗糙度要求可以标注在给定的尺寸线上,如图 3-16 所示。

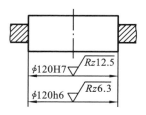

图 3-16　表面粗糙度要求标注在尺寸线上

3）标注在几何公差的框格上

表面粗糙度要求可标注在几何公差框格的上方,如图 3-17 所示。

4）标注在延长线上

表面粗糙度要求可以直接标注在延长线上,或用带箭头的指引线引出标注,如图 3-18 所示。

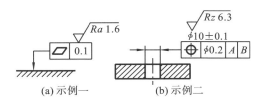

(a) 示例一　　　　(b) 示例二

图 3-17　表面粗糙度要求标注在几何公差框格上方

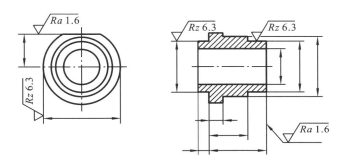

图 3-18　表面粗糙度要求标注在圆柱特征的延长线上

5）标注在圆柱和棱柱表面上

圆柱和棱柱表面的表面粗糙度要求只标注一次,如果每个棱柱表面有不同的表面结构要求,则应分别单独标注,如图 3-19 所示。

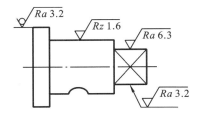

图 3-19　圆柱和棱柱的表面粗糙度要求的注法

6）表面粗糙度要求的简化注法

（1）有相同表面粗糙度要求的简化注法　如果工件的多数(包括全部)表面有相同的表面粗糙度要求,则其表面粗糙度要求可统一标注在图样的标题栏附近。此时(除全部表面有相同要求的情况外)分两种情况:

① 在表面粗糙度要求符号后面的圆括号内给出无任何其他标注的基本符号,如图 3-20(a)所示。

② 在表面粗糙度要求符号后面的圆括号内给出不同的表面粗糙度要求,如图 3-20(b)所示。

不同的表面粗糙度要求应直接标注在图形中。

（2）多个表面有共同要求的注法　当多个表面具有相同表面粗糙度要求或

图纸空间有限时,可以采用简化注法,如图 3-20 所示。

① 带字母的简化注法　可用带字母的完整符号,以等式的形式在图形或标题栏附近,对有相同表面粗糙度要求的表面进行简化标注,如图 3-21 所示。

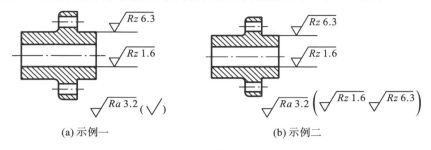

(a) 示例一　　　　　　　　　　　　　　(b) 示例二

图 3-20　简化注法

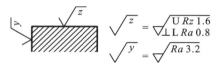

图 3-21　带字母的简化标注

② 只用表面粗糙度符号的简化注法　可用基本图形符号、扩展图形符号,以等式的形式给出对多个表面共同的表面粗糙度要求,如表 3-6 所示。

表 3-6　表面粗糙度要求的简化注法

符　号	解　释
$\sqrt{} = \sqrt{Ra3.2}$	未指定工艺方法的多个表面粗糙度要求的简化注法
$\sqrt{} = \sqrt{Ra3.2}$	要求去除材料的多个表面粗糙度要求的简化注法
$\sqrt{} = \sqrt{Ra3.2}$	不允许去除材料的多个表面粗糙度要求的简化注法

7) 由两种或多种工艺获得的同一表面的注法

对于由几种不同的工艺方法获得的同一表面,当需要明确每种工艺方法的表面粗糙度要求时,可按图 3-22 所示的方法进行标注。

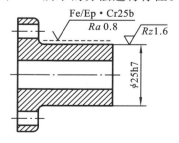

图 3-22　同时给出镀覆前后的表面粗糙度要求的注法

知识点 4 表面粗糙度评定参数及数值的选用

1. 表面粗糙度评定参数的选用

国家标准规定采用中线制评定表面粗糙度。选用表面粗糙度评定参数时，一般从幅度参数 Ra、Rz 中选取，通常只给出幅度参数 Ra 或 Rz 及其上限值。在常用的粗糙度参数值范围内，Ra 能较完整、全面地表达零件表面微观几何特征，而且使用触针式电动轮廓仪测量较为容易，所以对光滑和半光滑表面，普遍选用 Ra 作为粗糙度评定参数。

Rz 参数不如 Ra 反映的表面几何特征准确，Ra 和 Rz 联用可以评定某些承受交变应力、不允许出现较大加工痕迹的表面；对于极光滑和极粗糙表面，或被测表面面积很小时，不宜使用触针式轮廓仪进行测量，可选用 Rz 作为评定参数。Rz 值可用双管显微镜、干涉显微镜测量。

如果零件表面有功能要求，除选用上述高度特征参数外，还可选用间距特征参数作为附加的评定参数。

2. 表面粗糙度评定参数数值的选用

零件表面粗糙度不仅对使用性能有多方面的影响，而且关系到产品质量和生产成本。因此在选择粗糙度数值时，应在满足零件使用功能要求的前提下，同时考虑工艺性和经济性。在确定零件表面粗糙度时，除了有特殊要求的表面外，一般采用类比法选取。

在选取表面粗糙度数值时，在满足使用要求的情况下，应尽量选择大的数值。除此以外，还应考虑以下几点。

（1）同一零件，配合表面、工作表面的粗糙度数值小于非配合表面、非工作表面的数值。

（2）摩擦表面、承受重载荷和交变载荷表面的粗糙度数值选小值。

（3）配合精度要求高的结合面、尺寸公差和几何公差精度要求高的表面，粗糙度数值选小值。

（4）同一公差等级的零件，小尺寸比大尺寸、轴比孔的粗糙度数值要小。

（5）要求耐腐蚀的表面，粗糙度数值选小值。

（6）有关标准已对表面粗糙度要求做出规定的，按相应标准确定表面粗糙度数值。

表 3-7 是常用表面粗糙度参数 Ra 的推荐值，表 3-8 是表面粗糙度参数 Ra 数值的应用实例。

表 3-7　常用表面粗糙度 Ra 的推荐值　　　　　　　　　　　　　　　　　　　(μm)

应用场合		公差等级	≤50 轴	≤50 孔	>50~120 轴	>50~120 孔	>120~500 轴	>120~500 孔
经常拆卸零件的配合表面(如挂轮、滚刀等)		IT5	≤0.2	≤0.4	≤0.4	≤0.8	≤0.4	≤0.8
		IT6	≤0.4	≤0.8	≤0.8	≤1.6	≤0.8	≤1.6
		IT7	≤0.8	≤0.8	≤1.6	≤1.6	≤1.6	≤1.6
		IT8	≤0.8	≤1.6	≤1.6	≤3.2	≤1.6	≤3.2
过盈配合	压入配合	IT5	≤0.2	≤0.4	≤0.4	≤0.8	≤0.4	≤0.8
		IT6~IT7	≤0.4	≤0.8	≤0.8	≤1.6	≤1.6	≤1.6
		IT8	≤0.8	≤1.6	≤1.6	≤3.2	≤3.2	≤3.2
	热装	——	≤1.6	≤3.2	≤1.6	≤3.2	≤1.6	≤3.2
精密定心零件的配合表面	IT5~IT8	径向跳动	2.5	4	6	10	16	25
		轴	≤0.05	≤0.1	≤0.1	≤0.2	≤0.4	≤0.8
		孔	≤0.1	≤0.2	≤0.2	≤0.4	≤0.8	≤1.6

应用场合	公差等级	轴	孔
滑动轴承的配合表面	IT6~IT9	≤0.8	≤1.6
	IT10~IT12	≤1.6	≤3.2
	液体湿摩擦	≤0.4	≤0.8

应用场合	密封结合	对中结合	其他
圆锥结合的工作面	≤0.4	≤1.6	≤6.3

应用场合	密封形式	速度/(m/s) ≤3	3~5	≥5
密封结构处的孔、轴表面	橡胶圈密封	0.8~1.6(抛光)	0.4~0.8(抛光)	0.2~0.4(抛光)
	毛毡密封	0.8~1.6(抛光)		
	迷宫式	3.2~6.3(抛光)		
	涂油槽式	3.2~6.3(抛光)		

应用场合	带轮直径/mm ≤120	>120~315	>315
V 带和平带轮工作面	1.6	3.2	6.3

应用场合	类型	有垫片	无垫片
箱体分界面(减速器)	需要密封	3.2~6.3	0.8~1.6
	不需要密封	6.3~12.5	

表 3-8　不同加工方法所获得的表面粗糙度和应用举例

加 工 方 法	$Ra/\mu m$	应 用 举 例
粗车、粗铣、粗刨、钻、毛锉、锯断等	12.5～25	粗加工非配合表面,如轴端面,倒角,钻孔表面,齿轮和带轮侧面,键槽底面,垫圈接触面及不重要的安装支承面
车、铣、刨、镗、钻、粗铰等	6.3～12.5	半精加工表面,如轴上不安装轴承、齿轮等处的配合表面,轴和孔的退刀槽、支架、衬套、端盖、螺栓、螺母表面,花键非定心表面等
车、铣、刨、镗、磨、拉、粗刮、铣齿等	3.2～6.3	半精加工表面如箱体、支架、套筒表面,非传动用梯形螺纹等的工作面,以及与其他零件结合而无配合要求的表面
车、铣、刨、镗、磨、拉、刮等	1.6～3.2	接近精加工表面,如箱体上安装轴承的孔和定位销的压入孔表面,齿轮齿条、传动螺纹、键槽、带轮槽的工作面及花键结合面等
车、镗、磨、拉、刮、精铰、磨齿、滚压等	0.8～1.6	要求有定心及配合的表面,如圆柱销、圆锥销的表面,卧式车床导轨面,以及与 P0、P6 级滚动轴承配合的表面等
精铰、精镗、磨、刮、滚压等	0.4～0.8	要求配合性质稳定的配合表面及活动支承面,如高精度车床导轨面、高精度活动球状接头表面等
精磨、珩磨、研磨、超精加工等	0.2～0.4	精密机床主轴锥孔、顶尖圆锥面,发动机曲轴和凸轮轴工作表面,高精度齿轮齿面,与 P5 级滚动轴承配合的表面等
精磨、研磨、普通抛光等	0.1～0.2	精密机床主轴轴颈表面、一般量规工作表面、汽缸内表面、阀的工作表面、活塞销表面等
超精磨、精抛光、镜面磨削等	0.025～0.1	精密机床主轴轴颈表面,滚动轴承套圈滚道、滚珠及滚柱表面,工作量规的测量表面,高压液压泵中的柱塞表面等
镜面磨削等	0.012～0.025	高精度量仪等仪器的测量面
镜面磨削、超精研等	≤0.012	量块的工作面、光学仪器中的金属镜面等

项 目 任 务

任务1 识图学习表面粗糙度的定义、标注和选用

1. 任务引入

经过机械加工的零件表面,不可能是绝对平整和光滑的,实际上存在着一定程度宏观和微观几何形状误差。表面粗糙度是反映微观几何形状误差的一个指标,也是评定机械零件和产品质量的重要指标,因此在零件图上须标注各表面的表面粗糙度要求。

图 3-23 所示为变速器输出轴,材料为 45 钢(经调质处理),试确定图中零件各表面粗糙度参数及数值并标注在图样上。

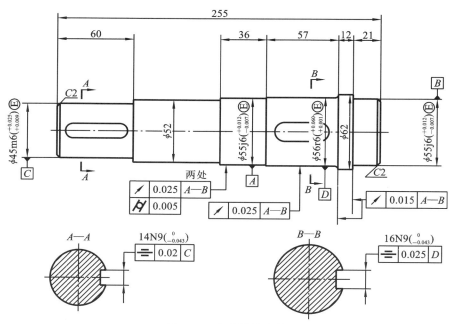

图 3-23 变速器输出轴

2. 任务分析

在具体实践中常用类比法来确定表面粗糙度参数值。按类比法选择表面粗糙度参数值时,可先根据经验资料初步选定表面粗糙度参数值,然后再对比工作条件做适当调整。对图 3-23 所示变速器输出轴各表面粗糙度参数 Ra 的选用分析如下。

(1) 两个 $\phi 55^{+0.012}_{-0.007}$ mm 轴颈与滚动轴承配合,参照表 3-7、表 3-8,及滚动轴承公差配合有关内容,应使 $Ra \leqslant 0.8$ μm,这里取 Ra 值为 0.8 μm。

（2）$\phi56^{+0.060}_{+0.001}$ mm 轴段和 $\phi45^{+0.025}_{+0.009}$ mm 轴段分别与齿轮和带轮相配合,参照表3-7、表 3-8,应使 $Ra\leqslant0.8$ μm,这里取 Ra 值为 0.8 μm。

（3）$\phi62$ mm 轴段的左、右两轴肩为止推面,分别对齿轮和滚动轴承起定位作用,参照表3-7、表 3-8 及滚动轴承、齿轮公差配合有关内容,应使 $Ra\leqslant3.2$ μm,这里取 Ra 值为 3.2 μm。

（4）键槽两侧面一般是铣削加工,其精度较低,参考键与花键配合有关内容,选 Ra 值为 3.2 μm。

（5）轴上其他非配合表面,如端面、键槽底面、$\phi52$ mm 圆柱面等,均属不太重要的表面,故选取 Ra 值为 6.3 μm。

图 3-24 所示变速器输出轴各表面粗糙度标注结果如图 3-24 所示。

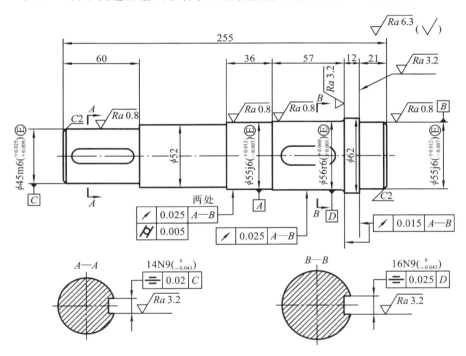

图 3-24　变速器输出轴各表面粗糙度标注结果

习　　题

3.1　简要说明表面粗糙度对零件的使用性能有何影响。

3.2　评定表面粗糙度时,为何还要规定取样长度和评定长度?

3.3　表面粗糙度的主要评定参数有哪些? 优先采用哪个评定参数?

3.4　常见的加工纹理方向符号有哪些? 各代表什么意义?

3.5　选择表面粗糙度值的一般原则是什么? 选择时应考虑什么问题?

3.6　填空。

（1）表面粗糙度是指＿＿＿＿＿＿＿＿＿所具有的不平度和＿＿＿＿＿＿＿＿＿。

（2）取样长度用＿＿＿＿＿＿＿＿＿表示，评定长度用＿＿＿＿＿＿＿＿＿表示；轮廓中线用＿＿＿＿＿＿＿＿＿表示。

（3）轮廓算术平均偏差用＿＿＿＿＿＿＿＿＿表示；轮廓最大高度用＿＿＿＿＿＿＿＿＿表示。

（4）表面粗糙度代号在图样上应标注在＿＿＿＿＿＿＿＿＿、＿＿＿＿＿＿＿＿＿或其延长线上，符号的尖端必须从材料外＿＿＿＿＿＿＿＿＿表面，代号中数字及符号的注写方向必须与＿＿＿＿＿＿＿＿＿一致。

（5）表面粗糙度的选用，应在满足表面功能要求情况下，尽量选用＿＿＿＿＿＿的表面粗糙度数值。

（6）同一零件上，工作表面的粗糙度参数值＿＿＿＿＿＿＿＿＿非工作表面的粗糙度参数值。

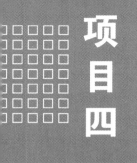

键与花键的公差配合及选用

【项目内容】

◆ 键与花键的公差配合的选用。

【主要知识点与技能点】

◆ 键连接的类型；

◆ 平键连接的公差配合；

◆ 花键连接的公差配合。

相 关 知 识

知识点 1　键连接的类型

键用于连接轴和轴上零件，进行周向固定以传递转矩，如齿轮、带轮、联轴器与轴的连接。键连接可以分为松键连接、紧键连接和花键连接三大类。

1. 松键连接

松键连接（见图 4-1）所用的键有普通平键、半圆键、导向平键及滑键等。普通平键靠键和键槽侧面挤压传递转矩，键的上表面和轮毂槽底之间留有间隙，只对轴上零件做周向固定，不能承受轴向力，如果要轴向固定，则需要附加紧固螺钉或定位环等定位零件。平键连接具有结构简单、装拆方便、对中性好等优点，因而应用广泛。导向平键和滑键均用于轮毂与轴间需要有相对滑动的动连接。导向平键用螺钉固定在轴上的键槽中，轮毂沿键的侧面做轴向滑动。滑键则是将键固定在轮毂上，随轮毂一起沿轴槽移动。导向平键用于轮毂沿轴向移动距离较小的场合，当轮毂的轴向移动距离较大时宜采用滑键连接。

2. 紧键连接

紧键连接主要指楔键连接。如图 4-2（a）所示，楔键的上、下表面都是工作面，上表面及与其相接触的轮毂槽底面均有 1：100 的斜度。键侧与键槽有一定

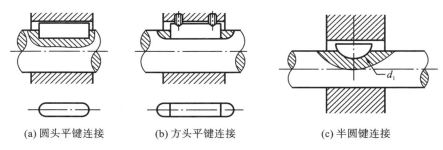

(a) 圆头平键连接　　　　(b) 方头平键连接　　　　(c) 半圆键连接

图 4-1　松键连接

的间隙,装配时将键打入成紧键连接,由过盈作用传递转矩,并能传递单向的轴向力,还可轴向固定零件。图 4-2(b)所示是切向键,它是由一对楔键组成的,装配时,将两键楔紧。键的两个窄面是工作面,其中一个面在通过轴心的平面内,工作面上的压力沿轴的切线方向作用,能传递很大的转矩。当双向传递转矩时,需采用两对切向键并呈 120°~130° 角分布。由于楔键打入时,易使轴和轮毂产生偏心,因此楔键仅适用于定心精度要求不高、载荷平稳和低速的场合。

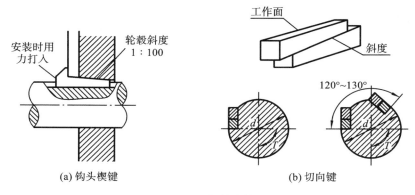

(a) 钩头楔键　　　　　　　　(b) 切向键

图 4-2　紧键连接

3. 花键连接

花键连接是由轴和轮毂孔上的多个键齿和键槽组成的,键齿侧面是工作面,靠键齿侧面的挤压来传递转矩。与单键连接比,花键连接具有较高的承载能力,定心精度高,导向性能好,可实现静连接或动连接。因此,在飞机、汽车、拖拉机、机床和农业机械中得到了广泛的应用。花键按齿形不同,分为矩形花键、渐开线花键、三角形花键等几种,其中以矩形花键应用最为广泛。图 4-3 所示为矩形花键和渐开线花键齿齿形。

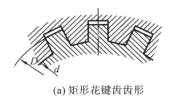
(a) 矩形花键齿齿形

(b) 渐开线花键齿齿形

图 4-3　花键齿齿形

知识点 2　平键的公差

1. 平键连接的特点

平键连接是由键、轴、轮毂三个零件组成的,通过键的侧面分别与轴槽和轮毂槽的侧面相互接触来传递运动和转矩,键的上表面和轮毂槽底面留有一定的间隙,如图 4-4 所示。因此,键和轴槽的侧面应有足够大的实际有效接触面积来承受负荷,并且键嵌入轴槽要牢固可靠,以防止松动脱落。所以,键宽和键槽宽 b 是决定配合性质和配合精度的主要互换性参数,为主要配合尺寸,公差等级要求高;而键长 L、键高 h、轴槽深 t_1 和轮毂槽深 t_2 为非配合尺寸,其精度要求较低,应给予较大的公差。

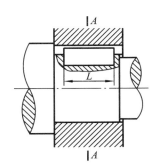

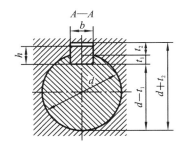

图 4-4　平键连接的几何参数

在设计平键连接时,当轴颈 d 确定后,根据 d 就可确定平键的规格参数。平键连接的剖面尺寸及公差均已标准化,在《平键　键和键槽的剖面尺寸》(GB/T 1095—2003)中做了规定。详细数据参见表 4-1。

2. 平键连接的公差带与配合

在键与键槽的配合中,键相当于广义的轴,键槽相当于广义的孔。键同时要与轴槽和轮毂槽配合,而且配合性质又不同,由于平键是标准件,因此平键配合采用基轴制。国家标准 GB/T 1095—2003 对键的尺寸大小、平键连接的轴槽深 t_1 和轮毂槽深 t_2 的极限偏差做了专门规定,如表 4-1 所示。轴槽长的公差带为 H14。矩形普通平键键高的公差带为 h11,方形普通平键键高的公差带为 h8,键长 L 的公差带为 h14。

表 4-1　平键、键和键槽的剖面尺寸及公差(摘自 GB/T 1095—2003)　　　　mm

轴	键	键　槽										
			宽度 b					深度			半径 r	
			轴槽宽与毂槽宽的极限偏差					轴槽深 t_1		毂槽深 t_2		
①公称直径 d	键尺寸 $b×h$	公称尺寸	松连接		正常连接		紧密连接						
			轴 H9	毂 D10	轴 N9	毂 JS9	轴和毂 P9	公称尺寸	极限偏差	公称尺寸	极限偏差	最大	最小
≤6～8	2×2	2	+0.025 0	+0.060 +0.020	−0.004 −0.029	±0.0125	−0.006 −0.031	1.2	+0.1 0	1	+0.1 0	0.08	0.16
>8～10	3×3	3						1.8		1.4			
>10～12	4×4	4	+0.030 0	+0.078 +0.030	0 −0.030	±0.015	−0.012 −0.042	2.5	+0.1 0	1.8	+0.1 0	0.16	0.25
>12～17	5×5	5						3.0		2.3			
>17～22	6×6	6						3.5		2.8			
>22～30	8×7	8	+0.036 0	+0.098 +0.040	0 −0.036	±0.018	−0.015 −0.051	4.0		3.3			
>30～38	10×8	10						5.0		3.3			
>38～44	12×8	12	+0.043 0	+0.120 +0.050	0 −0.043	±0.0215	−0.018 −0.061	5.0	+0.2 0	3.3	+0.20 0	0.25	0.40
>44～50	14×9	14						5.5		3.8			
>50～58	16×10	16						6.0		4.3			
>58～65	18×11	18						7.0		4.4			
>65～75	20×12	20	+0.052 0	+0.149 +0.065	0 −0.052	±0.026	−0.022 −0.074	7.5		4.9		0.40	0.60
>75～85	22×14	22						9.0		5.4			

注:①GB/T 1095—2003 没有给出相应的轴颈公称直径,此栏为根据一般受力情况推荐的轴的公称直径值。

为保证键在轴槽上紧固,同时又便于拆装,轴槽和轮毂槽可以采用不同的公差带,使其配合的松紧不同,国家标准 GB/T 1096—2003 对键宽规定了一种公差带 h8,对轴和轮毂的键槽宽各规定了三种公差带,构成了三种不同性质的配合。根据不同的使用要求,键与槽宽可以采用不同的配合,分为松连接、正常连接和紧密连接三种配合连接(见图 4-5),以满足各种不同用途的需要。三种配合及其应用场合参见表 4-2。

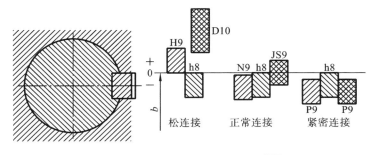

图 4-5　平键连接三种配合的公差带图

表 4-2　平键连接的三种配合及其应用场合

配合种类	尺寸 b 的公差带			应用
	键	轴槽	轮毂槽	
松连接		H9	D10	键在轴上及轮毂中均能滑动,主要用于导向平键,轮毂可在轴上移动
正常连接	h8	N9	JS9	键在轴槽中和轮毂槽中均固定,用于载荷不大的场合
紧密连接		P9	P9	键在轴槽中和轮毂槽中均牢固地固定,比一般键连接配合更紧。用于载荷较大、有冲击和双向传递扭矩的场合

3. 平键连接的几何公差

为了保证键侧与键槽侧面之间有足够的接触面积,避免装配困难,国家标准对键和键宽的几何公差做了以下规定。

（1）由于键槽的实际中心平面沿径向产生偏移和沿轴向产生倾斜,将造成键槽的对称度误差,应规定键槽两侧面的中心平面对轴的基准轴线和轮毂键槽两侧面的中心平面对孔的基准轴线的对称度公差,该对称度公差与键槽宽度公差的关系以及与孔、轴尺寸公差的关系可以采用独立原则。对称度公差等级可按 GB/T 1184—1996 确定,以键槽宽 B 为主要参数,一般取 7～9 级。

（2）当键长 L 与键宽 b 之比大于或等于 8 时,应对键宽 b 的两工作侧面在长度方向上规定平行度公差。当 $b \leqslant 6$ mm 时,平行度公差选 7 级;当 6 mm $< b <$ 36 mm 时,平行度公差选 6 级;当 $b \geqslant 37$ mm 时,平行度公差选 5 级。

4. 键槽的表面粗糙度

轴槽和轮毂槽两侧面的表面粗糙度参数 Ra 值推荐为 1.6～3.2 μm,键槽底面的粗糙度参数 Ra 值推荐为 6.3～12.5 μm。

5. 轴槽的剖面尺寸、几何公差及表面粗糙度等在图样上的标注

在平键的连接工作图中,考虑到测量的方便性,轴槽深 t_1 用 $d-t_1$ 标注,其极限偏差与 t_1 相反,轮毂槽深 t_2 用 $d+t_2$ 标注,其极限偏差与 t_2 相同。

知识点 3　矩形花键的公差

花键有定心精度高、导向性好、承载能力强的特点,而矩形花键是花键中应用最广的一种,下面主要介绍矩形花键。

1. 矩形花键连接的几何参数与定心方式

1)矩形花键的几何参数

矩形花键连接主要是要求保证内、外花键具有较高的同轴度,并能传递较大的扭矩。《矩形花键尺寸、公差和检验》(GB/T 1144—2001)规定,矩形花键的主要基本参数为大径 D、小径 d、键宽和键槽宽 B,如图 4-6 所示。矩形花键的键数 N 为偶数,有 6、8、10 三种,以便于加工和测量。按承载能力的大小,对公称尺寸分为轻系列、中系列两种规格。同一小径的轻系列和中系列矩形花键的键数相同,键宽(键槽宽)也相同,仅大径不相同。中系列的矩形花键键高尺寸较大,承载能力强;轻系列的矩形花键键高尺寸较小,承载能力较低。矩形花键的键数用 N 表示,小径用 d 表示,大径用 D 表示,键(键槽宽)用 B 表示。其公称尺寸系列见表 4-3。

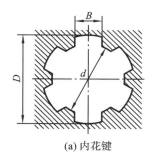
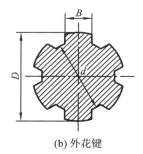

(a) 内花键　　　　　　　　　　(b) 外花键

图 4-6　矩形花键的主要尺寸

表 4-3　矩形花键的公称尺寸系列(摘自 GB/T 1144—2001)　　　　　(mm)

d	轻　系　列				中　系　列			
	标记	N	D	B	标记	N	D	B
23	$6\times23\times26$	6	26	6	$6\times23\times28$	6	28	6
26	$6\times26\times30$	6	30	6	$6\times26\times32$	6	32	6
28	$6\times28\times32$	6	32	6	$6\times28\times34$	6	34	7
32	$8\times32\times36$	8	36	6	$8\times32\times38$	8	38	6

d	轻 系 列				中 系 列			
	标记	N	D	B	标记	N	D	B
36	8×36×40	8	40	7	8×36×42	8	42	7
42	8×42×46	8	46	8	8×42×48	8	48	8
46	8×46×50	8	50	9	8×46×54	8	54	9
52	6×52×58	8	58	10	8×52×60	8	60	10
56	8×56×62	8	62	10	8×56×65	8	65	10
62	8×62×67	8	68	12	8×62×72	8	72	12
72	10×72×78	10	78	12	10×72×82	10	82	12

2）矩形花键连接的定心方式

由于矩形花键连接中有大径、小径和键宽（槽宽）三个尺寸，若要三个尺寸同时起配合定心作用，不仅困难，而且无必要。因此，为了保证满足使用要求，同时便于加工，只能选择其中一个尺寸作为主要配合尺寸，对其按较高的精度制造，以保证配合性质和定心精度，该表面称为定心表面。非定心表面之间留有一定的间隙。

GB/T 1144—2001 规定矩形花键连接采用小径定心，如图 4-7（a）所示。这是因为内、外花键表面一般都要求淬硬（40 HRC 以上），以提高其强度、硬度和耐磨性。采用小径定心时，热处理后花键孔的小径变形可通过内圆磨进行修复，同时外花键轴的小径变形也可通过成形砂轮磨修正，而且磨削可以使小径达到更高的尺寸、形状精度和更高的表面粗糙度要求。因而小径定心的定心精度高，定心稳定性好，而且使用寿命长，更有利于产品质量的提高。

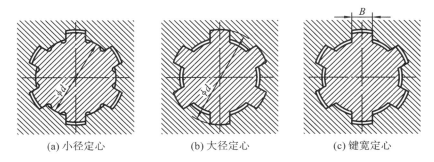

(a) 小径定心   (b) 大径定心   (c) 键宽定心

图 4-7 矩形花键连接的定心方式

2. 矩形花键连接的尺寸公差与配合

1）矩形花键的尺寸公差

内、外花键定心小径，非定心大径和键宽（键槽宽）的尺寸公差带分一般用和精密传动用两类。矩形花键的尺寸公差带见表 4-4。为减少专用刀具(拉刀)和量具的数量,花键连接采用基孔制配合。

从表 4-4 可以看出:对一般用的内花键槽宽规定了两种公差带,加工后不再热处理的公差带为 H9,加工后需要进行热处理的,为修正热处理变形,公差带为 H11。对于精密传动用内花键,当连接要求键侧配合间隙较小时,槽宽公差带选用 H7,一般情况下选用 H9。

表 4-4　矩形花键的尺寸公差带(摘自 GB/T 1144—2001)

内花键				外花键			装配形式
小径 d	大径 D	槽宽 B		小径 d	大径 D	键宽 B	
		拉削后不进行热处理	拉削后进行热处理				
一般用							
H7	H10	H9	H11	f7	a11	d10	滑动
				g7		f9	紧滑动
				h7		h10	固定
精密传动用							
H5	H10	H7、H9		f5	a11	d8	滑动
				g5		f7	紧滑动
				h5		h8	固定
H6				f6		d8	滑动
				g6		f7	紧滑动
				h6		h8	固定

注:①精密传动用的内花键,当需要控制键侧配合间隙时,槽宽可选用 H7,一般情况可选用 H9;
　　②当内花键公差带为 H6 和 H7 时,允许与高一级的外花键配合。

对于定心直径 d,在一般情况下,内、外花键取相同的公差等级,且比相应的大径 D 和键宽 B 的公差等级都高。但在有些情况下,内花键允许与高一级的外花键配合。如公差带代号为 H7 的内花键可以与公差带代号为 f6、g6、h6 的外花键配合,公差带代号为 H6 的内花键可以与公差带代号为 f5、g5、h5 的外花键配合。这主要是考虑内矩形花键常用作齿轮的基准孔,有可能出现外花键的定心直径公差等级高于内花键定心直径公差等级的情况,而大径只有 H10/a11 一种配合。

2) 矩形花键尺寸公差与配合的选择

(1) 矩形花键尺寸公差带的选择　传递扭矩大或定心精度要求高时,应选用精密传动用的尺寸公差带,否则,可选用一般用的尺寸公差带。常见汽车、拖拉机变速箱多采用一般级别的花键连接,精密机床变速箱多采用精密级的花键连接。

（2）矩形花键的配合形式及其选择　内、外花键的装配形式（即配合）分为滑动、紧滑动和固定三种，其中，滑动连接的间隙较大，紧滑动连接的间隙次之，固定连接的间隙最小。

当内、外花键连接只传递扭矩而无相对轴向移动时，应选用配合间隙最小的固定连接；当内、外花键连接不但要传递扭矩，还要有相对轴向移动时，应选用滑动或紧滑动连接；而当移动频繁、移动距离长时，则应选用配合间隙较大的滑动连接，以保证运动灵活，而且确保配合面间有足够的润滑油层。为保证定心精度要求，使工作表面载荷分布均匀或减少反向运转所产生的空程及其冲击，对定心精度要求高、传递的扭矩大、运转中需经常反转等的连接，则应选用配合间隙较小的紧滑动连接。表 4-5 列出了几种配合应用情况，可供参考。

表 4-5　矩形花键配合应用

应用	固 定 连 接		滑 动 连 接	
	配合	特征及应用	配合	特征及应用
精密传动用	H5/h5	紧固程度较高，可传递大扭矩	H5/g5	滑动程度较低，定心精度高，传递扭矩大
	H6/h6	传递中等扭矩	H6/f6	滑动程度中等，定心精度较高，传递中等扭矩
一般用	H7/h7	紧固程度较低，传递扭矩较小，可经常拆卸	H7/f7	移动频率高，移动长度大，定心精度要求不高

3. 矩形花键的几何公差和表面粗糙度

1）矩形花键的几何公差

国家标准对矩形花键的几何公差做了以下规定。

（1）为了保证定心表面的配合性质，内、外花键的小径（定心直径）的尺寸公差和几何公差必须采用包容原则。

（2）在大批量生产时，采用花键综合量规来检测矩形花键，因此，对键宽需要采用最大实体原则，对键和键槽只需要规定位置度公差。花键位置度的公差值见表4-6，其在图样上的标注如图 4-8 所示。

表 4-6　矩形花键的位置度公差（摘自 GB/T 1144—2001）　　　　（mm）

键槽宽或键宽 B			3	3.5～6	7～10	12～18
t_1	键槽宽		0.010	0.015	0.020	0.025
	键宽	滑动、固定	0.010	0.015	0.020	0.025
		紧滑动	0.006	0.010	0.013	0.016

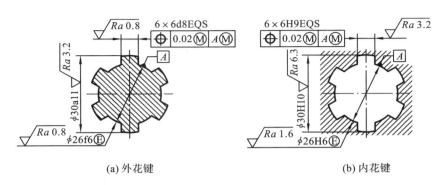

(a) 外花键　　　　　　　　　　　(b) 内花键

图 4-8　花键位置度公差的标注

（3）当单件、小批生产时,应规定键（键槽）两侧面的中心平面对定心表面轴线的对称度和等分度。花键对称度公差的值见表 4-7,其在图样上的标注如图 4-9所示。

表 4-7　矩形花键的对称度公差(摘自 GB/T 1144—2001)　　　　　(mm)

键槽宽或键宽 B		3	3.5～6	7～10	12～18
t_2	一般用	0.010	0.015	0.020	0.025
	精密传动用	0.010	0.015	0.020	0.025

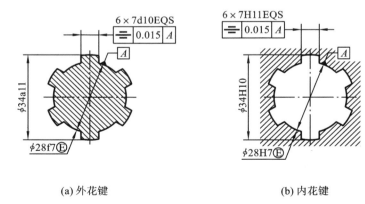

(a) 外花键　　　　　　　　　　　(b) 内花键

图 4-9　花键对称度公差的标注

（4）当花键较长时,还可根据产品性能要求进一步控制各个键或键槽侧面对定心表面轴线的平行度。

2）矩形花键的表面粗糙度

矩形花键各结合表面的粗糙度 Ra 值见表 4-8。

表 4-8　矩形花键的表面粗糙度

加工表面	内花键	外花键
	Ra 不大于/μm	
小径	1.6	0.8
大径	6.3	3.2
槽侧	3.2	0.8

4. 矩形花键的标注

矩形花键的规格按以下方式表示：

$$键数\ N \times 小径\ d \times 大径\ D \times 键宽（键槽宽）B$$

例如：当矩形花键数 N 为 6，小径 d 的配合为 23H7/f7，大径 D 的配合为 28H10/a11，键宽 B 的配合为 6H11/d10 时，标记为

花键规格　$6 \times 23 \times 28 \times 6$

花键副　$6 \times 23\dfrac{H7}{f7} \times 28\dfrac{H10}{a11} \times 6\dfrac{H11}{d10}$　GB/T 1144—2001

内花键　$6 \times 23H7 \times 28H10 \times 6H11$　GB/T 1144—2001

外花键　$6 \times 23f7 \times 28a11 \times 6d10$　GB/T 1144—2001

项 目 任 务

任务 1　平键连接的标注

1. 任务引入

有一减速器输出轴与齿轮用平键连接，已知轴和齿轮孔的配合为 $\phi56H7/r6$，要求确定轴槽和轮毂槽的剖面尺寸及其公差带、相应的几何公差和各个表面的粗糙度值，并把它们标注在断面图中。

2. 任务分析

（1）查表 4-1，得直径为 $\phi56$ mm 的轴孔用平键尺寸为 $b \times h = 16$ mm $\times$ 10 mm。

（2）确定键连接。减速器轴和齿轮承受一般载荷，故采用正常连接。查表 4-2 知，轴槽公差带为 $16N9\left(_{-0.043}^{\ 0}\right)$，轮毂槽公差带为 $16JS9（\pm 0.0215）$。

（3）确定键连接的几何公差和表面粗糙度。轴槽对轴线及轮毂槽对孔轴线的对称度公差查项目二中表 2-17 按 8 级选取，公差值为 0.02 mm。考虑一般情况，轴槽及轮毂槽侧面粗糙度值 Ra 取 3.2 μm，底面取 6.3 μm，轴及轮毂槽圆周表面取 1.6 μm。

图样标注如图 4-10 所示。

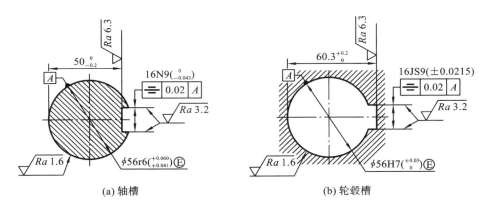

(a) 轴槽　　　　　　　　　　　　(b) 轮毂槽

图 4-10　键槽尺寸和几何公差的标注

任务2　矩形花键连接的标注

1. 任务引入

某机床变速箱中有一个 6 级精度的滑移齿轮,其内孔与轴采用花键连接。已知花键的规格为 $6\times26\times30\times6$,花键孔长 30 mm,花键轴长 75 mm,花键孔相对于花键轴需要移动,且定心精度要求高,大批量生产。要求确定齿轮花键孔和花键轴的各主要尺寸公差代号、相应的位置度公差和各主要表面的粗糙度参数值,并把它们标注在断面图中。

2. 任务分析

(1) 已知矩形花键的键数为 6,小径为 26 mm,大径为 30 mm,键宽(键槽宽)为 6 mm。

(2) 确定矩形花键连接。花键孔相对于花键轴需要移动,且定心精度要求高,故采用精密传动、滑动连接。查表 4-4,取小径的配合公差带为 H6/f6,大径的配合公差带为 H10/a11,键宽的配合公差带为 H9/d8。

(3) 确定矩形花键连接的位置度公差和表面粗糙度。已知矩形花键的等级为 6 级,大批量生产,查表 4-6 得,键和键槽的位置度公差值为 0.015 mm。查表 4-8 得:内花键表面粗糙度 Ra 值,小径表面不大于 1.6 μm,键槽侧面不大于 3.2 μm,大径表面不大于 6.3 μm;外花键表面粗糙度 Ra 值,小径表面不大于 0.8 μm,键槽侧面不大于 0.8 μm,大径表面不大于 3.2 μm。

图样标注如图 4-8 所示。

习　题

4.1　平键连接为什么只对键(键槽)宽规定较严的公差?

4.2　平键连接的配合采用何种基准制? 花键连接采用何种基准制?

4.3　矩形花键的主要参数有哪些？定心方式有哪几种？哪种方式是常用的？为什么？

4.4　有一齿轮与轴用平键连接以传递扭矩。平键尺寸 $b=10$ mm，$L=28$ mm。齿轮与轴的配合为 $\phi 35H7/h6$，平键采用一般连接。试查出键槽尺寸偏差、几何公差和表面粗糙度，并分别标注在轴和齿轮的横剖面上。

4.5　某机床变速箱中有 6 级精度齿轮的花键孔与花键轴连接，花键规格为 $6\times 26\times 30\times 6$，花键孔长 30 mm，花键轴长 75 mm，齿轮花键孔经常需要相对花键轴做轴向移动，要求定心精度较高，试确定齿轮花键孔和花键轴的公差带代号，计算小径、大径、键（键槽）宽的极限尺寸并分别写出在装配图上和零件图上的标记。

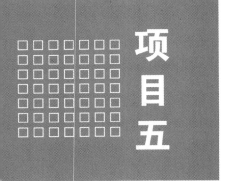

螺纹的公差配合及选用

【项目内容】
◆ 螺纹的基础知识、螺纹公差配合的选用。

【主要知识点与技能点】
◆ 普通螺纹的基本牙型与几何参数；
◆ 螺纹的作用中径及中径合格条件；
◆ 普通螺纹的公差配合与标记。

相 关 知 识

知识点 1　螺纹的种类和基本参数

1. 螺纹的种类及使用要求

螺纹的种类繁多,常用螺纹按用途分为普通螺纹、传动螺纹和紧密螺纹；按牙型可分为三角形螺纹、梯形螺纹和矩形螺纹等。

1）普通螺纹

普通螺纹通常又称紧固螺纹,其作用是使零件相互连接或紧固成一体并可拆卸,有粗牙和细牙螺纹之分。对普通螺纹连接,如用螺栓连接减速器的箱座和箱盖、用螺钉连接的零件与机体等,主要是要求可旋合性及可靠性。可旋合性是指相同规格的螺纹应易于旋入或拧出,以便于装配或拆卸。连接可靠性是指有足够的连接强度,接触均匀,螺纹不易松脱。

2）传动螺纹

传动螺纹用于传递动力和位移。如千斤顶的起重螺杆和摩擦压力机的传动螺杆,主要用来传递动力,同时可以使物体产生位移,但对所移位置没有严格要求,这类螺纹连接需有足够的强度。而机床进给机构中的微调丝杠、计量器具中的测微丝杠,主要用来传递精确位移,故要求传动准确。传动螺纹的牙型常为梯形、锯齿形和矩形等。

3）紧密螺纹

紧密螺纹又称密封螺纹,主要用于水、油、气的密封,如管道连接螺纹。这类螺纹连接应具有一定的过盈量,以保证具有足够的连接强度和密封性。

本章主要介绍普通螺纹及其公差标准。

2. 普通螺纹的基本几何参数

1）基本牙型

按国家标准《普通螺纹 基本牙型》(GB/T 192—2003)的规定,普通螺纹的基本牙型如图 5-1 所示,它是在螺纹轴剖面上,将高度为 H 的原始等边三角形的顶部截去 $H/8$、底部截去 $H/4$ 后形成的。内、外螺纹的大径、中径、小径和螺距等基本几何参数都在基本牙型上定义。

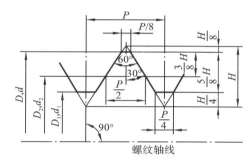

图 5-1 螺纹基本牙型

2）几何参数

(1) 大径(d 或 D) 大径是指与外螺纹牙顶或与内螺纹牙底相重合的假想圆柱面的直径。国家标准规定,以大径的公称尺寸作为螺纹的公称直径。

(2) 小径(d_1 或 D_1) 小径是指与外螺纹牙底或内螺纹牙顶相重合的假想圆柱面的直径。在强度计算中常以小径作为螺杆危险剖面的计算直径。

外螺纹的大径和内螺纹的小径统称为顶径,外螺纹的小径和内螺纹的大径统称为底径。

(3) 中径(d_2 或 D_2) 中径是一个假想圆柱面的直径,该圆柱面的母线位于牙体和牙槽宽度相等处。

(4) 单一中径(d_{2a} 或 D_{2a}) 单一中径是一个假想圆柱面的直径,该圆柱面的母线通过牙型上沟槽宽度等于 $\frac{1}{2}$ 基本螺距的地方。当螺距无误差时,单一中径就是中径;当螺距有误差时,单一中径可近似视为实际中径。单一中径可用三针法测量。

(5) 螺距 P 和导程 Ph 螺距是指螺纹相邻两牙在中径线上对应两点间的轴向距离;导程是指同一条螺旋线上相邻两牙在中径线上对应两点间的轴向距离。螺距和导程的关系为

$$Ph = nP \tag{5-1}$$

式中:n——螺纹的头数或线数。

(6)牙型角(α)和牙型半角($\alpha/2$) 牙型角是指螺纹牙型上相邻两侧间的夹角;牙型半角是指牙侧与螺纹轴线的垂线之间的夹角。米制普通螺纹的牙型角为 $60°$,牙型半角为 $30°$。

(7)螺纹旋合长度(L) 它是指两个相配合螺纹沿螺纹轴线方向相互旋合部分的长度。

国家标准《普通螺纹 基本尺寸》(GB/T 196—2003)规定了普通螺纹的公称尺寸,参见表 5-1。

表 5-1 普通螺纹的公称尺寸(摘自 GB/T 196—2003) (mm)

公称直径 (大径) D、d	螺距 P	中径 D_2,d_2	小径 D_1,d_1	公称直径 (大径) D、d	螺距 P	中径 D_2,d_2	小径 D_1,d_1
10	1.5	9.026	8.376	20	2.5	18.376	17.294
	1.25	9.188	8.647		2	18.701	17.835
	1	9.350	8.917		1.5	19.026	18.376
	0.75	9.513	9.188		1	19.350	18.917
12	1.75	10.863	10.106	24	3	22.051	20.752
	1.5	11.026	10.376		2	22.701	21.835
	1.25	11.188	10.647		1.5	23.026	22.376
	1	11.350	10.917		1	23.350	22.917
16	2	14.701	13.835	30	3.5	27.727	26.211
	1.5	15.026	14.376		3	28.051	26.752
	1	15.350	14.917		2	28.701	27.835
					1.5	29.026	28.376
					1	29.350	28.917

知识点 2 普通螺纹几何参数偏差对螺纹互换性的影响

普通螺纹的主要几何参数有大径、小径、中径、螺距和牙型半角等,在加工过程中,这些参数不可避免地都会产生一定的偏差,这些偏差将影响螺纹的旋合性、接触高度和连接的可靠性,从而影响螺纹结合的互换性。对螺纹的大、小径偏差,为了避免实际的螺纹结合在大、小径处发生干涉而影响螺纹的可旋合性,在制定螺纹公差时,应保证在大径、小径的结合处具有一定量的间隙,大、小径偏差一般不会影响螺纹的互换性。因此,螺距偏差、螺纹中径偏差及牙型半角偏差是影响螺纹互换性的主要因素。

1. 螺距偏差对螺纹互换性的影响

螺距偏差分为单个螺距偏差和螺距累积偏差,前者与旋合长度无关,后者与旋合长度有关。螺距偏差对旋合性的影响如图 5-2 所示。

在图 5-2 中,假定内螺纹具有基本牙型,外螺纹的中径及牙型半角与内螺纹相同,但螺距有偏差,外螺纹的螺距比内螺纹的小,结果,内、外螺纹的牙型产生干涉(图中网纹部分)而无法自由旋合。在制造过程中,由于螺距误差无法避免,为了使有螺距误差的内、外螺纹能够正常旋合,应把有螺距误差的外螺纹的中径缩小,或把有螺距误差的内螺纹的中径增大。

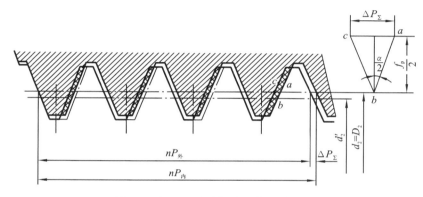

图 5-2 螺距误差对螺纹旋合度的影响

将螺距误差折合成中径当量 f_p,即中径的缩小量或增大量,计算公式如下:

$$f_p = \mid \Delta P_\Sigma \mid \cot \alpha/2 \qquad (5\text{-}2)$$

式中:f_p 为螺距误差中径当量值(μm);α 为牙型角(°);Δp_Σ 为螺距最大积累误差(μm)。

对于普通螺纹,因 $\alpha = 60°$,所以

$$f_p = 1.732 \mid \Delta P_\Sigma \mid \qquad (5\text{-}3)$$

式中取绝对值,因为不论 ΔP_Σ 是正值还是负值,影响旋合性的性质不变,只是发生干涉的牙侧面不同。国家标准没有规定螺纹的螺距误差,而是将螺距积累误差折算成中径公差的一部分,通过控制中径偏差来控制螺距误差。

2. 螺纹中径偏差对螺纹互换性的影响

如果螺纹中径的实际尺寸与中径公称尺寸存在偏差,当外螺纹中径比内螺纹中径大时会影响螺纹的旋合性,反之,当外螺纹中径比内螺纹中径小时会使内外螺纹配合过松而影响连接的可靠性和紧密性,削弱连接强度,可见中径偏差的大小会直接影响螺纹的互换性,因此对中径偏差必须加以限制。

3. 牙型半角偏差对螺纹互换性的影响

螺纹牙型半角偏差为实际牙型半角与理论牙型半角之差,它是牙侧相对螺纹轴线的位置偏差。牙型半角偏差对螺纹的旋合性和可靠性均有影响。

如图 5-3 所示为牙型半角偏差对旋合性的影响。在图 5-3 中,假设内螺纹具有标准牙型,外螺纹中径及螺距与内螺纹相同,仅牙型半角有偏差。

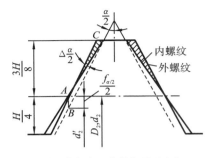
(a) 牙型半角小于内螺纹牙型半角

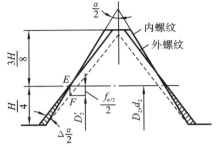
(b) 牙型半角大于内螺纹牙型半角

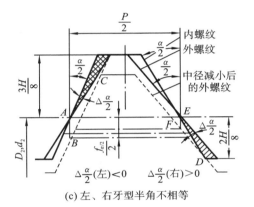
(c) 左、右牙型半角不相等

图 5-3 牙型半角偏差对螺纹旋合性的影响

在图 5-3(a)中,外螺纹的左、右牙型半角相等,但小于内螺纹牙型半角,牙型半角偏差 $\Delta\dfrac{\alpha}{2}=\dfrac{\alpha}{2}(外)-\dfrac{\alpha}{2}(内)<0$,则在其靠近牙顶的部分牙侧发生干涉。

在图 5-3(b)中,外螺纹的左、右牙型半角相等,但大于内螺纹牙型半角,牙型半角偏差 $\Delta\dfrac{\alpha}{2}=\dfrac{\alpha}{2}(外)-\dfrac{\alpha}{2}(内)>0$,则在其靠近牙根的部分牙侧有干涉现象。

在图 5-3(c)中,外螺纹的左、右牙型半角偏差不相同,两侧干涉区的干涉量也不相同。

在上述情况下,外螺纹都无法旋入内螺纹。为了使外螺纹旋入标准的内螺纹,必须把外螺纹的中径减小一个 $f_{\alpha/2}$,这个值称为牙型半角偏差的中径当量。同理,当外螺纹具有标准牙型、内螺纹存在牙型半角偏差时,就需要将内螺纹的中径加大一个 $f_{\alpha/2}$。

$$f_{\alpha/2} = 0.073P\left[K_1\left|\Delta\frac{\alpha}{2}(左)\right|+K_2\left|\Delta\frac{\alpha}{2}(右)\right|\right] \tag{5-4}$$

式中：$\Delta\dfrac{\alpha}{2}$（左）、$\Delta\dfrac{\alpha}{2}$（右）为左、右牙型半角误差；K_1、K_2 为牙型半角系数（见表 5-2）。

表 5-2　系数 K_1、K_2 的值

半角误差	内螺纹		外螺纹	
	>0	<0	>0	<0
K_1、K_2	3	2	2	3

4．螺纹作用中径及中径合格条件

1）作用中径

作用中径是指螺纹配合时实际起作用的中径。当普通螺纹没有螺距偏差和牙型半角偏差时，内、外螺纹旋合时起作用的中径就是螺纹的实际中径。当外螺纹有螺距偏差和牙型半角偏差时，相当于外螺纹的中径增大了，这个增大了的假想中径称为外螺纹的作用中径 d_{2m}，它是与内螺纹旋合时实际起作用的中径，其值等于外螺纹的实际中径与螺距偏差及牙型半角偏差的中径当量之和，即

$$d_{2m} = d_2 + f_p + f_{\alpha/2} \tag{5-5}$$

同理，当内螺纹有螺距偏差和牙型半角偏差时，相当于内螺纹的中径减小了，这个减小了的假想中径称为内螺纹的作用中径 D_{2m}，它是与外螺纹旋合时实际起作用的中径，其值等于内螺纹的实际中径与螺距偏差及牙型半角偏差的中径当量之差，即

$$D_{2m} = D_2 - f_p - f_{\alpha/2} \tag{5-6}$$

由于螺距偏差和牙型半角偏差的影响可以折算为中径当量，故对普通螺纹国家标准没有规定螺距和牙型半角公差，只规定了一个中径公差，这个公差同时用来限制实际中径、螺距及牙型半角三个因素。

2）中径的合格条件

如前所述，如果外螺纹的作用中径过大，内螺纹的作用中径过小，将使螺纹难以旋合。若外螺纹的单一中径过小，内螺纹的单一中径过大，将会影响螺纹的连接强度。所以为了保证螺纹旋合性和连接强度，螺纹中径合格性判断准则应遵循泰勒原则：螺纹的作用中径不能超越最大实体牙型的中径；任意位置的实际中径不能超越最小实体牙型的中径。所谓最大与最小实体牙型是指在螺纹中径公差范围内，分别具有最多和最少材料量且与基本牙型形状一致的螺纹的牙型。

对于外螺纹，作用中径 d_{2m} 不大于中径最大极限尺寸，任何位置的实际中径 d_2 不小于中径的最小极限尺寸，即

$$d_{2m} \leqslant d_{2MMS} = d_{2max}, \quad d_2 \geqslant d_{2LMS} = d_{2min}$$

对于内螺纹，作用中径 D_{2m} 不小于中径最小极限尺寸，任何位置的实际中径 D_2 不大于中径的最大极限尺寸，即

$$D_{2m} \geqslant D_{2MMS} = D_{2min}, \qquad D_{2s} \leqslant D_{2LMS} = D_{2max}$$

知识点3   普通螺纹的公差与配合

1. 普通螺纹公差的基本结构

普通螺纹公差的结构如图 5-4 所示,国家标准《普通螺纹   公差》(GB/T 197—2003)将螺纹公差带标准化,螺纹公差带由构成公差带大小的公差等级和确定公差带位置的基本偏差组成,结合内、外螺纹的旋合长度,一起形成不同的螺纹精度。

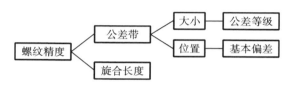

图 5-4   普通螺纹公差带结构

2. 螺纹公差带的大小和公差等级

国家标准规定了内、外螺纹的公差等级,其值与孔、轴公差值不同,有螺纹公差的系列和数值。普通螺纹公差带的大小由公差值确定,公差值又与螺距和公差等级有关。GB/T 197—2003 规定的普通螺纹公差等级如表 5-3 所示。各公差等级中 3 级最高,9 级最低,6 级为基本级。由于内螺纹较难加工,因此同样公差等级的内螺纹中径公差比外螺纹中径公差大 32% 左右。另外,国家标准对内、外螺纹的中径和顶径都规定了公差值,具体数值可查表 5-4 和表 5-5。牙底处的内螺纹大径和外螺纹小径之间保留一定间隙,以保证旋合时不发生干涉,但不规定具体公差,只要求内、外螺纹牙底实际轮廓不超过基本偏差所确定的最大实体牙型。

表 5-3   普通螺纹的公差等级

螺 纹 直 径	公 差 等 级	螺 纹 直 径	公 差 等 级
内螺纹中径 D_2	4,5,6,7,8	外螺纹中径 d_2	3,4,5,6,7,8,9
内螺纹小径 D_1	4,5,6,7,8	外螺纹大径 d	4,6,8

表 5-4   普通螺纹的中径公差(摘自 GB/T 197—2003)

公差直径 D/mm		螺距	内螺纹中径公差 $T_{D_2}/\mu m$					外螺纹中径公差 $T_{d_2}/\mu m$						
>	≤	P/mm	公差等级					公差等级						
			4	5	6	7	8	3	4	5	6	7	8	9
5.6	11.2	0.75	85	106	132	170	—	50	63	80	100	125	—	—
		1	95	118	150	190	236	56	71	90	112	140	180	224
		1.25	100	125	160	200	250	60	75	95	118	150	190	236
		1.5	112	140	180	224	280	67	85	106	132	170	212	265

续表

公差直径 D/mm >	≤	螺距 P/mm	内螺纹中径公差 $T_{D_2}/\mu m$ 公差等级 4	5	6	7	8	外螺纹中径公差 $T_{d_2}/\mu m$ 公差等级 3	4	5	6	7	8	9
11.2	22.4	1	100	125	160	200	250	60	75	95	118	150	190	236
		1.25	112	140	180	224	280	67	85	106	132	170	212	265
		1.5	118	150	190	236	300	71	90	112	140	180	224	280
		1.75	125	160	200	250	315	75	95	118	150	190	236	300
		2	132	170	212	265	335	80	100	125	160	200	250	315
		2.5	140	180	224	280	355	85	106	132	170	212	265	335
22.4	45	1	106	132	170	212	—	63	80	100	125	160	200	250
		1.5	125	160	200	250	315	75	95	118	150	190	236	300
		2	140	180	224	280	355	85	106	132	170	212	265	335
		3	170	212	265	335	425	100	125	160	200	250	315	400
		3.5	180	224	280	355	450	106	132	170	212	265	335	425
		4	190	236	300	375	415	112	140	180	224	280	355	450
		4.5	200	250	315	400	500	118	150	190	236	300	375	475

表 5-5　普通螺纹的基本偏差和顶径公差（摘自 GB/T 197—2003）　　　　（μm）

螺距	内螺纹基本偏差 EI G	H	外螺纹基本偏差 es e	f	g	h	内螺纹小径公差 T_{D_1} 公差等级 4	5	6	7	8	外螺纹大径公差 T_d 公差等级 4	6	8
0.75	+22		−56	−38	−22		118	150	190	236	—	90	140	—
0.8	+24		−60	−38	−24		125	160	200	250	315	95	150	236
1	+26		−60	−40	−26		150	190	236	300	375	112	180	280
1.25	+28		−63	−42	−28		170	212	265	335	425	132	212	335
1.5	+32		−67	−45	−32		190	236	300	375	475	150	236	375
1.75	+34	0	−71	−48	−34	0	212	265	335	425	530	170	265	425
2	+38		−71	−52	−38		236	300	375	475	600	180	280	450
2.5	+42		−80	−58	−42		280	355	450	560	710	212	335	530
3	+48		−85	−63	−48		315	400	500	630	800	236	375	600
3.5	+53		−90	−70	−53		355	450	560	710	900	265	425	670
4	+60		−95	−75	−60		375	475	600	750	950	300	475	750

3. 螺纹公差带的位置和基本偏差

普通螺纹公差带是以基本牙型为零线布置的,所以螺纹的基本牙型是计算螺纹偏差的基准。内、外螺纹的公差带相对于基本牙型的位置,与圆柱体的公差带位置一样,由基本偏差来确定。对于外螺纹,基本偏差是上极限偏差 es,对于内螺纹,基本偏差是下极限偏差 EI,则外螺纹的下极限偏差 $ei=es-T$,内螺纹的上极限偏差 $ES=EI+T$,T 为螺纹公差。

国家标准对内螺纹的中径和小径规定了 G、H 两种公差带位置,以下极限偏差 EI 为基本偏差,由这两种基本偏差所决定的内螺纹的公差带均在基本牙型之上。国家标准对外螺纹的中径和大径规定了 e、f、g、h 四种公差带位置,以上极限偏差 es 为基本偏差,由这四种基本偏差所决定的外螺纹的公差带均在基本牙型之下,如图 5-5 所示。

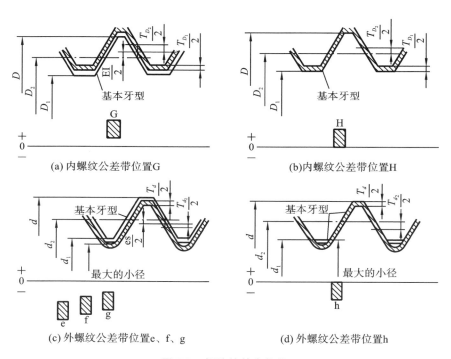

图 5-5 螺纹的基本偏差

4. 螺纹旋合长度及其配合精度

1) 螺纹旋合长度

国家标准以螺纹公称直径和螺距为公称尺寸,对螺纹连接规定了三组旋合长度:短旋合长度(S)、中等旋合长度(N)和长旋合长度(L)。其值可从表 5-6 中选取。一般情况下采用中等旋合长度,其值往往取螺纹公称直径的 0.5~1.5 倍。

表 5-6　螺纹的旋合长度(摘自 GB/T 197—2003)　　　　　　　　　(mm)

公称直径 D、d		螺距 P	旋合长度			
			S	N		L
>	≤		≤	>	≤	>
5.6	11.2	0.75	2.4	2.4	7.1	7.1
		1	3	3	9	9
		1.25	4	4	12	12
		1.5	5	5	15	15
11.2	22.4	1	3.8	3.8	11	11
		1.25	4.5	4.5	13	13
		1.5	5.6	5.6	16	16
		1.75	6	6	18	18
		2	8	8	24	24
		2.5	10	10	30	30

2）配合精度

GB/T 197—2003 将普通螺纹的配合精度分为精密、中等和粗糙三个等级，如表 5-7 所示。精密级用于配合性质要求稳定及保证定位精度的场合；中等级用于一般螺纹连接，如应用在一般的机器、仪器和机构中；粗糙级用于精度要求不高（即不重要的结构）或制造较困难的螺纹（如在较深的盲孔中加工螺纹），也用于工作环境恶劣的场合。

3）螺纹配合的选用

按照内、外螺纹不同的基本偏差和公差等级可以组成许多螺纹公差带。在实际应用中，为了减少螺纹刀具和螺纹量规的规格和数量，GB/T 197—2003 推荐了一些常用的公差带（见表 5-7），螺纹配合的选用主要根据使用要求来确定。为了保证螺母、螺栓旋合后的同轴度及连接强度，一般选用最小间隙为零的 H/h 配合。为了便于装拆、提高效率及改善螺纹的疲劳强度，可以选用 H/g 或 G/h 配合。对单件、小批量生产的螺纹，可选用最小间隙为零的 H/h 配合。对需要涂镀或在高温下工作的螺纹，通常选用 H/g、H/e 等较大间隙的配合。

表 5-7　普通螺纹推荐公差带(摘自 GB/T 197—2003)

公差精度	内螺纹的公差带					
	公差带位置 G			公差带位置 H		
	S	N	L	S	N	L
精密	—	—	—	4H	5H	6H
中等	(5G)	6G *	(7G)	5H *	6H	7H *
粗糙	—	(7G)	(8G)	—	7H	8H

135

续表

公差精度	外螺纹的公差带											
	公差带位置 e			公差带位置 f			公差带位置 g			公差带位置 h		
	S	N	L	S	N	L	S	N	L	S	N	L
精密	—	—	—	—	—	—	—	(4g)	(5g4g)	(3h4h)	4h＊	(5h4h)
中等	—	6e＊	(7e6e)	—	6f	—	(5g6g)	6g	(7g6g)	(5h6h)	6h	(7h6h)
粗糙	—	(8e)	(9e8e)	—	—	—	—	8g	(9g8g)	—	—	—

注:其中大量生产的精制紧固螺纹,推荐采用带方框的公差带;带"＊"的公差带应优先选用,其次是不带"＊"的公差带;括号内的公差带尽量不用。

知识点 4 螺纹的标注

1. 单线普通螺纹的标记

普通螺纹的完整标记由螺纹代号、螺纹公差带代号和旋合长度代号组成。标注中,左旋螺纹需在螺纹代号后加注"LH",细牙螺纹需要标注出螺距。中径和顶径公差带代号相同时,可只标一个代号;两者代号不同时,先标注中径公差带代号,后标注顶径公差带代号。中等旋合长度、右旋螺纹和粗牙螺纹的螺距可以省略标注。示例如下。

(1)公称直径为 8 mm,螺距为 1.25 mm,中等旋合长度,中径和顶径公差带都为 6g 的单线普通粗牙外螺纹或中径、顶径公差带都为 6H 的内螺纹标记为

$$M8$$

(2)公称直径为 30 mm,螺距为 2 mm,中径和顶径公差带分别为 5g、6g 的短旋合长度的普通细牙外螺纹标记为

$$M30 \times 2 - 5g6g$$

(3)公称直径为 20 mm,螺距为 2 mm,中径和顶径公差带都为 5H 的长旋合长度的左旋普通细牙内螺纹标记为

$$M20 \times 2LH - 5H - L$$

(4)公称直径为 16 mm,导程为 3 mm,螺距为 1.5 mm 的普通细牙螺纹标记为

$$M16 \times Ph3P1.5$$

2. 螺纹配合的标记

标注螺纹配合时,内、外螺纹的公差带代号用斜线分开,左边(分子)为内螺纹公差带代号,右边(分母)为外螺纹公差带代号。

示例:公称直径为 20 mm,螺距为 2 mm,中径和顶径公差带都为 5H 的内螺纹与中径和顶径公差带分别为 5g、6g 的外螺纹配合,标记为

$$M20 \times 2 - 5H/5g6g$$

3. 螺纹在图样上的标注

外螺纹和内螺纹在图样上的标注分别如图 5-6 和图 5-7 所示。

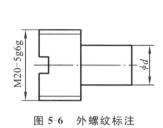

图 5-6　外螺纹标注

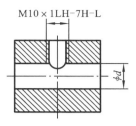

图 5-7　内螺纹标注

项 目 任 务

任务1　查表确定螺纹尺寸

1. 任务引入

有一标记为 M20×1－6g 的外螺纹,查表求出螺纹的中径、小径和大径的极限偏差,并计算中径、小径和大径的极限尺寸。

2. 任务分析

查表确定 M20×1－6g 外螺纹的中径、小径和大径的公称尺寸和极限偏差。

由表 5-1 得知小径 $d_1＝18.917$ mm,中径 $d_2＝19.350$ mm;由表 5-5 得知大径和中径的基本偏差 es＝-26 μm,大径的公差 $T_d＝180$ μm;由表 5-4 得知中径的公差 $T_{d_2}＝118$ μm。根据以上数据,由偏差与公差的关系式、极限尺寸与极限偏差的关系式等相关公式计算,得出螺纹的中径、小径和大径的极限偏差和极限尺寸,将结果列入表 5-8 中。

表 5-8　M20×1－6g 外螺纹极限偏差和极限尺寸　　　　　　　　　　（mm）

公称尺寸	外螺纹的公称尺寸数值	极限偏差		极限尺寸	
		es	ei	最大值	最小值
大径	$d＝20$	-0.026	-0.206	19.974	19.794
中径	$d_2＝19.350$	-0.026	-0.144	19.324	19.206
小径	$d_1＝18.917$	-0.026	按牙底形状	18.891	牙底轮廓不超出 $H/8$ 削平线

任务 2　螺纹的合格性判断

1. 任务引入

有一内螺纹 M20—7H,测得其实际中径 $d_{2a}=18.61$ mm,螺距累积误差 $\Delta P_{\Sigma}=40$ μm,实际牙型半角 $\dfrac{\alpha}{2}$(左)$=30°30'$,$\dfrac{\alpha}{2}$(右)$=29°10'$,要求判断内螺纹的中径是否合格。

2. 任务分析

对内螺纹 M20—7H,实测得 $d_{2a}=18.61$ mm,且

$$\Delta P_{\Sigma}=40 \ \mu m, \quad \frac{\alpha}{2}(左)=30°30', \quad \frac{\alpha}{2}(右)=29°10'$$

查表 5-1 得,M20—7H 为粗牙螺纹,其螺距 $P=2.5$ mm,中径 $D_2=18.376$ mm;查表 5-4 得,中径公差 $T_{D_2}=0.280$ mm;查表 5-4 得,中径下极限偏差 EI=0。

因此,中径的极限尺寸为

$$D_{2\max}=18.656 \text{ mm}, \quad D_{2\min}=18.376 \text{ mm}$$

由式(5-6)知,内螺纹的作用中径为

$$D_{2m}=D_{2a}-(f_p+f_{\alpha/2})$$

实际中径为

$$D_{2a}=18.61 \text{ mm}$$

螺距累积误差为

$$\Delta P_{\Sigma}=40 \ \mu m$$

由式(5-3)知

$$f_p=1.732|\Delta P_{\Sigma}|=1.732\times40 \ \mu m=69.28 \ \mu m=0.06928 \text{ mm}$$

实际牙型半角

$$\frac{\alpha}{2}(左)=30°30', \quad \frac{\alpha}{2}(右)=29°10'$$

$$f_{\alpha/2}=0.073P\left[K_1\left|\Delta\frac{\alpha}{2}(左)\right|+K_2\left|\Delta\frac{\alpha}{2}(右)\right|\right]=$$

$$0.073\times2.5\times(3\times30+2\times50) \ \mu m=34.675 \ \mu m=0.035 \text{ mm}$$

故　　　　$D_{2m}=(18.61-0.06928-0.035) \text{ mm}=18.506 \text{ mm}$

根据中径合格性判断原则,有

$$D_{2a}=18.61 \text{ mm}<D_{2\max}=18.656 \text{ mm}$$

$$D_{2m}=18.506 \text{ mm}>D_{2\min}=18.376 \text{ mm}$$

因　　　　　　　$D_{2a}<D_{2\max}, D_{2m}>D_{2\min}$

故内螺纹的中径合格。

习　　题

5.1　填空。

（1）螺纹按用途可分为_____、_____和_____三种。

（2）螺纹大径用_____表示,螺纹小径用_____表示,螺纹中径用____表示,其中大写代号表示_____,小写代号表示_____。

（3）国家标准规定,普通螺纹的公称直径是指_____的公称尺寸。螺纹螺距 P 与导程 Ph 的关系是:导程等于_____和_____的乘积。

（4）普通螺纹的理论牙型角 α 等于_____。

（5）影响螺纹互换性的五个基本几何要素是螺纹的大径、中径、小径、_____和_____。

（6）保证螺纹连接的互换性,即保证连接的_____和_____。

（7）在普通螺纹的公差与配合中,对外螺纹的小径和内螺纹的大径不规定具体的公差数值,而只规定内、外螺纹牙底实际轮廓的任何点,均不得超越按____所确定的_____。

（8）对于内螺纹,基本偏差是_____,用代号_____表示;对于外螺纹,基本偏差是_____,用代号_____表示。

（9）内、外螺纹的公差带相对于_____的位置,由_____确定。

（10）外螺纹的下极限偏差用公式表示为_____,其值_____零;内螺纹的上极限偏差用公式表示为_____,其值_____零。

（11）在普通螺纹国标中,对内螺纹规定了_____两种公差带位置;对外螺纹规定了_____四种公差带位置。

（12）公差带代号 H、h 的螺纹,基本偏差为_____;公差带代号为 G 的螺纹,基本偏差为_____;公差带代号为 e、f、g 的螺纹,基本偏差为_____。

（13）国家标准规定,对内、外螺纹公差带有_____、_____和_____三种精度。

（14）螺纹旋合长度有三种。短旋合长度用代号_____表示,中等旋合长度用代号_____表示,长旋合长度用代号_____表示。

（15）完整的螺纹标记由螺纹代号、公称直径、螺距、_____代号和_____代号(或数值)组成,各代号间用"—"隔开。

（16）在螺纹的标记中,不标注旋合长度代号时,即表示为_____。必要时,在螺纹公差带代号之后,加注_____代号。有特殊需要时,可注明旋合长度的_____。

5.2　解释下列螺纹代号。

（1）M20—5H　　　　　　　　（2）M16—5H6H—L

（3）M30×1—6H/5g6g   （4）M20—5h6h—S

5.3 为什么称中径公差为综合公差？

5.4 判断内、外螺纹中径是否合格的原则是什么？

5.5 查表写出代号为 M20×2—6H/5g6g 的螺纹的大径、中径、小径尺寸，以及中径和顶径的上、下极限偏差和公差。

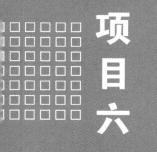

项目六

滚动轴承的公差配合及选用

【项目内容】

◆ 滚动轴承基础知识、尺寸公差带及公差配合的选用。

【知识点与技能点】

◆ 滚动轴承的组成；

◆ 滚动轴承的尺寸公差带特点；

◆ 滚动轴承与轴颈、轴承座孔的配合。

相 关 知 识

知识点 1　滚动轴承的结构特点、精度等级及应用

1. 滚动轴承的组成与特点

如图 6-1 所示，滚动轴承一般由外圈 1、内圈 2、滚动体 3 和保持架 4 组成。公称内径为 d 的轴承内圈与轴颈配合，公称外径为 D 的轴承外圈与轴承座孔配合，属于光滑圆柱连接。其公差配合与一般光滑圆柱连接要求不同。

滚动轴承是机械制造业中应用非常广泛的一种标准部件，具有保证轴或轴上零件的回转精度，减少回转件与支承间的摩擦和磨损，承受径向载荷、轴向载荷或径向与轴向联合载荷，并对机械零件部件相互间位置进行定位的功能。

2. 滚动轴承精度等级及其应用

滚动轴承是由专门的轴承厂生产的，为了实现轴承互换性的要求，我国制定了滚动轴承的公差标准，它规定

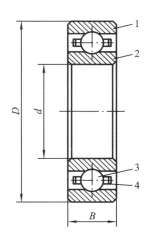

图 6-1　滚动轴承

1—外圈；2—内圈；

3—滚动体；4—保持架

了滚动轴承的尺寸精度、旋转精度、测量方法,以及与轴承相配的壳体和轴颈的尺寸精度、配合、几何公差和表面粗糙度等。

1)滚动轴承的精度等级

滚动轴承的精度是按其外形尺寸公差和旋转精度分级的。

外形尺寸公差是指成套轴承的内径 d、外径 D 和宽度 B 尺寸公差;旋转精度主要指轴承内、外圈的径向跳动;内、外圈端面对滚道的跳动;内圈基准端面对内孔的跳动等。

国家标准《滚动轴承 通用技术规则》(GB/T 307.3—2005)规定向心轴承(圆锥滚子轴承除外)精度分为 0、6、5、4 和 2 五级,其中 0 级精度最低,依次升高,2 级精度最高;圆锥滚子轴承精度分为 0、6X、5、4、2 五级;推力轴承精度分为 0、6、5、4 四级。

2)滚动轴承精度等级的应用范围

0 级——普通精度级,主要应用于低、中速及旋转精度要求不高的一般机械,如普通机床、汽车、拖拉机的变速机构,普通电动机、水泵、压缩机的旋转机构等对旋转精度要求不高的一般旋转机构。该级精度在机器制造中应用最广。

除 0 级轴承以外,6、6X、5、4 和 2 级轴承统称为高精度轴承,用于旋转精度要求较高或转速较高的旋转机构。

6 级——用于转速较高、旋转精度要求较高的旋转机构,例如用于普通机床主轴的后轴承、精密机床变速箱的轴承等。

5、4 级——用于高速、高旋转精度要求的机构,例如用于普通机床主轴的前轴承、精密仪器仪表的主要轴承等。

2 级——用于转速很高、旋转精度要求也很高的机构,例如齿轮磨床、精密坐标镗床的主轴轴承,高精度仪器仪表及其他高精度精密机械的主要轴承。

知识点 2　滚动轴承的尺寸公差带

滚动轴承是标准部件。为了组织专业化生产,便于互换,轴承内圈直径与轴采用基孔制配合,外圈直径与轴承座孔采用基轴制配合。而对于基孔制和基轴制的滚动轴承内、外径公差带,考虑其特点和使用要求,规定了不同于 GB/T 1800.1—2009 中任何等级的基准件公差带(H、h)。

在 GB/T 1800.1—2009 中,基准孔的公差带在零线之上,而轴承内孔虽然也是基准孔(轴承内孔与轴配合也是采用基孔制),但其所有公差等级的公差带都在零线之下,如图 6-2 所示。由于向心滚动轴承内、外圈都是薄壁件,容易变形,而轴承与具有正确几何形态的轴颈和轴承座孔装配后,这种变形会得到矫正。因此,国家标准规定了在轴承内、外圈任一横截面内测得内、外圆柱面最大直径和最小直径的平均值对公称直径的实际偏差 Δd_{mp}、ΔD_{mp},具体数值参见表 6-1。

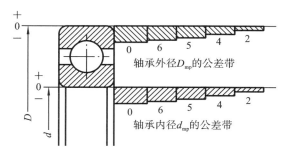

图 6-2　轴承内、外圈的公差带

表 6-1　部分向心轴承内、外圈单一平面平均内、外直径偏差 Δd_{mp}、ΔD_{mp}（摘自 GB/T 307.1—2005）

精度等级		0		6		5		4		2	
公称直径/mm		极限偏差/μm									
大于	到	上极限偏差	下极限偏差	上极限偏差	下极限偏差	上极限偏差	下极限偏差	上极限偏差	下极限偏差	上极限偏差	下极限偏差
内圈	18	30	0	−10	0	−8	0	−6	0	−5	0	−2.5
	30	50	0	−12	0	−10	0	−8	0	−6	0	−2.5
	50	80	0	−15	0	−12	0	−9	0	−7	0	−4
外圈	30	50	0	−11	0	−9	0	−7	0	−6	0	−4
	50	80	0	−13	0	−11	0	−9	0	−7	0	−4
	80	120	0	−15	0	−13	0	−10	0	−8	0	−5
	120	150	0	−18	0	−15	0	−11	0	−9	0	−5

　　轴承内圈与轴配合，比 GB/T 1800.1—2009 中基孔制同名配合要紧得多，配合性质向过盈增加的方向转化。所有公差等级的公差带都偏置在零线之下，这主要是考虑轴承配合的特殊需要。因为在多数情况下，轴承内圈是随轴一起转动的，两者之间的配合必须有一定的过盈。但由于内圈是薄壁零件，且使用一定时间之后，轴承往往要拆换，因此过盈量又不能过大。假如轴承内孔的公差带与一般基准孔的公差带一样，单向偏置在零线上侧，并采用 GB/T 1800.1—2009 中推荐的常用（或优先）的过盈配合，所采取过盈量往往太大；如改用过渡配合，又可能出现轴孔结合不可靠的情况；若采用非标准配合，不仅会给设计带来麻烦，而且还不符合标准化和互换性的原则。为此，轴承标准规定内径的公差带偏置在零线下侧，再与 GB/T 1800.1—2009 推荐的常用（或优先）过渡配合中某些轴的公差带结合，完全能满足轴承内孔与轴配合性能要求。

知识点 3　滚动轴承与轴、轴承座孔的配合

滚动轴承的配合是指成套轴承的内孔与轴和外圈与轴承座孔的尺寸配合。合理地选择其配合对于充分发挥轴承的技术性能、保证机器正常运转、提高机械效率、延长轴承使用寿命都有极重要的意义。

1. 滚动轴承与轴和轴承座孔的配合

国家标准《滚动轴承　配合》(GB/T 275—2015)对于 P0 级和 P6 级轴承与轴配合的常用公差带规定了 17 种(见图 6-3(a)),对轴承与轴承座孔配合的常用公差带规定了 16 种(见图 6-3(b))。这些公差带分别选自 GB/T 1800.2—2009 中规定的轴公差带和孔公差带。

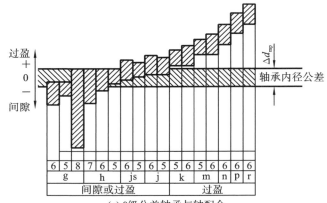

(a) 0级公差轴承与轴配合

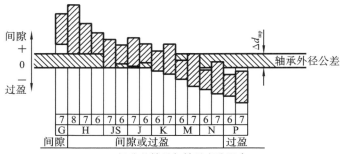

(b) 0级公差轴承与轴承座孔配合

图 6-3　轴承与轴和轴承座孔配合的常用公差带

2. 滚动轴承与轴和轴承座孔配合的选择

滚动轴承与轴和轴承座孔配合的选择就是确定与轴承相配合的轴和轴承座孔的公差带,选择时主要依据下列因素。

1) 载荷的类型

载荷的类型直接影响轴承配合的选用。一般作用在轴承上的载荷有定向载

荷(如齿轮作用力、传动带拉力)和旋转载荷(如机械零件偏心力)两种,两种载荷的合成称为合成径向载荷,由轴承内圈、外圈和滚动体来承受。根据轴承套圈工作时相对合成载荷的方向,将套圈承受的载荷分为三种类型:固定载荷、循环载荷、摆动载荷。

(1) 固定载荷　径向载荷始终作用在套圈滚道的局部区域,不旋转的外圈(见图 6-4(a))和不旋转的内圈(见图 6-4(b))均受到一个方向一定的径向载荷 F_r 的作用。例如汽车与拖拉机前轮(从动轮)轴承内圈的受力就属于这种情况。

(2) 循环载荷　作用于轴承上的合成径向载荷与套圈相对旋转,并依次作用在该套圈的整个圆周滚道上,旋转的内圈(见图 6-4(a))和旋转的外圈(见图 6-4(b))均受到一个作用位置依次改变的径向载荷 F_r 的作用。例如汽车与拖拉机前轮(从动轮)轴承外圈的受力就是典型例子。

(3) 摆动载荷　大小和方向按一定规律变化的径向载荷作用在套圈的部分滚道上,不旋转的外圈(见图 6-4(c))和不旋转的内圈(见图 6-4(d))均受到定向载荷 F_1 和较小的旋转载荷 F_0 的同时作用,二者的合成载荷在一定的区域内摆动。

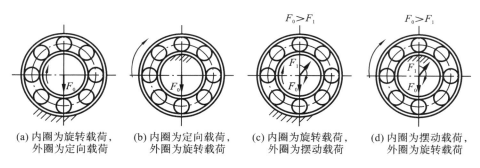

(a) 内圈为旋转载荷,外圈为定向载荷　　(b) 内圈为定向载荷,外圈为旋转载荷　　(c) 内圈为旋转载荷,外圈为摆动载荷　　(d) 内圈为摆动载荷,外圈为旋转载荷

图 6-4　轴承套圈承受载荷的类型

当套圈相对于载荷方向固定时,该套圈与轴或轴承座孔的配合应稍松些,以使套圈在工作过程中偶尔产生少许转位,从而改变受力状态,使滚道磨损均匀,延长轴承使用寿命。因此一般选用平均间隙较小的过渡配合或具有极小间隙的间隙配合。

当套圈相对载荷方向旋转时,该套圈与轴或轴承座孔的配合应较紧,以防止轴套在轴颈或轴承座孔的配合表面上打滑,引起配合表面发热、磨损,影响正常工作,因此一般选用过盈小的过盈配合或过盈概率大的过渡配合。必要时,过盈量的大小可以通过计算确定。

当套圈相对于载荷方向摆动时,该套圈与轴或轴承座孔的配合一般与套圈相对载荷方向旋转时选用的配合相同,或稍松一些。载荷方向难确定时,宜选过盈配合。

2）载荷的大小

轴承载荷的大小可用当量径向动载荷 P_r 与轴承的额定动载荷 C_r 的比值来区分，按 GB/T 275—2015 的规定：当 $P_r \leq 0.06C_r$ 时，为轻载荷；当 $0.06C_r < P_r \leq 0.12C_r$ 时，为正常载荷；当 $P_r > 0.12C_r$ 时，为重载荷。

滚动轴承与轴和轴承座孔的配合的选择与载荷大小有关。载荷越大，过盈量应选得越大，因为在重载荷作用下，轴承套圈容易变形，使配合面受力不均匀，从而引起配合松动。因此，承受轻载荷、正常载荷、重载荷的轴承与轴和轴承座孔的配合应依次越来越紧一些。

3）其他因素

（1）轴承尺寸　随着轴承尺寸的增大，选择的过盈配合过盈量应越大或间隙配合间隙量应越大。

（2）轴承游隙　采用过盈配合会导致轴承游隙减小，应检验安装后轴承的游隙是否满足使用要求，以便正确选择配合及轴承游隙。

（3）温度　轴承在运转时，其温度通常要比相邻零件的温度高，造成轴承内圈与轴的配合变松，外圈可能因为膨胀而影响轴承在轴承座中的轴向移动。因此，应考虑轴承与轴和轴承座的温差和热的流向。

（4）旋转精度　对旋转精度和运转平稳性有较高要求的场合，一般不采用间隙配合。在提高轴承公差等级的同时，轴承配合部位也应相应提高精度。与 0、6（6X）级轴承配合的轴，其尺寸公差等级一般为 IT6，轴承座孔一般为 IT7。

（5）轴和轴承座的结构和材料　对于剖分式轴承座，外圈不宜采用过盈配合。当轴承用于空心轴或薄壁、轻合金轴承座时，应采用比实心轴或厚壁钢或铸铁轴承座更紧的过盈配合。

（6）安装和拆卸　间隙配合更利于轴承的安装和拆卸。对于要求采用过盈配合且便于安装和拆卸的应用场合，可采用可分离轴承或锥孔轴承。

（7）游动端轴承的轴向移动　当以不可分离轴承做游动支承时，应以相对于载荷方向固定的套圈作为游动套圈，选择间隙或过渡配合。

滚动轴承与轴和轴承座孔配合的选择是综合上述诸因素用类比法进行的。表 6-2 列出了与向心轴承配合的轴的公差带代号，表 6-3 列出了与向心轴承配合的轴承座孔的公差带代号，表 6-4 列出了与推力轴承配合的轴的公差带代号，表 6-5 列出了与推力轴承配合的轴承座孔的公差带代号，以供选用时参考。

3. 配合表面的几何公差和表面粗糙度要求

为了保证轴承正常工作，除了正确选择配合之外，还应对与轴承配合的轴和轴承座孔的几何公差及表面粗糙度提出要求。与各种轴承配合的轴和轴承座孔的几何公差见表 6-6；配合面及端面的表面粗糙度见表 6-7。

表 6-2　向心轴承与轴的配合——轴的公差带代号(摘自 GB/T 275—2015)

载荷情况			深沟球轴承、调心球轴承和角接触轴承	圆柱滚子轴承和圆锥滚子轴承	调心滚子轴承	公差带
			轴承公称内径/mm			
内圈承受旋转载荷或方向不定载荷	轻载荷	输送机、轻载齿轮箱	≤18	—	—	h5
			>18~100	≤40	≤40	j6①
			>100~200	>40~140	>40~140	k6①
			—	>140~200	>140~200	m6①
	正常载荷	一般通用机械、电动机、泵、内燃机、正齿轮传动装置	≤18	—	—	j5　js5
			>18~100	≤40	≤40	k5②
			>100~140	>40~100	>40~65	m5②
			>140~200	>100~140	>65~100	m6
			>200~280	>140~200	>100~140	n6
			—	>200~400	>140~280	p6
			—	—	>280~500	r6
	重载荷	铁路机车车辆轴箱、牵引电机、破碎机等		>50~140	>50~100	n6
				>140~200	>100~140	p6③
				>200	>140~200	r6
				—	>200	r7
内圈承受固定载荷	所有载荷	内圈需在轴向易移动	非旋转轴上的各种轮子			f6
			所有尺寸			g6①
		内圈不需在轴向易移动				h6
			张紧轮、绳轮			j6
仅有轴向载荷			所有尺寸			j6、js6
圆锥孔轴承						
所有载荷	铁路机车车辆轴箱		装在退卸套上	所有尺寸		h8(IT6)⑤④
	一般机械传动		装在紧定套上	所有尺寸		h9(IT7)⑤④

注:①凡对精度有较高要求的场合,应选用 j5、k5、…代替 j6、k6、…;
　　②圆锥滚子轴承、角接触球轴承配合对游隙影响不大,可用 k6、m6 代替 k5、m5;
　　③重载荷下轴承游隙应选大于 0 组;
　　④凡有较高精度或转速要求的场合,应选用 h7(IT5)代替 h8(IT6)等;
　　⑤IT6、IT7 表示圆柱度公差数值。

表 6-3 向心轴承与轴承座孔的配合——孔的公差带代号(摘自 GB/T 275—2015)

载荷情况		举例	其他状况	公差带①	
				球轴承	滚子轴承
外圈承受固定载荷	轻、正常、重	一般机械、铁路机车车辆轴箱	轴向易移动,可采用剖分式外壳	H7、G7②	
	冲击		轴向能移动,可采用整体式或剖分式外壳	J7、JS7	
方向不定载荷	轻、正常	电机、泵、曲轴主轴承		K7	
	正常、重			M7	
	重、冲击	牵引电机	轴向不移动,采用整体式外壳		
外圈承受旋转载荷	轻	皮带张紧轮		J7	K7
	正常	轮毂轴承		K7、M7	M7、N7
	重			—	N7、P7

注:①并列公差带随尺寸的增大从左到右选择,对旋转精度有较高要求时,可相应提高一个公差等级;
②不适用于剖分式外壳。

表 6-4 推力轴承与轴的配合——轴的公差带代号(摘自 GB/T 275—2015)

载荷情况		轴承类型	轴承公称内径/mm	公差带
仅有轴向载荷		推力球和推力圆柱滚子轴承	所有尺寸	j6、js6
径向和轴向联合载荷	轴圈承受固定载荷	推力调心滚子轴承、推力角接触球轴承、推力圆锥滚子轴承	≤250	j6
			>250	js6
	轴圈承受旋转载荷或方向不定载荷		≤200	k6①
			>200~400	m6
			>400	n6

注:①要求较小过盈时,可分别用 j6、k6、m6 代替 k6、m6、n6。

表 6-5 推力轴承与轴承座孔的配合——孔的公差带代号(摘自 GB/T 275—2015)

载荷情况	轴承类型	公差带
仅有轴向载荷	推力球轴承	H8
	推力圆柱、圆锥滚子轴承	H7
	推力调心滚子轴承	—①

续表

载荷情况		轴承类型	公差带
径向和轴向 联合载荷	座圈承受 固定载荷	推力角接触球轴承、推力圆锥滚子 轴承、推力调心滚子轴承	H7
	座圈承受旋转载荷 或方向不定载荷		K7[②]
			M7[③]

注：①轴承座孔与座圈间间隙为 0.001D（D 为轴承公称外径）。

　　②一般工作条件。

　　③有较大径向载荷时。

表 6-6　轴和轴承座孔的几何公差（摘自 GB/T 275—2015）

公称尺寸/mm		圆柱度 $t/\mu m$				端面圆跳动 $t_1/\mu m$			
		轴颈		轴承座孔		轴肩		轴承座孔肩	
		轴承公差等级							
>	≤	0	6(6X)	0	6(6X)	0	6(6X)	0	6(6X)
		公差值							
—	6	2.5	1.5	4	2.5	5	3	8	5
6	10	2.5	1.5	4	2.5	6	4	10	6
10	18	3.0	2.0	5	3.0	8	5	12	8
18	30	4.0	2.5	6	4.0	10	6	15	10
30	50	4.0	2.5	7	4.0	12	8	20	12
50	80	5.0	3.0	8	5.0	15	10	25	15
80	120	6.0	4.0	10	6.0	15	10	25	15
120	180	8.0	5.0	12	8.0	20	12	30	20
180	250	10.0	7.0	14	10.0	20	12	30	20
250	315	12.0	8.0	16	12.0	25	15	40	25
315	400	13.0	9.0	18	13.0	25	15	40	25
400	500	15.0	10.0	20	15.0	25	15	40	25

表 6-7　配合面及端面的表面粗糙度（摘自 GB/T 275—2015）

轴或轴承座孔 直径/mm		轴或轴承座孔配合表面直径公差等级					
		IT7		IT6		IT5	
		表面粗糙度参数 $Ra/\mu m$					
>	≤	磨	车	磨	车	磨	车
—	80	1.6	3.2	0.8	1.6	0.4	0.8
80	500	1.6	3.2	1.6	3.2	0.8	1.6
500	1250	3.2	6.3	1.6	3.2	1.6	3.2
端面		3.2	6.3	3.2	6.3	1.6	3.2

项 目 任 务

任务 1 轴承配合与表面粗糙度要求标注

1. 任务引入

有一圆柱齿轮减速器,小齿轮要求有较高的旋转精度,装有 7310C 角接触球轴承,轴承内径尺寸为 50 mm,外径尺寸为 110 mm,宽度为 27 mm,基本额定动载荷 $C_r=53.5$ kN,轴承承受的当量径向载荷 $P_r=5.35$ kN。试用类比法确定轴承与轴和轴承座孔配合的公差带代号,画出公差带图,并确定孔、轴的几何公差值和表面粗糙度参数值,将它们分别标注在装配图和零件图上。

2. 任务分析

(1) 按已知条件,可算得 $0.06 \leqslant P_r/C_r=0.1 \leqslant 0.16$,属正常载荷。

(2) 按减速器的工作状况可知,内圈为旋转载荷,外圈为定向载荷,内圈与轴的配合应较紧,外圈与轴承座孔配合应较松。

(3) 根据以上分析,参考表 6-2、表 6-3 选用轴的公差带代号为 k5,由于轴承为角接触球轴承,可用 k6 代替 k5,参见表 6-2 注②。轴承座孔的公差带为 G7 或 H7。但由于轴的旋转精度要求较高,故选用更紧一些的配合,选择孔公差带为 J7(基轴制配合)较为恰当。

(4) 查表 6-1 得 0 级轴承内、外圈单一平面平均直径的上、下极限偏差,再由标准公差数值表(表 1-4)和孔、轴基本偏差数值表(附录 A 中的表 A-2、表 A-1)查出 50k6 和 110J7 的上、下极限偏差,从而画出轴承与轴、孔配合的公差带图,如图 6-5 所示。

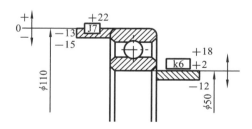

图 6-5　轴承与轴、孔配合的公差带图

(5) 由图 6-5 可知,内圈与轴配合的 $Y_{max}=-0.030$ mm,$Y_{min}=-0.002$ mm;外圈与轴承座孔配合的 $X_{max}=+0.037$ mm,$Y_{max}=-0.013$ mm。

(6) 按表 6-6 选取几何公差值。圆柱度公差:轴颈为 0.004 mm,轴承座孔为 0.010 mm;端面跳动公差:轴肩为 0.012 mm,轴承座孔肩为 0.025 mm。

(7) 按表 6-7 选取表面粗糙度数值。轴颈尺寸为 $\phi50$,尺寸公差为 IT6,加工方法选磨削,轴外圆等级表面粗糙度取 $Ra \leqslant 0.8 \ \mu m$,轴肩端面粗糙度取 $Ra \leqslant$ $3.2 \ \mu m$;轴承座孔尺寸为 $\phi110$,尺寸公差等级为 IT7,加工方法为磨削,孔表面粗糙度取 $Ra \leqslant 1.6 \ \mu m$,轴肩端面取 $Ra \leqslant 3.2 \ \mu m$。

（8）将选择的上述各项公差和表面粗糙度参数标注在图上,如图 6-6 所示。

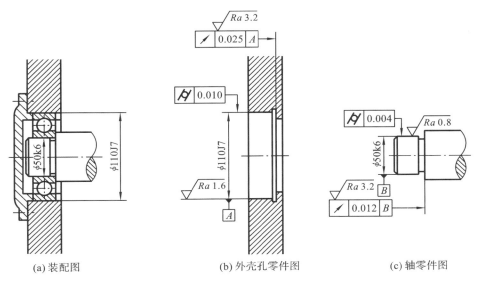

(a) 装配图　　　　　　　(b) 外壳孔零件图　　　　　　　(c) 轴零件图

图 6-6　轴颈和轴承座孔公差和表面粗糙度在图样上标注示例

习　　题

6.1　滚动轴承的精度有哪几个等级? 哪个等级应用最广泛?

6.2　滚动轴承与轴、轴承座孔配合,采用何种基准制?

6.3　选择轴承与轴、轴承座孔配合时主要考虑哪些因素?

6.4　滚动轴承内圈与轴颈的配合同 GB/T 1800.1—2009 中基孔制同名配合相比,在配合性质上有何变化? 为什么?

6.5　滚动轴承配合标准有何特点?

6.6　已知减速箱的从动轴上装有齿轮,其两端的轴承为 0 级单列深沟球轴承(轴承内径 $d=55$ mm,外径 $D=100$ mm),各承受径向载荷 $F_r = 2000$ N,额定动载荷 $C = 34000$ N,试确定轴颈和轴承座孔的公差带、几何公差值和表面粗糙度数值,并标注在图样上。

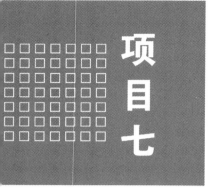

圆柱齿轮的传动精度及选用

【项目内容】

◆ 圆柱齿轮精度及其指标的选用。

【主要知识点与技能点】

◆ 圆柱齿轮传动的基本要求、齿轮的主要加工误差；

◆ 圆柱齿轮精度评定指标；

◆ 齿轮副精度与齿坯精度；

◆ 渐开线圆柱齿轮精度及标注。

相 关 知 识

知识点 1　齿轮传动的基本要求

齿轮传动有四项基本要求。

1. 传递运动的准确性

传递运动的准确性就是要求齿轮在一转范围内，实际速比相对于理论速比的变动量在允许的范围内，以保证从动齿轮与主动齿轮的运动准确协调。

2. 传动的平稳性

传动的平稳性就是要求齿轮在一齿范围内，瞬时速比的变动量处在允许的范围内，以减小齿轮传动中的冲击、振动和噪声，保证传动平稳。

3. 载荷分布的均匀性

载荷分布的均匀性就是要求齿轮啮合时，齿面接触良好，使齿面上的载荷分布均匀，避免载荷集中于局部齿面，使齿面磨损加剧，影响齿轮的使用寿命。

4. 侧隙的合理性

齿轮啮合时，非工作齿面间应有一定的间隙，以便存储润滑油、补偿齿轮受力后的弹性变形、塑性变形、受热变形以及制造和安装中产生的误差，防止齿轮在传动中出现卡死和烧伤，保证齿轮正常运转。

知识点 2　齿轮的主要加工误差

1. 齿轮加工方法

齿轮加工通常采用展成法,如滚齿、插齿、磨齿等。如图 7-1 所示为滚齿机。齿轮加工误差来源于组成工艺系统的机床、夹具、刀具和齿坯本身的误差及安装、调整误差。

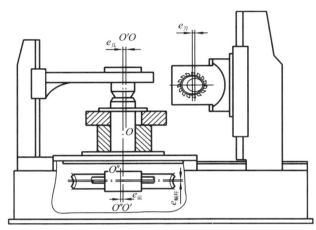

图 7-1　滚齿机

$O'—O'$机床工作台回转轴线;$O—O$工件孔轴线;$O''—O'$分度蜗轮几何轴线

2. 齿轮加工误差的来源

(1) 几何偏心:齿坯安装在加工机床的心轴上,但齿坯的几何中心和心轴中心不重合,存在一个偏心距 e_1。

(2) 运动偏心:滚齿时,由于机床分度蜗轮的偏心(偏心距为 e_2),工作台带动旋转的齿坯在一转范围内时快时慢地旋转,该偏心称为运动偏心。

(3) 机床传动链的高频误差、分度蜗杆的转速误差。

(4) 滚刀的安装误差($e_刀$)和制造误差:滚刀的齿形角度误差、滚刀的进刀方向与轮齿的理想方向不一致造成的误差、滚刀的径向进刀量误差。

无论几何偏心还是运动偏心,都会使齿轮在加工中产生长周期(一转)误差。分度蜗杆的转速误差、滚刀的齿形角度误差、滚刀的进刀方向与轮齿的理想方向不一致造成的误差、滚刀的径向进刀量误差等因素都会引起齿轮的短周期(一齿)误差。齿轮传动精度的影响因素见表 7-1。

表 7-1　齿轮传动精度的影响因素

齿轮传动的使用要求	影响使用要求的因素
传递运动的准确性	长周期误差,包括几何偏心和运动偏心分别引起的径向和切向长周期(一转)误差。两种偏心同时存在,可能叠加,也可能抵消。这类误差用齿轮上的长周期偏差作为评定指标

续表

齿轮传动的使用要求	影响使用要求的因素
传动的平稳性	短周期(一齿)误差,包括齿轮加工过程中的刀具误差、机床传动链的短周期误差。这类误差用齿轮上的短周期偏差作为评定指标
载荷分布的均匀性	齿坯轴线歪斜、机床刀架导轨的误差等。这类误差用轮齿同侧齿面轴向偏差来评定
侧隙的合理性	影响侧隙的主要因素是齿轮副的中心距偏差和齿厚偏差

知识点3 圆柱齿轮的精度评定指标

由于齿轮的制造与安装精度对机器、仪表的工作性能、寿命有重要影响,正确选用齿轮公差并进行合理检测十分重要。

《圆柱齿轮 精度制 第1部分:齿轮同侧齿面偏差的定义和允许值》(GB/T 10095.1—2008)、《圆柱齿轮 精度制 第2部分:径向综合偏差与径向跳动的定义和允许值》(GB/T 10095.2—2008)、《圆柱齿轮 检验实施规范》(GB/Z 18620.1~4—2008)给出了齿轮评定项目允许值并规定了齿轮精度检测的实施规范。其中规定了14项偏差要素,可划分为单项偏差(10项)和综合偏差(4项),见表7-2。

表 7-2 齿轮偏差项目

偏差项目				偏差符号	精度等级
轮齿同侧齿面	单项偏差	齿距偏差	单个齿距偏差	f_{pt}	0~12级,共13级,0级最高,12级最低(5级为基础级)
			齿距累积偏差	F_{pk}	
			齿距累积总偏差	F_p	
		齿廓偏差	齿廓总偏差	F_α	
			齿廓形状偏差	$f_{f\alpha}$	
			齿廓倾斜偏差	$f_{H\alpha}$	
		螺旋线偏差	螺旋线总偏差	F_β	
			螺旋线形状偏差	$f_{f\beta}$	
			螺旋线倾斜偏差	$f_{H\beta}$	
径向		径向跳动		F_r	
轮齿同侧齿面	综合偏差	切向综合偏差	切向综合总偏差	F_i'	
			一齿切向综合偏差	f_i'	
径向		径向综合偏差	径向综合总偏差	F_i''	4~12级,共9级
			一齿径向综合偏差	f_i''	

根据齿轮各项偏差对使用要求的影响,可将齿轮偏差分为影响齿轮传动准确性的偏差、影响齿轮传动平稳性的偏差和影响齿轮传动载荷分布均匀性的偏差三组。控制这些偏差,才能保证齿轮传动的精度。

1. 影响齿轮传动准确性的偏差（第Ⅰ公差组）

1）切向综合总偏差 F_i'

切向综合总偏差 F_i' 指被测齿轮与理想精确的测量齿轮单面啮合时，在被测齿轮旋转一整周内实际转角与公称转角之差的总幅度值，以分度圆弧长计，如图 7-2 所示。

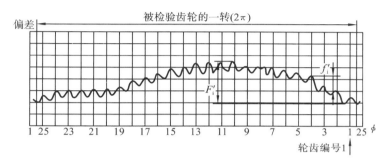

图 7-2　切向综合总偏差

切向综合总偏差 F_i' 反映齿轮的长周期误差，影响齿轮传递运动的准确性。误差来源于齿轮安装的几何偏心和运动偏心。

切向综合总偏差 F_i' 是在齿轮连续运转中测得的，符合齿轮的实际工作状态，反映了多种加工误差的综合影响，在单啮仪上测量，由于测量仪器昂贵，目前应用受到一定限制。

2）齿距累积总偏差 F_p 与齿距累积偏差 F_{pk}

如图 7-3 所示，齿距累积总偏差 F_p 指在端平面分度圆上任意两个同侧齿面间的实际弧长与公称弧长的最大差值（绝对值），即最大齿距累积偏差和最小齿距累积偏差的代数差。F_{pk} 是 k 个齿的齿距累积偏差，该偏差可正可负，F_{pk} 的允许值适用于齿距数 k 为 z 到小于 $z/2$ 的弧段内，通常取 $k=z/8$。齿距累积总偏差 F_p、齿距累积偏差 F_{pk} 反映齿轮的长周期误差，影响齿轮传递运动的准确性，而单个齿距偏差 f_{pt} 反映齿轮的短周期误差，影响齿轮传动的平稳性。

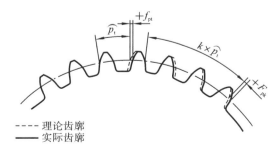

图 7-3　单个齿距偏差与齿距累积偏差

齿轮加工时的几何偏心和运动偏心是齿距偏差的主要来源。

测量齿距累积误差通常用相对法,如用万能测齿仪或齿距仪进行测量,由于是逐齿逐点测,不如切向综合总偏差 F_i'(在连续运转中测量)测得全面,但因测量成本较低,故较常用。

3)径向跳动 F_r

齿圈径向跳动 F_r 是指齿轮旋转一整周内,测头(球、圆柱体、棱柱体或砧)相继置于每个齿槽内时,相对于齿轮基准轴线的最大和最小径向位置之差。检查中,测头在近似齿高中部与左、右齿面接触,如图7-4所示。

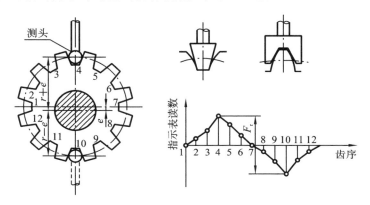

图 7-4 齿圈径向跳动

偏差来源于几何偏心、齿坯端面跳动、打表误差等。

由于该指标反映几何偏心的影响,不反映运动偏心的影响,检测时须与反映切向偏差的偏差指标配合使用。

4)径向综合总偏差 F_i''

径向综合总偏差 F_i'' 指被测齿轮与理想精确的测量齿轮双面啮合时,在被测齿轮一转内,双啮中心距的最大变动量,如图7-5所示。径向综合总偏差 F_i'' 反映齿轮的长周期误差,影响齿轮传递运动的准确性。

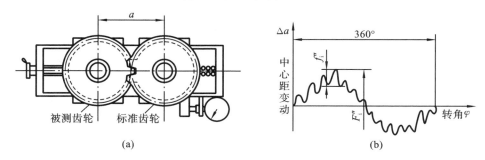

(a)   (b)

图 7-5 用双啮仪测径向综合总偏差

误差来源于齿坯偏心、刀具安装和调整造成的齿形误差。

由于该偏差值只反映径向误差的影响，不能反映切向误差的大小，测量时须与其他指标配合使用。偏差用双啮仪测量，由于该仪器结构简单，操作方便，在生产中使用广泛。

5）公法线长度变动量 F_w

公法线长度变动量 F_w 是指在齿轮旋转一整周内，实际公法线长度最大值与最小值之差，用公法线千分尺测量，如图 7-6 所示。由于检测成本低，常代替 F_i' 或与 F_p 与 F_r 组合使用。

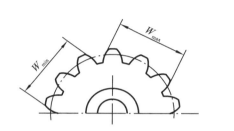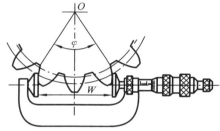

图 7-6　公法线长度变动量测量

其中测量跨齿数取 $k = z/9 + 0.5$（取近似整数）。

公法线长度变动误差产生的原因主要是：机床分度蜗轮偏心，使齿坯转速不均匀，引起齿面左、右切削不均匀，造成齿轮切向的长周期误差。

2. 影响齿轮传动平稳性的偏差（第 Ⅱ 公差组）

1）一齿切向综合偏差 f_i'

一齿切向综合偏差 f_i' 是指在一个齿距内的切向综合偏差。如图 7-2 所示，在一个齿距内，过偏差曲线的最高、最低点作与横坐标平行的两条直线，此平行线间的距离即为 f_i'。

误差来源于齿轮安装的几何偏心、运动偏心。

2）一齿径向综合偏差 f_i''

一齿径向综合偏差 f_i'' 是指被测齿轮在径向（双面）综合检验时，对应一个齿距角（$360°/z$）的径向综合偏差值，如图 7-5（b）所示。

误差主要来源于齿坯偏心、刀具安装和调整误差。

3）齿廓总偏差 F_α

齿廓总偏差 F_α 是指在计值范围 L_α 内，包容实际齿廓迹线的两条设计齿廓迹线间的距离。如图 7-7（a）所示，过齿廓迹线最高、最低点作设计齿廓迹线的两条平行直线，其间距为 F_α。

4）齿廓形状偏差 $f_{f\alpha}$

齿廓形状偏差 $f_{f\alpha}$ 是指在计值范围内，包容实际齿廓迹线的两条与平均齿廓迹线完全相同的曲线间的距离(见图 7-7(b)),且两条曲线与平均齿廓迹线的距离为常数。

5) 齿廓倾斜偏差 $f_{H\alpha}$

齿廓倾斜偏差 $f_{H\alpha}$ 是指在计值范围的两端与平均齿廓迹线相交的两条设计齿廓迹线间的距离,如图 7-7(c)所示。

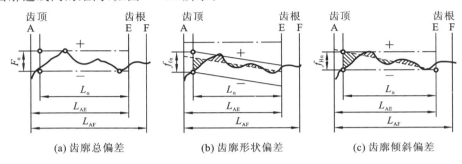

(a) 齿廓总偏差   (b) 齿廓形状偏差   (c) 齿廓倾斜偏差

图 7-7 齿廓偏差

齿形偏差反映实际齿形与理论齿形的偏离程度,由于齿轮的齿面偏离了正确的渐开线,使齿轮传动中瞬时传动比不稳定,影响齿轮的工作平稳性。

齿形误差主要是由于齿轮滚刀的制造刃磨误差及滚刀的安装误差等原因造成的。

6) 单个齿距偏差 f_{pt}

单个齿距偏差 f_{pt} 是指在端平面上,在接近齿高中部的一个与齿轮轴线同心的圆上,实际齿距与理论齿距的代数差,如图 7-3 所示。单个齿距偏差 f_{pt} 反映齿轮的短周期误差,影响齿轮传动的平稳性。

单个齿距偏差产生的原因在于齿轮安装的几何偏心、运动偏心。

3. 影响齿轮载荷分布均匀性的偏差(第Ⅲ公差组)

1) 螺旋线总偏差 F_{β}

螺旋线总偏差 F_{β} 是在端面基圆切线方向上测得的实际螺旋线与设计螺旋线的偏差,其值等于在计值范围内,包容实际螺旋线迹线的两条设计螺旋线迹线间的距离,如图7-8(a)所示。

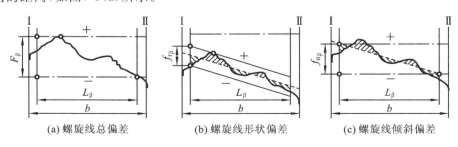

(a) 螺旋线总偏差   (b) 螺旋线形状偏差   (c) 螺旋线倾斜偏差

图 7-8 螺旋线偏差

2）螺旋线形状偏差 $f_{f\beta}$

对非修形的螺旋线来说，螺旋线形状偏差 $f_{f\beta}$ 是在计值范围内，包容实际螺旋线迹线的两条与平均螺旋线迹线平行的直线间的距离，如图 7-8(b) 所示。平均螺旋线迹线是在计值范围内，按最小二乘法确定的。

3）螺旋线倾斜偏差 $f_{H\beta}$

螺旋线倾斜偏差 $f_{H\beta}$ 是指在计值范围 L_{β} 的两端与平均螺旋线迹线相交的两条设计螺旋线迹线间的距离，如图 7-8(c) 所示。

螺旋线偏差来源于机床导轨倾斜产生的误差、夹具和齿坯安装误差、刀具制造与安装误差、机床进给链误差及测量仪器误差。

应该指出，有时出于某种目的，将齿轮设计成修形螺旋线，此时设计螺旋线迹线不再是直线，此时 F_{β}、$f_{f\beta}$、$f_{H\beta}$ 的取值方法见 GB/T 10095.1—2008。

对于直齿圆柱齿轮，螺旋角 $\beta=0$，此时 F_{β} 称为齿向偏差。

知识点 4 齿侧间隙

为保证齿轮润滑、补偿齿轮的制造误差、安装误差以及热变形等造成的误差，必须在非工作齿面留有侧隙。齿轮副侧隙（又称齿侧间隙）由工作条件决定，它是一项使用要求，与齿轮精度等级无关，其大小主要与中心距及齿厚有关。轮齿与配对齿间的配合相当于圆柱体孔、轴的配合，通常采用的是基中心距制，即在中心距一定的情况下，用控制轮齿的齿厚的方法获得必要的侧隙。

1. 齿侧间隙

齿侧间隙通常有两种表示方法，即圆周侧隙 j_{wt} 和法向侧隙 j_{bn}，如图 7-9 所示。

理论上 j_{bn} 与 j_{wt} 存在以下关系：

$$j_{bn} = j_{wt}\cos\alpha_{wt}\cos\beta_b$$

式中：α_{wt} 为端面压力角；β_b 为基圆螺旋角。

2. 齿侧间隙的获得和检验项目

1）用齿厚允许的极限偏差控制齿厚

为了获得最小侧隙 j_{bnmin}，齿厚应保证有最小减薄量，它是由分度圆齿厚允许的上偏差 E_{sns} 形成的，如图 7-10 所示。

分度圆齿厚允许的上偏差 E_{sns} 与最小齿侧法向间隙有以下关系：

$$j_{bnmin} = 2\,|\,E_{sns}\,|\,\cos\alpha_n \tag{7-1}$$

$$E_{sns} = -\,j_{bnmin}/(2\cos\alpha_n) \tag{7-2}$$

分度圆齿厚下偏差为

$$E_{sni} = E_{sns} - T_{sn} \tag{7-3}$$

其中齿厚公差 T_{sn} 可按下式计算：

$$T_{sn} = \sqrt{F_r^2 + b_r^2}\cdot 2\tan\alpha_n \tag{7-4}$$

公差配合与技术测量——基于项目驱动(第二版)

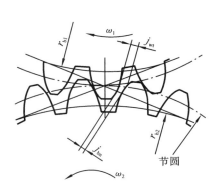

图 7-9　齿侧间隙

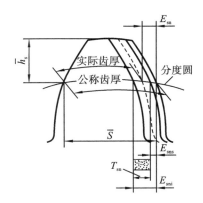

图 7-10　齿厚偏差

式中：F_r 为齿圈径向跳动指标，按齿轮精度等级在公差表中查出；b_r 为切齿径向进刀公差，其值如表 7-3 所示。

表 7-3　切齿径向进刀公差 b_r 值

齿轮精度	4	5	6	7	8	9
b_r	1.26 IT7	IT8	1.26 IT8	IT9	1.26 IT9	IT10

注：IT 值按齿轮分度圆直径查取。

最小法向侧隙 j_{bnmin} 的值可由式(7-5)计算或查表 7-4。

$$j_{bnmin} = \frac{2(0.06 + 0.0005a + 0.03m_n)}{3} \quad (\text{mm}) \quad (7\text{-}5)$$

式中：a 为齿轮副中心距；m_n 为法向模数。

表 7-4　保证正常润滑条件所需的最小法向侧隙 j_{bnmin}(摘自 GB/Z 18620.2—2008)(mm)

模数 m_n	中心距 a					
	50	100	200	400	800	1600
1.5	0.09	0.11	—	—	—	—
2	0.1	0.12	—	—	—	—
3	0.12	0.14	0.17	0.24	—	—
5	—	0.18	0.21	0.28	—	—
8	—	0.24	0.27	0.34	0.47	—
12	—	—	0.35	0.42	0.55	—
18	—	—	—	0.54	0.67	0.94

注：m_n 为法向模数(mm)。

160

2）用公法线平均长度极限偏差控制齿厚

齿轮齿厚的变化必然引起公法线平均长度的变化,因此可用公法线平均长度控制齿侧间隙。齿厚允许的上、下偏差 E_{sns}、E_{sni} 按前述步骤确定,而公法线平均长度上、下偏差规定值 E_{bns}、E_{bni} 与齿厚允许的上、下偏差 E_{sns}、E_{sni} 有以下关系:

$$E_{bns} = E_{sns}\cos\alpha_n$$
$$E_{bni} = E_{sni}\cos\alpha_n$$

非变位标准直齿圆柱齿轮公法线长度理论公称值可查表 7-5 或按下式计算:

$$E_{bn} = W_k = m[2.952(k-0.5)+0.014z] \tag{7-6}$$

其中:$k = z/9 + 0.5$（取近似整数）。

表 7-5 $m=1,\alpha=20°$ 的标准直齿圆柱齿轮的公法线长度理论公称值 （mm）

齿数 z	跨齿数 k	公法线长度 W_k	齿数 z	跨齿数 k	公法线长度 W_k	齿数 z	跨齿数 k	公法线长度 W_k
15	2	4.6383	27	4	10.7106	39	5	13.8308
16	2	4.6523	28	4	10.7246	40	5	13.8448
17	2	4.6663	29	4	10.7386	41	5	13.8588
18	3	7.6324	30	4	10.7526	42	5	13.8728
19	3	7.6464	31	4	10.7666	43	5	13.8868
20	3	7.6604	32	4	10.7806	44	5	13.9008
21	3	7.6744	33	4	10.7946	45	6	16.8670
22	3	7.6884	34	4	10.8086	46	6	16.8881
23	3	7.7024	35	4	10.8226	47	6	16.8950
24	3	7.7185	36	5	13.7888	48	6	16.9090
25	3	7.7305	37	5	13.8028	49	6	16.9230
26	3	7.7445	38	5	13.8168	50	6	16.9370

注:对于其他模数的齿轮,将表中的数值乘以模数。

用公法线千分尺测量公法线长度,计算平均值,将公法线长度测量结果平均值与理论值比较即可得到实际偏差。

知识点5　齿轮副精度与齿坯的精度

1. 齿轮副精度

1）中心距极限偏差 f_a

中心距极限偏差为实际中心距与公称中心距之差，即 $f_a = a' - a$，如图7-11所示，图中 a 为公称中心距，a' 为实际中心距。中心距极限偏差主要由箱体中心孔偏差造成，它影响齿轮副侧隙和齿轮重合度。中心距极限偏差增大，齿轮侧隙增大，反之齿轮侧隙减小。表7-6规定了齿轮副中心距极限偏差的数值。

表7-6　中心距极限偏差数值

齿轮精度等级	5～6	7～8	9～10
f_a	IT7/2	IT8/2	IT9/2

注：按中心距查取 IT 值。

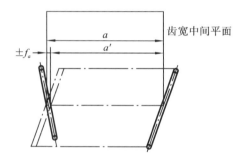

图 7-11　齿轮副中心距极限偏差

2）轴线平行度偏差

轴线平行度偏差分为轴线平面内的平行度偏差 $f_{\Sigma\delta}$ 和垂直平面内的平行度偏差 $f_{\Sigma\beta}$，$f_{\Sigma\delta}$ 是在两轴线的公共平面内测量的，$f_{\Sigma\beta}$ 是在与两轴线垂直的平面内测量的，如图 7-12 所示。

轴线平行度偏差影响齿轮的接触精度。它们的最大推荐值如下。

垂直平面内的平行度偏差为

$$f_{\Sigma\beta} = 0.5 F_\beta L/b$$

式中：L 为轴承跨距；b 为齿宽。

轴线平面内的平行度偏差为

$$f_{\Sigma\delta} = 2 f_{\Sigma\beta}$$

3）接触斑点

接触斑点指齿轮副安装好跑合时，轻微制动后，齿轮表面分布的擦亮痕迹，它反映齿轮副接触的均匀性，其大小按百分比计算。

如图 7-13 所示,齿宽方向接触斑点百分比为 $\dfrac{b''-c}{b'}\times 100\%$;齿高方向接触斑点百分比为 $\dfrac{h''}{h}\times 100\%$。齿轮副接触斑点要求参见表 7-7。

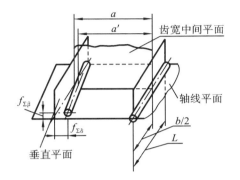

图 7-12 齿轮副轴线平行度偏差

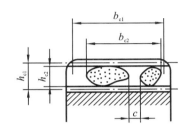

图 7-13 齿轮副接触斑点

表 7-7 齿轮装配后的接触斑点(摘自 GB/Z 18620.4—2008)

精度等级 (按 GB/T 10095)	b_{c1}/b		h_{c1}/h		b_{c2}/b		h_{c2}/h	
	直齿	斜齿	直齿	斜齿	直齿	斜齿	直齿	斜齿
4 级及更高	50%	50%	70%	50%	40%	40%	50%	30%
5、6	45%	45%	50%	40%	35%	35%	30%	20%
7、8	35%	35%	50%	40%	35%	35%	30%	20%
9~12	25%	25%	50%	40%	25%	25%	30%	20%

注:①b_{c1} 为接触斑点的较大宽度,b_{c2} 为接触斑点的较小宽度,h_{c1} 为接触斑点的较大高度,h_{c2} 为接触斑点的较小高度,b 为齿宽,h 为有效齿面高度;

②大规格齿轮副一般在安装好的传动机构中检验,大批生产的中小齿轮允许在啮合机上与紧密齿轮啮合检验,接触斑点的分布位置应趋近齿面中部,齿顶和两端部棱边处不允许接触。

2. 齿坯精度

齿坯是在加工轮齿前供制造齿轮的工件,齿坯的尺寸偏差、几何误差、表面结构会影响齿轮的加工精度、安装精度及齿轮副的接触条件、运转状况,因此必须控制齿坯精度,使加工的齿轮更容易满足使用要求。为此,国家标准规定了齿坯公差。对齿坯的公差要求应标注在齿轮的零件图上,如图 7-14 所示。

齿坯的尺寸公差见表 7-8;齿坯的几何公差见表 7-9、表 7-10;齿坯各基准面和齿面的粗糙度分别见表 7-11、表 7-12。

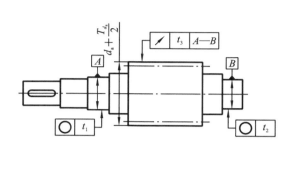

(a) 轴齿轮齿坯

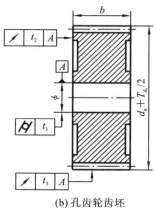

(b) 孔齿轮齿坯

图 7-14 齿轮齿坯

表 7-8 齿坯尺寸公差

齿轮精度等级		5	6	7	8	9	10	11	12
孔	尺寸公差	IT5	IT6	IT7		IT8		IT9	
轴		IT5		IT6		IT7		IT8	
齿顶圆直径偏差		$\pm 0.05 m_n$							

注:当顶圆不作为测量基准时,其尺寸公差按 IT11 给定,但不大于 $0.1 m_n$。

表 7-9 基准面和安装面的形状误差(摘自 GB/Z 18620.3—2008)

确定轴线的基准面	公 差 项 目		
	圆度	圆柱度	平面度
两个短的圆柱或圆锥形基准面	$0.04(L/b)F_\beta$ 或 $0.1F_p$ (取两者中之小值)		
一个长的圆柱或圆锥形基准面		$0.04(L/b)F_\beta$ 或 $0.1F_p$ (取两者中之小值)	
一个短的圆柱面和一个端面	$0.06F_p$		$0.06(D_d/b)F_\beta$

注:①齿轮坯的公差应减至能经济地制造的最小值;

②L 为较大的轴承跨距,D_d 为基准面直径,b 为齿宽。

表 7-10　齿坯安装面的跳动公差（摘自 GB/Z 18620.3—2008）

确定轴线的基准面	跳动量（总的指示幅度）	
	径向	轴向
仅指圆柱或圆锥形基准面	$0.15(L/b)F_\beta$ 或 $0.3F_p$（取两者中之大者）	
一个圆柱基准面和一个端面基准	$0.3F_p$	$0.2(D_d/b)F_\beta$

注：齿轮坯的公差应减至能经济地制造的最小值。

表 7-11　齿轮各基准面的粗糙度 Ra 的推荐值　　　　　　　　　　（μm）

齿轮精度等级	5	6	7		8	9	
齿面加工方法	磨齿	磨或珩齿	剔或珩齿	精滚精插	插或滚齿	滚齿	铣齿
齿轮基准孔	0.32～0.63	1.25	1.25～2.5			5	
齿轮轴基准轴颈	0.32	0.63	1.25		2.5		
齿轮基准端面	1.5～2.5	2.5～5				3.2～5	
齿轮顶圆	1.25～2.5	3.2～5					

表 7-12　齿面粗糙度（摘自 GB/Z 18620.4—2008）

齿轮精度等级	Ra/μm			Rz/μm		
	$m\leqslant6$	$6<m\leqslant25$	$m>25$	$m\leqslant6$	$6<m\leqslant25$	$m>25$
5	0.5	0.63	0.8	3.2	4.0	5.0
6	0.8	1.00	1.25	5.0	6.3	8.0
7	1.25	1.60	2.0	8.0	10	12.5
8	2.0	2.5	3.2	12.5	16	20
9	3.2	4.0	5.0	20	25	32
10	5.0	6.3	8.0	32	40	50
11	10.0	12.5	16	63	80	100
12	20	25	32	125	160	200

知识点6 渐开线圆柱齿轮精度标准及其应用

1. 精度等级

国家标准 GB/T 10095.1—2008 对单个齿轮规定了 13 个精度等级(F_i''、f_i'' 除外,F_i''、f_i'' 规定了 4~12 共 9 个精度等级),分别用阿拉伯数字 0,1,…,12 表示。其中:0 级精度最高,依次降低,12 级精度最低;5 级精度为基本等级,是计算其他等级偏差允许值的基础;0~2 级精度目前加工工艺尚不能达到,是为将来发展特别精密的齿轮而规定的;3~5 级为高精度;6~8 级为中等精度;9~12 级为低精度(粗糙)。

(1) 轮齿同侧齿面偏差包括齿距偏差、齿廓偏差、螺旋线偏差、切向综合偏差,共 13 个精度等级,其中 0 级最高,13 级最低。

(2) 径向综合偏差共 9 个精度等级,其中 4 级最高,12 级最低。

(3) 径向跳动共 13 个精度等级,其中 0 级最高,13 级最低。

常用精度偏差数值见表 7-13 至表 7-16。

表 7-13　$\pm f_{pt}$、F_p、F_r、F_w 的数值(摘自 GB/T 10095—2008)

分度圆直径 d/mm	模数 m/mm	$\pm f_{pt}$				F_p				F_r				F_w			
		精度等级															
		5	6	7	8	5	6	7	8	5	6	7	8	5	6	7	8
5≤d≤20	0.5≤m≤2	4.7	6.5	9.5	13	11	16	23	32	9	13	18	25	10	14	20	29
	2<m≤3.5	5	7.5	10	15	12	17	23	33	9.5	13	19	27				
20<d≤50	0.5≤m≤2	5	7	10	14	14	20	29	41	11	16	23	32	12	16	23	32
	2<m≤3.5	5.5	7.5	11	15	15	21	30	42	12	17	24	34				
	3.5<m≤6	6	8.5	12	17	15	22	31	44	12	17	25	36				
50<d≤125	0.5≤m≤2	5.5	7.5	11	15	18	26	37	52	15	21	29	42	14	19	27	37
	2<m≤3.5	6	8.5	12	17	19	27	38	53	15	21	30	43				
	3.5<m≤6	6.5	9	13	18	19	28	39	55	16	22	31	44				
125<d≤280	0.5≤m≤2	6	8.5	12	17	24	35	49	69	20	28	39	55	16	22	31	44
	2<m≤3.5	6.5	9	13	18	25	35	50	70	20	28	40	56				
	3.5<m≤6	7	10	14	20	25	36	51	72	20	29	41	58				
280<d≤560	0.5≤m≤2	6.5	9.5	13	19	32	46	64	91	26	36	51	73	19	26	37	53
	2<m≤3.5	7	10	14	20	33	46	65	92	26	37	52	74				
	3.5<m≤6	8	11	16	22	33	47	66	94	27	38	53	75				

表 7-14 F_α、$f_{f\alpha}$、$\pm f_{H\alpha}$ 和 f_i' 的数值(摘自 GB/T 10095—2008)

分度圆直径 d/mm	模数 m/mm	F_α				$f_{f\alpha}$				$\pm f_{H\alpha}$				f_i'/k			
		精度等级															
		5	6	7	8	5	6	7	8	5	6	7	8	5	6	7	8
$5 \leqslant d \leqslant 22$	$0.5 \leqslant m \leqslant 2$	4.6	6.5	9	13	3.5	5	7	10	2.9	4.2	6	8.5	14	19	27	38
	$2 < m \leqslant 3.5$	6.5	9.5	13	19	5	7	10	14	4.2	6	8.5	12	16	23	32	45
$20 \leqslant d \leqslant 50$	$0.5 \leqslant m \leqslant 2$	5	7.5	10	15	4	5.5	8	11	3.3	4.6	6.5	9.5	14	20	29	41
	$2 < m \leqslant 3.5$	7	10	14	20	5.5	8	11	16	4.5	6.5	9	13	17	24	34	48
	$3.5 < m \leqslant 6$	9	12	18	25	7	9.5	14	19	5.5	8	11	16	19	27	38	54
$50 \leqslant d \leqslant 125$	$0.5 \leqslant m \leqslant 2$	6	8.5	12	17	4.5	6.5	9	13	3.7	5.5	7.5	11	16	22	31	44
	$2 < m \leqslant 3.5$	8	11	16	22	6	8.5	12	17	5	7	10	14	18	25	36	51
	$3.5 < m \leqslant 6$	9.5	13	19	27	7.5	10	15	21	6	8.5	12	17	20	29	40	57
$125 \leqslant d \leqslant 280$	$0.5 \leqslant m \leqslant 2$	7	10	14	20	5.5	7.5	11	15	4.4	6	9	12	17	24	34	49
	$2 < m \leqslant 3.5$	9	13	18	25	7	9.5	14	19	5.5	8	11	16	20	28	39	56
	$3.5 < m \leqslant 6$	11	15	21	30	8	12	16	23	6.5	9.5	13	19	22	31	44	62
$280 \leqslant d \leqslant 560$	$0.5 \leqslant m \leqslant 2$	8.5	12	17	23	6.5	9	13	18	5	7.5	11	15	19	27	39	54
	$2 < m \leqslant 3.5$	10	15	21	29	8	11	16	22	6.5	9	13	18	22	31	44	62
	$3.5 < m \leqslant 6$	12	17	24	34	9	13	18	26	7.5	11	15	21	24	34	48	68

表 7-15 F_β、$f_{f\beta}$、$\pm f_{H\beta}$ 的数值(摘自 GB/T 10095—2008)　　　　　　　(μm)

偏差项目		螺旋线总偏差 F_β				螺旋线形状偏差 $f_{f\beta}$ 螺旋线倾斜偏差 $\pm f_{H\beta}$			
分度圆直径 d/mm	齿宽 b/mm	齿轮精度等级							
		5	6	7	8	5	6	7	8
$5 \leqslant d \leqslant 20$	$4 \leqslant b \leqslant 10$	6	8.5	12	17	4.4	6	8.5	12
	$10 < b \leqslant 20$	7	9.5	14	19	4.9	7	10	14
$20 < d \leqslant 50$	$4 \leqslant b \leqslant 10$	6.5	9	13	18	4.5	6.5	9	13
	$10 < b \leqslant 20$	7	10	14	20	5	7	10	14
	$20 < b \leqslant 40$	8	11	16	23	6	8	12	16
$50 < d \leqslant 125$	$4 \leqslant b \leqslant 10$	6.5	9.5	13	19	4.8	6.5	9.5	13
	$10 < b \leqslant 20$	7.5	11	15	21	5.5	7.5	11	15
	$20 < b \leqslant 40$	8.5	12	17	24	6	8.5	12	17
	$40 < b \leqslant 80$	10	14	20	28	7	10	14	20

续表

偏差项目		螺旋线总偏差 F_β				螺旋线形状偏差 $f_{f\beta}$ 螺旋线倾斜偏差 $\pm f_{H\beta}$			
分度圆 直径 d/mm	齿宽 b/mm	齿轮精度等级							
		5	6	7	8	5	6	7	8
125<d≤280	4≤b≤10	7	10	14	20	5	7	10	14
	10<b≤20	8	11	16	22	5.5	8	11	16
	20<b≤40	9	13	18	25	6.5	9	13	18
	40<b≤80	10	15	21	29	7.5	10	15	21
	80<b≤160	12	17	25	35	8.5	12	17	25
280<d≤560	10≤b≤20	8.5	12	17	24	6	8.5	12	17
	20<b≤40	9.5	13	19	27	7	9.5	14	19
	40<b≤80	11	15	22	33	8	11	16	22
	80<b≤160	13	18	26	36	9	13	18	26
	160<b≤250	15	21	30	43	11	15	22	30

表 7-16 F_i''、f_i'' 的数值(摘自 GB/T 10095—2008)

分度圆 直径 d/mm	法向模数 m_n/mm	F_i''				f_i''			
		精度等级							
		5	6	7	8	5	6	7	8
5≤d≤20	0.2≤m_n≤0.5	11	15	21	30	2	2.5	3.5	5
	0.5<m_n≤0.8	12	16	23	33	2.5	4	5.5	7.5
	0.8<m_n≤1	12	18	25	35	3.5	5	7	10
	1<m_n≤1.5	14	19	27	38	4.5	6.5	9	13
20<d≤50	0.2≤m_n≤0.5	13	19	26	37	2	2.5	3.5	5
	0.5<m_n≤0.8	14	20	28	40	2.5	4	5.5	7.5
	0.8<m_n≤1	15	21	30	42	3.5	5	7	10
	1<m_n≤1.5	16	23	32	45	4.5	6.5	9	13
	1.5<m_n≤2.5	18	26	37	52	6.5	9.5	13	19
50<d≤125	1≤m_n≤1.5	19	27	39	55	4.5	6.5	9	13
	1.5<m_n≤2.5	22	31	43	61	6.6	9.5	13	19
	2.5<m_n≤4	25	36	51	72	10	14	20	29
	4<m_n≤6	31	44	62	88	15	22	31	44
	6<m_n≤10	40	57	80	114	24	34	48	67

续表

分度圆直径 d/mm	法向模数 m_n/mm	F_i''				f_i''			
		精度等级							
		5	6	7	8	5	6	7	8
125<d≤280	1≤m_n≤1.5	24	34	48	68	4.5	6.5	9	13
	1.5<m_n≤2.5	26	37	53	75	6.5	9.5	13	19
	2.5<m_n≤4	30	43	61	86	10	15	21	29
	4<m_n≤6	36	51	72	102	15	22	48	67
	6<m_n≤10	45	64	90	127	24	34	48	67
280<d≤560	1≤m_n≤1.5	30	43	61	86	4.5	6.5	9	13
	1.5<m_n≤2.5	33	46	65	92	6.5	9.5	13	19
	2.5<m_n≤4	37	52	73	104	10	15	21	29
	4<m_n≤6	42	60	84	119	15	22	31	44
	6<m_n≤10	51	73	103	145	24	34	48	68

2. 齿轮精度等级的选择方法

齿轮精度等级的确定要考虑齿轮传动的用途、使用要求、工作条件等因素，在满足使用要求的前提下，应尽量选择较低的精度等级，以降低加工成本。

一般的情况下，对齿轮的三个公差组选择相同的精度等级，也可根据实际使用情况和工作条件，对齿轮的三个公差组规定不同的精度等级，同一公差组的各个项目应规定相同的公差等级。

例如：对于读数、分度机构中的齿轮，应先根据转角精度要求确定第Ⅰ公差组的精度等级，再确定第Ⅱ、第Ⅲ公差组的精度等级；对于高速动力齿轮，应先根据转速、噪声要求确定第Ⅱ公差组的精度等级，第Ⅲ公差组的精度等级不低于第Ⅱ公差组的精度等级；对于重载低速齿轮，应先根据强度、寿命要求确定第Ⅲ公差组的精度等级，第Ⅱ公差组的精度等级不过分低于第Ⅲ公差组的精度等级。

确定齿轮精度等级的方法有计算法和类比法。

1）计算法

依据齿轮传动链的精度要求，通过运动误差计算确定齿轮的精度等级，或依据传动中允许的振动和噪声指标通过动力学计算确定齿轮精度等级，也可根据齿轮的承载要求，通过强度和寿命计算确定齿轮精度，再按其他方面要求做适当协调，来确定其他使用要求下的精度等级。计算法一般用于高精度齿轮精度等级的确定。

2）类比法

类比法是依据以往产品设计、性能试验以及使用过程中所积累的经验,以及较可靠的各种齿轮精度等级选择的技术资料,经过与所设计的齿轮在用途、工作条件及技术性能上做对比后,再选定其精度等级。

各种机械采用的齿轮的精度等级参见表 7-17。

表 7-17　各类机械中齿轮精度等级的应用范围

应用范围	精度等级	应用范围	精度等级
单啮仪、双啮仪等使用的测量齿轮	2～5	载重汽车	6～9
透平机减速器	3～6	通用减速器	6～9
精密切削机床	3～7	拖拉机	6～10
一般切削机床	5～8	轧钢机	6～10
航空发动机	4～7	起重机	7～10
轻型汽车	5～8	地质矿用绞车	8～10
内燃或电气机车	6～8	农业机械	8～11

圆柱齿轮精度等级的适用范围参见表 7-18。

表 7-18　齿轮精度等级与圆周速度的应用范围

精度等级	应 用 范 围	圆周速度/(m/s)	
		直齿	斜齿
4	高精度和极精密分度机构的齿轮;要求极高的平稳性和无噪声的齿轮;检验 7 级精度齿轮的测量齿轮;高速透平传动齿轮	<35	<70
5	高精度和精密分度机构的齿轮;高速重载,重型机械进给齿轮;要求高的平稳性和无噪声的齿轮;检验 8、9 级精度齿轮的测量齿轮	<20	<40
6	一般分度机构的齿轮,3 级和 3 级以上精度机床中的进给齿轮;高速、重型机械传动中的动力齿轮;高速传动中的高效率、高平稳性和无噪声齿轮;读数机构中的传动齿轮	<15	<30
7	4 级和 4 级以上精度机床的进给齿轮;高速动力小而需反向回转的齿轮;有一定速度的减速器齿轮,有平稳性要求的航空齿轮、船舶和轿车齿轮	<10	<15

续表

精度等级	应 用 范 围	圆周速度/(m/s)	
		直齿	斜齿
8	一般精度机床齿轮；汽车、拖拉机和减速器的齿轮，航空器中的不重要的齿轮；农用机械中的重要齿轮	<6	<10
9	精度要求低的齿轮；没有传动要求的手动齿轮	<2	<4

知识点 7 渐开线圆柱齿轮精度的标注

1. 齿轮精度等级的标注方法实例

（1）7GB/T 10095.1—2008　表示齿轮各项偏差项目均应符合 GB/T 10095.1—2008 的要求，精度均为 7 级。

（2）$7F_p6(F_\alpha、F_\beta)$GB/T 10095.1—2008　表示偏差 F_p、F_α、F_β 均按 GB/T 10095.1—2008 的要求，但是 F_p 为 7 级，F_α 与 F_β 均为 6 级。

（3）$6(F_i''、f_i'')$GB/T 10095.2—2008　表示偏差 F_i''、f_i'' 均按 GB/T 10095.2—2008 的要求，精度均为 6 级。

2. 齿厚偏差常用标注方法

（1）$S_n{}_{E_{sni}}^{E_{sns}}$　其中 S_n 为法向公称齿厚，E_{sns} 为齿厚允许的上偏差，E_{sni} 为齿厚允许的下偏差。

（2）$W_k{}_{E_{bni}}^{E_{bns}}$　其中，W_k 为公法线公称长度，E_{bns} 为公法线平均长度上偏差，E_{bni} 为公法线平均长度下偏差。

项 目 任 务

任务 1 直齿圆柱齿轮精度等级、检验项目及允许值确定

1. 任务引入

某通用减速器中有一对直齿齿轮，模数 $m=3$ mm，齿数 $z_1=32$，$z_2=56$，齿形角 $\alpha=20°$，齿宽 $b=30$ mm，两轴承中间距离 L 为 200 mm，传递的最大功率为 5 kW，转速 $n=1280$ r/min，小齿轮内孔直径为 $\phi30$ mm，齿厚允许的上、下偏差通过计算分别确定为 -0.160 mm 和 -0.240 mm，生产条件为小批生产。要求确定小齿轮的精度等级、检验项目及其允许值，并绘制齿轮工作图。

2. 任务分析

进行齿轮精度设计的步骤如下。

1）确定齿轮精度等级

由表 7-17 知，通用减速器齿轮精度等级范围为 6～9 级。又由于齿轮圆周速

度 $v = \pi dn/(1000 \times 60) = \pi mzn/60\ 000 = 3.14 \times 3 \times 32 \times 1280/60\ 000\ \text{m/s} = 6.4\ \text{m/s}$,查表 7-18 确定齿轮精度等级为 7 级,齿轮精度表示为 7GB/T 10095.1—2008。

2) 确定检验项目及其公差

选 F_p(或 F_w、F_r)、F_α(或 $\pm f_{pt}$)、F_β 为检验项目。

分度圆直径为

$$d = mz = 3 \times 32\ \text{mm} = 96\ \text{mm}$$

查表 7-13,得 $F_p = 0.038\ \text{mm}$、$\pm f_{pt} = \pm 0.012\ \text{mm}$、$F_w = 0.027\ \text{mm}$、$F_r = 0.03\ \text{mm}$;查表 7-14,得 $F_\alpha = 0.016\ \text{mm}$;查表 7-15,得 $F_\beta = 0.017\ \text{mm}$。

3) 确定侧隙评定指标

选公法线平均长度偏差作为侧隙评定指标。

$$k = z/9 + 0.5 = 32/9 + 0.5 = 4.06$$

取 $k = 4$。

$$W_k = m[2.952 \times (k-0.5) + 0.014z]$$
$$= 3[2.952 \times (4-0.5) + 0.014 \times 32] = 32.34\ \text{mm}$$

上偏差为

$$E_{bns} = E_{sns}\cos\alpha = -0.16 \times \cos 20°\ \text{mm} = -0.15\ \text{mm}$$

下偏差为

$$E_{bni} = E_{sni}\cos\alpha = -0.24 \times \cos 20°\ \text{mm} = -0.226\ \text{mm}$$

故公法线平均长度 $W_k = 32.34^{-0.15}_{-0.226}\ \text{mm}$。

4) 确定齿坯精度

(1) 确定内孔尺寸。前面已查得齿轮精度等级为 7 级,查表 7-8 知齿轮内孔尺寸公差为 IT7,采用基孔制包容要求,孔尺寸要求为 $\phi 30^{+0.021}_{0}$Ⓔ。

(2) 确定齿顶圆直径偏差。齿顶圆直径为

$$d_a = m(z+2) = 3 \times (32+2)\ \text{mm} = 102\ \text{mm}$$

由表 7-8,取齿顶圆直径偏差为 $\pm 0.05m$,因此

$$\pm T_{d_a}/2 = \pm 0.05 \times 3\ \text{mm} = \pm 0.15\ \text{mm}$$

则

$$d_a = 102 \pm 0.15\ \text{mm}$$

(3) 确定齿坯基准面几何公差。

① 内孔圆柱度公差 t_1:由表 7-9,取 $0.04(L/b)F_\beta$(L 为支承轴承的跨距,b 为齿宽)与 $0.1F_p$ 中的较小者。因

$$0.04(L/b)F_\beta = 0.04 \times (200/30) \times 0.015\ \text{mm} \approx 0.004\ \text{mm}$$

$$0.1F_p = 0.1 \times 0.038\ \text{mm} \approx 0.004\ \text{mm}$$

取 $t_1 = 0.004\ \text{mm}$。

② 端面圆跳动公差 t_2:由表 7-10 查得

$$t_2 = 0.2(D_d/b)F_\beta = 0.2 \times (102/30) \times 0.015\ \text{mm} = 0.01\ \text{mm}$$

③ 齿顶圆径向圆跳动公差 t_3：由表 7-10 查得

$$t_3 = 0.3F_p = 0.3 \times 0.038 \text{ mm} = 0.011 \text{ mm} \approx 0.01 \text{ mm}$$

齿顶圆不作测量基准，可不做要求。

（4）确定齿坯表面粗糙度。

由表 7-11，可取齿坯内孔 Ra 上限值为 1.6 μm，端面 Ra 上限值为 5 μm，顶圆 Ra 上限值为 5 μm，其余表面的表面粗糙度 Ra 上限值为 6.3 μm；由表 7-12，可取齿面 Ra 上限值为 1.25 μm。

5）确定其他技术要求

齿厚取 $30_{-0.1}^{0}$ mm，轮毂键槽技术要求参见项目四，未注尺寸公差、未注几何公差的标注参见项目一、项目二。

6）标注有关技术要求

绘制齿轮零件图，并在齿轮零件图上标注有关技术要求，如图 7-15 所示。

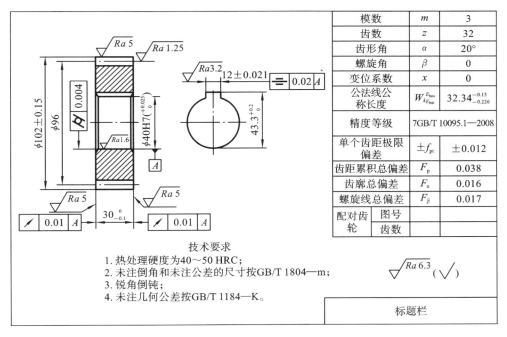

图 7-15 齿轮零件图

习 题

7.1 填空题。

（1）齿轮副的侧隙可分为_____和_____两种。保证侧隙（即最小侧隙）与齿轮的精度_____（有关或无关）。

（2）按 GB/T 10095.1—2008 的规定,圆柱齿轮的精度等级分为_____个等级,其中_____是制定标准的基础级。

（3）齿轮加工通常采用范成法(又称展成法),如滚齿、插齿、磨齿等。其加工误差来源于组成工艺系统的_____、_____、_____和_____的误差及安装、调整误差。

（4）径向跳动 F_r 是指齿轮旋转一整周内,测头(球、圆柱体、棱柱体或砧)相继置于每个齿槽内时,相对于齿轮基准轴线的_____之差。

（5）公法线变动量是指在_____范围内,实际公法线长度最大值与最小值之差。

7.2　判断题(正确的打√,错误的打×)。

（1）齿轮传动的平稳性要求是指齿轮旋转一整周时最大转角误差在一定的范围内。　　　　　　　　　　　　　　　　　　　　　　（　）

（2）高速动力齿轮对传动平稳性和载荷分布均匀性都要求很高。　（　）

（3）齿轮传动的振动和噪声是由齿轮传递运动的不平稳引起的。（　）

（4）精密仪器中的齿轮对传递运动的准确性要求很高,而对传动的平稳性要求不高。　　　　　　　　　　　　　　　　　　　　　　（　）

（5）齿轮的一齿切向综合偏差是评定齿轮传动平稳性的项目。　（　）

（6）齿形误差是用来评定齿轮传动平稳性的综合指标。　　　　（　）

7.3　选择题。

（1）影响齿轮传递运动准确性的偏差项目有(　　)。

A.齿廓总偏差

B.一齿切向综合偏差

C.齿形偏差

D.公法线长度变动偏差

（2）影响齿轮载荷分布均匀性的偏差项目有(　　)。

A.切向综合偏差

B.齿形偏差

C.齿向偏差

D.一齿径向综合偏差

（3）影响齿轮传动平稳性的偏差项目有(　　)。

A.齿距累积偏差

B.齿圈径向跳动

C.径向跳动

D.一齿切向综合偏差

（4）下列说法正确的有(　　)。

A.用于精密机床分度机构、测量仪器上的读数分度齿轮,一般要求传递运动

准确

  B. 高速或重载齿轮要求较小的侧隙

  C. 低速动力齿轮对传递运动的准确性要求高

  D. 汽车、飞机的变速齿轮和汽轮机的减速齿轮,其特点是圆周速度高、传递功率大,主要要求载荷分布均匀

  7.4 齿轮传动有哪些使用要求?

  7.5 影响齿轮传递运动准确性的偏差项目有哪些?

  7.6 影响齿轮传动平稳性的偏差项目有哪些?

  7.7 影响齿轮载荷分布均匀性的偏差项目有哪些?

  7.8 如何保证齿轮副齿侧间隙?测量齿侧间隙的方法有哪些?

模块二

机械零件公差配合的检测

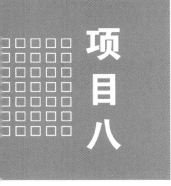

机械零件长度及角度尺寸的测量

项目八

【项目内容】

◆ 测量的相关概念、计量器具，机械零件长度与角度尺寸的测量。

【知识点与技能点】

◆ 安全裕度和验收极限的确定；

◆ 常用长度与角度计量器具的使用方法；

◆ 正确选用合适的计量器具进行长度与角度尺寸的检测；

◆ 使用游标类、螺旋测微类、机械类等计量器具进行长度尺寸的检测。

相 关 知 识

知识点 1　测量的有关概念

1. 测量与检验

测量是指为确定被测量值而进行的一组操作过程,其实质是将被测的量 L 与具有计量单位的标准量 E 进行比较,从而确定比值 q 的过程,即 $q=L/E$。

一个完整的测量过程应包括以下四个要素。

(1)被测对象　在长度计量中,测量对象的表现形式多样,如孔和轴的直径、槽的宽度和深度、螺纹的螺距、表面粗糙度、零件表面的几何误差等都属于长度测量。

(2)计量单位　我国采用国际单位制,长度主单位是 m,机械行业常用单位是 mm。

(3)测量方法　计量器具的比较步骤、方法、检测条件的总称。

(4)测量误差　测量误差指测量结果与被测要素实际值的差。实际上,由于测量误差的存在,测量得到的结果不可能是被测要素的真值,而只是被测要素的近似值。因此,在实际生产中,保证测量质量、避免废品产生,同时提高效率、降低测量成本是检测工作的重要目的。

检验是指为确定被测量是否达到预期要求所进行的测量,从而判断被测对象是否合格,不一定得出具体的量值。

2. 测量误差

在测量过程中,由于计量器具本身的误差以及测量方法和测量条件的限制,任何一次测量的测得值都不可能是被测几何量的真值,两者之间存在差异,这种差异在数值上表现为测量误差。

测量误差有下列两种形式。

1) 绝对误差(绝对值)

绝对误差指测量值 X 与真实值 X_0 之差的绝对值,记为 δ。

一般来说,不能准确知道 δ 的大小,可以通过测量或计算估计其绝对值的上限,有

$$\delta = |X - X_0| \leqslant \varepsilon$$

ε 称为测量值的绝对误差限,简称误差限。例如:若取 $\pi_0 = 3.14$ 为 $\pi = 3.14159\cdots$ 的近似值,因 $\delta = |\pi_0 - \pi| \leqslant 0.002$,于是 $\varepsilon = 0.002$ 可作为 π 的绝对误差限。有了绝对误差限就可以知道精确值 π 的范围:$\pi = 3.14 \pm 0.002$。

2) 相对误差

相对误差(%)指绝对误差 δ 在真实值 X_0 中所占的百分率,即测量的绝对误差与被测量真值之比乘以 100% 所得的数值,是一个无量纲的数据,以百分数表示。

实际相对误差定义式为

$$f = \frac{\delta}{X_0} \times 100\% \approx \frac{\delta}{X} \times 100\%$$

式中:f——实际相对误差,一般用百分数给出;

δ——绝对误差;

X_0——真值。

由于测量值的真值是不可知的,因此提到相对误差时,一般指的是相对误差限,即相对误差可能取得的最大值(上限)。

绝对误差的缺点是并不能完全表示测量值的精密程度,例如:$X = 10 \pm 1$,$Y = 1000 \pm 5$,哪一个精度高呢?看上去 X 的绝对误差限比 Y 的绝对误差限小,似乎 X 的精度高,其实相对误差 $f(X) = 1/10 = 10\%$,$f(Y) = 5/1000 = 0.5\%$,$f(X) > f(Y)$,说明 Y 值的测量精度比 X 值的高,即相对误差更能说明测量的精密程度。

3. 测量误差的来源

导致测量误差的因素很多,主要有以下几个。

1) 计量器具的误差

计量器具的误差是指计量器具本身所具有的误差,包括计量器具的设计、制造和使用过程中的各项误差,这些误差的综合反映可用计量器具的示值精度或

确定度来表示。

2）测量方法误差

测量方法误差是指测量方法不完善所引起的误差。

3）测量环境误差

测量环境误差是指测量时的环境条件不符合标准条件所引起的误差。

4）人员误差

人员误差是指测量人员的主观因素所引起的误差。

4．测量误差的种类和特性

图 8-1 所示为一组长度测量结果的频率直方图，可以看出测量结果分布在一个尺寸范围内，这表明测量结果存在一定误差。测量误差按其性质分为系统误差、随机误差和粗大误差。

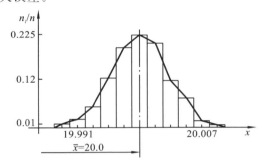

图 8-1　测量值分布曲线

1）系统误差

系统误差是指在一定测量条件下，多次测量同一量时，误差的大小和符号均保持不变或按一定规律变化的误差，前者称为定值（或常值）系统误差，后者称为变值系统误差。按误差变化规律的不同，变值系统误差又分为以下三种类型。

（1）线性变化的系统误差　它是指在整个测量过程中，随着测量时间或量程的增减，其值成比例增大或减小的误差。

（2）周期性变化的系统误差　它是指随着测得值或时间的变化呈周期性变化的误差。

（3）复杂变化的系统误差　它是指按复杂函数变化或按实验得到的曲线图变化的误差。

2）随机误差

随机误差是指在一定测量条件下，多次测量同一量值时，其数值大小和符号以不可预见的方式变化的误差。它是由测量中的不稳定因素造成的，是不可避免的，随机误差的大小可通过对测量结果的分析确定。

实践表明，在大多数情况下，随机误差均符合正态分布，如图 8-2 所示。随机误差具有对称性、单峰性、抵偿性、有界性。

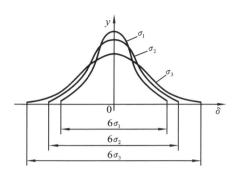

图 8-2　正态分布曲线

图 8-2 中有三种正态分布曲线,其中 $\sigma_1 < \sigma_2 < \sigma_3$。$\sigma$ 越小,y_{max} 值越大,曲线越陡,测得值分布越集中,随机误差越小,测量精密度越高;σ 越大,y_{max} 值越小,曲线越平坦,测得值分布越分散,随机误差越大,测量精密度越低。因此,σ 可作为表征各测得值精度的指标。

从理论上讲,正态分布中心位置的均值 μ 代表被测量的真值 Q,标准偏差 σ 代表测得值的集中与分散程度,即随机误差的大小。通常用 6σ 表示测得值的分散范围,有

$$\sigma = \sqrt{\frac{\delta_1^2 + \delta_2^2 + \cdots + \delta_n^2}{n}} = \sqrt{\frac{\sum\limits_{i=1}^{n} \delta_i^2}{n}}$$

随机误差的极限值为

$$\delta_{lim} = \pm 3\sigma = \pm 3\sqrt{\frac{\sum\limits_{i=1}^{n} \delta_i^2}{n}}$$

3)粗大误差

粗大误差是指在测量过程中看错、读错、记错以及突然的冲击振动而引起的测量误差。

5. 精度、正确度、准确度与测量误差

测量精度是指被测量的测得值与其真值的接近程度。测量精度和测量误差从两个不同角度说明了同一个概念。因此,可用测量误差的大小来表示精度的高低。测量误差越小,则测量精度就越高;反之,测量精度就越低。图 8-3 所示为测量误差与精密度、正确度、准确度的对应关系。

由此可见 ,精密度对应随机误差的影响,正确度对应系统误差的影响,准确度(精确度)同时受随机误差和系统误差的影响。精密度高正确度不一定高,正确度高精密度也不一定高,但准确度高时,精密度和正确度必定都高。

6. 测量精度的影响因素与保证测量精度的措施

测量精度受很多因素影响,如:测量工具精度、测量部位正确性、操作水平、

(a) 精密度高，
正确度低

(b) 正确度高，
精密度低

(c) 准确度高，精密度、
正确度都高

(d) 准确度低，精密度、
正确度都低

图 8-3　关于测量精度的几个概念

比较法对比标准的精度、间接测量时数学运算的精度、单次测量准确性等。

一项常见的计量器具误差就是阿贝误差，即违背阿贝原则所产生的测量误差。阿贝原则是指测量装置的标尺应位于被测尺寸的延长线上，否则易产生较大的测量误差。

如图 8-4 所示，游标卡尺不符合阿贝原则，当游标卡尺的活动测爪有偏角 ϕ 时，产生的测量误差 $\delta_1 = l_1 \tan\phi \approx l_1\phi$，而千分尺符合阿贝原则，微分筒有偏角 ϕ 时，产生的测量误差 $\delta_2 = l_2 - l_2\cos\phi \approx l_2\phi^2$，误差值比用游标卡尺测量时的误差值小得多。卡尺类计量器具精度往往很低的原因就是因为违背了阿贝原则。

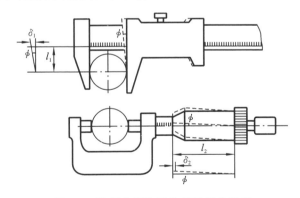

图 8-4　游标卡尺和千分尺的偏角误差

图 8-5 为操作不当、测量部位不准确对测量结果的影响示意图。

保证测量精度的措施包括：

(1) 正确选择工具或测量方法(尽可能符合阿贝原则)；

(2) 合理确定测量工具的不确定度；

(3) 合理使用测量工具；

(4) 多次重复测量。

7. 长度尺寸的测量方法

长度尺寸的测量方法很多，可以从不同角度分类。

183

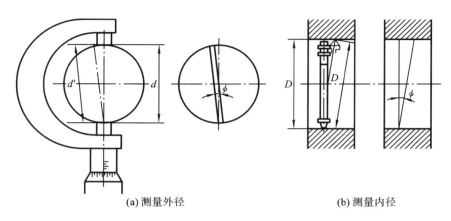

(a) 测量外径   (b) 测量内径

图 8-5   测量部位不准确对测量结果的影响

1) 绝对测量与相对测量

按读数是否为被测量的整个量值,可将测量方法分为绝对测量和相对测量。用游标卡尺、千分尺测尺寸,读数值为被测量的整个量值,为绝对测量;用机械测微仪测量时,先用量块调整仪器零位,然后测量被测量,读数值是被测量对已知量块尺寸的偏离值,属于相对测量,如图 8-6(a)所示。一般相对测量精度比绝对测量精度高。

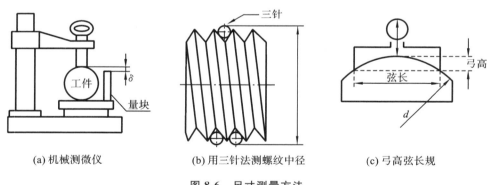

(a) 机械测微仪   (b) 用三针法测螺纹中径   (c) 弓高弦长规

图 8-6   尺寸测量方法

2) 直接测量与间接测量

按获得结果的方法,可将测量方法分为直接测量与间接测量。用游标卡尺、千分尺、机械测微仪直接从计量器具上所获得的被测量的量值都属于直接测量;图8-6(b)为用三针法测量螺纹中径的示意图,图8-6(c)为用弓高弦长规测量大圆柱体直径的示意图,其读数值与被测量有一定函数关系,为间接测量。为减少测量误差,一般多采用直接测量,必要时才采用间接测量。

3) 单项测量与综合测量

按同时测量的参数多少,测量可分为单项测量与综合测量,如:分别测量螺纹中径、牙型半角、螺距等参数属于单项测量;用螺纹规通规检验单一中径、牙型半角、螺距的综合作用的结果,判断螺纹是否合格属于综合测量。综合测量效率高,多用于产品合格性检验,单项测量用于加工工艺分析。

4) 接触测量与非接触测量

按计量器具测头是否与被测件接触,测量可分为接触测量与非接触测量,如用光切显微镜测量表面粗糙度属于非接触式测量,用游标卡尺、千分尺测量工件长度属于接触式测量。接触式测量有测量力,测量力大小要合适;非接触式测量无测量力,不会引起工件变形。

此外,按测量在加工过程中所起的作用,测量可分为主动测量和被动测量,如加工过程中的测量属于主动测量,其目的是为了防止出现废品,加工完成后的测量属于被动测量,其目的是为了判断产品的合格性。按被测量在测量过程中的状态,测量可分为静态测量和动态测量,如磨削过程中工件尺寸的测量属于动态测量,用游标卡尺测量工件尺寸属于静态测量。按决定测量结果的因素或条件是否改变,测量可分为等精度测量和不等精度测量,一般情况下多采用等精度测量。

知识点 2　计量器具的类型

计量器具包括测量工具(量具)和测量仪器(量仪)两大类。测量工具是直接测量几何量的计量器具,不具有传动放大系统,如游标卡尺、90°角尺、量规等。具有传动放大系统的计量器具统称测量仪器,如机械比较仪、投影仪、测长仪等。计量器具可按结构特点分为以下几种。

1. 标准测量工具

标准测量工具是以固定形式复现测量值的计量工具,一般比较简单,没有量值放大系统。标准测量工具有的可以单独使用,有的必须与其他计量器具配合使用。

测量工具依其复现的测量数值分为单值测量和多值测量工具。单值测量工具用来复现单一测量数据,是测量时体现标准量的测量器具,通常用来校对和调整其他计量器具,如直角尺、量块等。多值测量工具是用来复现一定范围内的一系列不同测量数值的测量工具,又称为通用计量工具。通用计量工具按结构特点可分为三种:①固定刻线测量工具,如钢直尺、角度尺、圈尺等;②游标测量工具,如游标卡尺、万能角度尺等;③螺旋测微工具,包括外径千分尺、内径千分尺等。

2. 量规

一种没有刻度的专用计量器具,用于检验机械零件要素实际形状、位置是否处于规定范围内,它不能给出具体测量数据,只能用于判断零件是否合格,主要有各种极限量规。

3. 测量仪器

测量仪器指通过一定传动放大系统将被测几何量转化为可以直接观察的指示值的计量器具,按结构和工作原理可分为以下五种。

(1)机械式计量器具 它是指通过机械结构实现对被测量的感应、传递和放大的计量器具,如机械式比较仪、指示表和扭簧比较仪等。

(2)光学式计量器具 它是指用光学方法实现对被测量的转换和放大的计量器具,如光学比较仪、投影仪、自准直仪和工具显微镜、光学分度头、干涉仪等。

(3)气动式计量器具 它是指靠压缩空气通过气动系统的状态(流量或压力)变化来实现对被测量的转换的计量器具,如水柱式和浮标式气动量仪等。

(4)电动式计量器具 它是指将被测量通过传感器转变为电量,再经变换而获得读数的计量器具,如电动轮廓仪和电感测微仪、圆度仪等。

(5)光电式计量器具 它是指利用光学方法放大或瞄准,再通过光电组件将被测量转换为电量进行检测,以实现几何量的测量的计量器具,如光电显微镜、光电测长仪等。

4. 计量装置

计量装置是指为确定被测几何量数值所必需的计量器具和辅助设备,一般结构较为复杂、功能较多,能用来测量较多的几何量和较复杂的零件,可以实现自动化和智能化,检测精度较高,多用于大批量零件的检测,如齿轮综合精度检查仪、发动机缸底孔几何精度测量仪等。

知识点3 常用长度计量器具及使用

在各种几何量的测量中,长度测量是最基础的。几何量中形状、位置误差及表面粗糙度等大都是以长度值来表示的,它们的测量实质上仍然是以长度测量为基础的。因此,许多通用性的长度计量器具并不只限于测量简单的长度尺寸,它们也常在形状和位置误差等的测量中使用。

在进行检测时,要针对零件不同的结构特点和精度要求采用不同的计量器具。对于大批量生产,多采用专用量规检验,以提高检测效率。对于单件或小批量生产,则常采用通用计量器具进行检测。在实际生产中,长度的测量方法和使用的计量器具种类很多,下面主要介绍常用通用计量器具及其使用。

1. 钢直尺、卡钳、塞尺及半径规

钢直尺是最简单的长度测量工具,规格有 150 mm、300 mm、500 mm、1000 mm 等多种,其测量精度较低。内、外卡钳是最简单的比较测量工具,外卡钳用于测量外径和平面,内卡钳用于测量零件内径和凹槽。

钢直尺和内、外卡钳一般用于精度要求较低的尺寸如毛坯尺寸的测量,它们是除游标卡尺、千分尺之外在实际生产中最常用的几种长度测量工具。这几种常用的长度测量工具如图 8-7 所示。

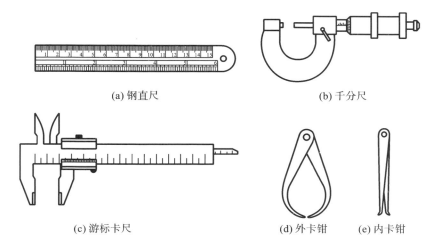

(a) 钢直尺　　　　　　　　　(b) 千分尺

(c) 游标卡尺　　　　　(d) 外卡钳　(e) 内卡钳

图 8-7　常用长度测量工具

　　内、外卡钳本身不能直接给出测量数据,用内、外卡钳测量时,须借助直尺来读数,如图 8-8 所示。

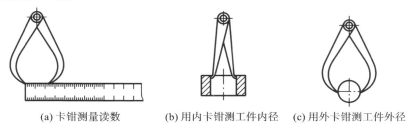

(a) 卡钳测量读数　　(b) 用内卡钳测工件内径　(c) 用外卡钳测工件外径

图 8-8　用内、外卡钳测工件内、外直径

　　塞尺又称厚薄规(见图 8-9(a)),是一种界限量具,主要用于测量机器零件结合面间的间隙大小。半径规(见图 8-9(b))是利用光隙法测量圆弧半径的工具。测量时必须使尺规的测量面与工件的圆弧完全紧密接触,当测量面与工件的圆弧中间没有间隙时,工件的圆弧度数则为此时对应的尺规上所表示的数字。由于是目测,故准确度不是很高,只能做定性测量。

(a) 塞尺　　　　　　　　(b) 半径规

图 8-9　塞尺(厚薄规)与半径规

2. 量块

量块长度常作为标准量与被测量进行比较。量块分为角度量块和长度量块,如图 8-10 所示。角度量块有三角形和四边形的两种;长度量块除了作为长度基准的传递媒介以外,也可以用来检定和调整、校对计量器具,还可以用于测量工件划线精度和调整设备等,应用广泛。下面主要介绍长度量块。

(a) 角度量块   (b) 长度量块

图 8-10 角度量块与长度量块

1) 量块的材料、形状和尺寸

如图 8-11 所示,长度量块是没有刻度的平面平行端面量具,是横截面为矩形的六面体。量块是用特殊合金钢制成的,按一定的尺寸系列成套生产供应,具有线膨胀系数小、不易变形、耐磨性以及研合性好等特点。

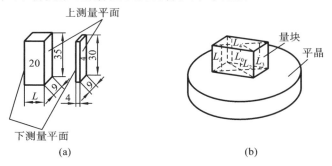

图 8-11 量块形状尺寸

2) 量块的级与等

量块的级与等是从成批制造和单个检定两种不同的角度出发,对量块精度进行划分的两种形式。

(1) 量块的分级 国家标准《几何量技术规范(GPS)　长度标准　量块》(GB/T 6093—2001)按制造精度将量块分为 K、0、1、2、3 级共五级,其中 K 级精度最高,3 级精度最低。级主要是根据量块长度极限偏差、测量面的平面度、表面粗糙度及量块的研合性等指标来划分的。按级使用量块时,以量块的标称长度为工作尺寸,该尺寸包含了量块的制造误差,该误差将被引入测量结果。由于不需要加修正值,故使用较方便。

(2) 量块的分等 国家计量检定规程《量块检定规程》(JJG146—2011)按检

定精度将量块分为五等,即 1、2、3、4、5 等,其中 1 等精度最高,5 等精度最低。等主要是依据量块中心长度测量的极限偏差和平面平行性允许偏差来划分的。

按等使用时,必须以检定后的实际尺寸作为工作尺寸,该尺寸不包含制造误差,但包含了检定时的测量误差。

就同一量块而言,检定时的测量误差要比制造误差小得多。所以,量块按等使用时其精度比按级使用时要高,并且能在保持量块原有使用精度的基础上延长其使用寿命。如标称长度为 30 mm 的 0 级量块,长度极限偏差为 ±0.00020 mm,若按级使用,不管量块实际尺寸是多少,均按 30 mm 计,引起的测量误差为 ±0.00020 mm,但该量块经检定确定为 3 等,其检定尺寸为 30.00018 mm,检定极限误差为 ±0.00015,若按等使用,量块尺寸应视为 30.00018 mm,引起的误差等于检定误差即 ±0.00015 mm。

3）量块的构成和使用

（1）量块的构成 作为尺寸标准量,单个量块使用很不方便,一般都按系列将许多不同标称尺寸的量块成套配置,使用时,根据需要选择多个适当的量块研合起来使用。为了能用较少的块数组合成所需要的尺寸,减少累计误差,量块按一定的尺寸系列成套生产供应。国家标准共规定了 17 种系列的成套量块。组合量块时,为减少量块组合的累积误差,应尽量减少量块的组合块数,一般不超过 4 块。选用量块时,应从所需组合尺寸的最后一位数开始,每选一块至少应减去所需尺寸的一位尾数。如图 8-12 所示,为了组合量块得到尺寸 28.785 mm,选择的量块组合是由标称尺寸分别为 1.005 mm、1.28 mm、6.5 mm 和 20 mm 的量块构成的。

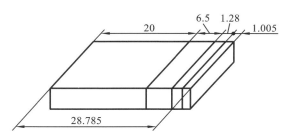

图 8-12　量块的组合使用

（2）量块的使用 量块在机械制造厂和各级计量部门中应用较广,常作为尺寸传递的长度标准器具和计量仪器示值误差的检定标准器具,也可作为精密机械零件测量、精密机床和夹具调整时的基准。

量块使用的注意事项如下。

① 所用量块必须在使用有效期内,否则应及时送专业部门检定。

② 使用环境应良好,防止各种腐蚀性物质及灰尘对测量面的损伤,影响其黏合性。

③ 应分清量块的"级"与"等",注意使用规则。

④ 所选量块应用航空汽油清洗并用洁净软布擦干,待量块温度与环境温度相同后方可使用。

⑤ 应轻拿、轻放量块,杜绝磕碰、跌落等情况的发生。

⑥ 不得用手直接接触量块,以免汗液对量块造成腐蚀及手温对测量精确度造成影响。

⑦ 使用完毕,应用航空汽油清洗所用量块并擦干,然后涂上防锈脂存于干燥处。

3. 游标类量具

游标类量具主要是游标卡尺,它是利用游标读数原理制成的一种常用量具,具有结构简单、使用方便、测量范围大等特点。

1)游标卡尺的结构原理与读数方法

如图 8-13 所示,游标卡尺制造时,就使游标卡尺主尺上 $n-1$ 格刻度的宽度与游标上 n 格的宽度相等,即主尺上每格刻度与游标上每格刻度的差距为一固定值,通常为 0.02 mm、0.05 mm 等。以游标读数值为 0.02 mm 的游标卡尺为例,主尺上每格刻度与游标上每格刻度的差距为 0.02 mm,当游标零线的位置在尺身刻线"12"与"13"之间,且游标上第 9 根刻线与主尺刻线对准时,则被测尺寸为

$$12 \text{ mm} + x = (12 + 8 \times 0.02) \text{ mm} = (12 + 8 \times 0.02) \text{ mm} = 12.16 \text{ mm}$$

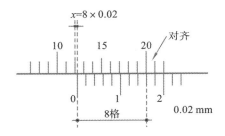

图 8-13 游标卡尺读数原理

2)游标卡尺的种类

为方便读数,有的游标卡尺上装有测微头或数显表头,如图 8-14 所示。测微头通过机械传动装置,将两测量爪相对移动转变为指示表的回转运动,并借助尺身刻度和指示表,对两测量爪相对移动所分隔的距离进行测量。电子数显卡尺具有非接触性电容式测量系统,由液晶显示器显示读数。

常用的游标量具有长度游标卡尺、深度游标尺、高度游标尺等,分别如图 8-15所示。它们的读数原理相同,所不同的主要是测量面的位置不同。

3)游标卡尺的使用步骤

(1)应擦干净零件被测表面和千分尺的测量面。

图 8-14 带测微头或数显表头的游标量具

(a) 长度游标卡尺　　　(b) 深度游标卡尺　　(c) 高度游标卡尺

图 8-15 游标量具

（2）校对游标卡尺的零位，若零位不能对正，记下此时的代数值，将零件的各测量数据减去该代数值。

（3）用游标卡尺测量标准量块，根据标准量块值熟悉游标尺卡脚和工件接触的松紧程度。

（4）根据零件图样标注要求，选择合适的游标卡尺。

如果测量外圆，应在圆柱体不同截面、不同方向测量 3～5 点，记下读数；如果测量长度，可沿圆周位置测量几点，记录读数。测量外圆时，可用不同分度值的计量器具测量，对结果进行比较，判断测量的准确性。

（5）剔除粗大误差的实测值后，将其余数据取平均值并和图样要求比较，判断其合格性。

4. 螺旋测微类量具

螺旋测微类量具又称千分尺，可分为外径千分尺、内径千分尺、深度千分尺、杠杆千分尺、螺纹千分尺、齿轮公法线千分尺等。

1）螺旋测微类量具的结构原理与读数方法

这类计量器具采用螺旋测微原理，利用测微杆与微分筒间的螺旋副传动将角度位移转化为直线位移，进行尺寸测量读数。

如一测微杠螺距为 0.5 mm，固定套筒上的刻度也是 0.5 mm，螺旋副微分筒圆锥面上均匀刻有 50 条等分刻线，当微分筒转动一格时，测微杆移动 0.5 mm 的 1/50，即 0.01 mm，千分尺的分度值为 0.01 mm。

如图 8-16 所示外径千分尺，读数为（6＋0.01×36.5）mm＝6.365 mm，最后一位数字 5 是估计数。

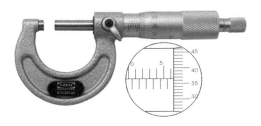

图 8-16　千分尺

常用外径千分尺的测量范围有 0～25 mm、25～50 mm、50～75 mm,甚至可测几米的长度,但测微螺杆的测量位移一般均为 25 mm。内径千分尺用来测 50 mm 以上实体的内部尺寸。

2）外径千分尺使用步骤

(1) 擦干净零件被测表面和千分尺的测量面。

(2) 校对外径千分尺的零位。

(3) 根据零件的图样标注要求,选择合适规格的千分尺。

(4) 如果测量外圆,应在圆柱体不同截面、不同方向测量 3～5 点,记下读数;若测量长度,可沿圆周位置测量几点,记录读数。

(5) 剔除粗大误差的实测值后,将其余数据取平均值并和图样要求比较,判断其合格性。

3）使用外径千分尺的注意事项

(1) 微分筒和测力装置在转动时不能过分用力。

(2) 当转动微分筒带动活动测头接近被测工件时,一定要改用测力装置旋转接触被测工件,不能直接旋转微分筒测量工件。

(3) 当活动测头与固定测头卡住被测工件或锁住锁紧装置时,不能强行转动微分筒。

(4) 测量时,应手握隔热装置,尽量减少手和千分尺金属部分的接触面积。

(5) 外径千分尺使用完毕,应用布擦干净,在固定测头和活动测头的测量面间留出空隙,放入盒中。如长期不使用可在测量面上涂上防锈油,然后将其置于干燥处。

5. 机械量仪

百分表是应用最广的机械量仪,是一种精度较高的比较量具,它只能测出相对数值,不能测出绝对数值,主要用于测量形状和位置误差,也可用于机床上安装工件时的精密找正。它的外形如图 8-17 所示。百分表的示值范围有 0～3 mm、0～5 mm、0～10 mm 三种。

图 8-17　百分表

1）百分表的结构原理与读数方法

百分表的分度值为 0.01 mm,表盘圆周刻有 100 条等分刻线。百分表的读数原理是百分表的测量杆移动推动齿轮传动系统转动,测量杆移动 1 mm,通过齿轮传动系统带动大指针转一圈,小指针转一格。刻度盘圆周被等分为 100 格,每格的读数值为 0.01 mm。小指针每移动 1 格读数变化 1 mm。测量时指针读数的变动量即为尺寸变化量。刻度盘可以转动,以便测量时大指针对准零刻线。

百分表的读数方法为:先读小指针转过的刻度线(即毫米整数),再读大指针转过的刻度线(即小数部分),并乘以 0.01,然后将两者相加,即得到所测量的数值。

2）百分表的使用注意事项

(1) 使用前,应检查测量杆活动的灵活性。即轻轻推动测量杆时,测量杆在套筒内移动要灵活,没有轧卡现象,每次手松开后,指针能回到原来的刻度位置。

(2) 使用时,必须把百分表固定在可靠的夹持架上。切不可贪图省事,随便夹在不稳固的地方,否则容易造成测量结果不准确,或摔坏百分表。

(3) 测量时,不要使测量杆的行程超过它的测量范围,不要使表头突然撞到工件上,也不要用百分表测量表面粗糙或有显著凹凸的工件。

(4) 测量平面时,百分表的测量杆要与平面垂直,测量圆柱形工件时,测量杆要与工件的中心线垂直,否则,将使测量杆移动不灵活或使测量结果不准确。

(5) 为方便读数,在测量前一般都让大指针指到刻度盘的零位。

(6) 百分表不用时,应使测量杆处于自由状态,以免表内弹簧失效。

3）几种常用的机械量仪

(1) 内径百分表　内径百分表是一种用相对测量法测量孔径的常用量仪,它可测量 6～1000 mm 的内孔尺寸,特别适合于测量深孔。如图 8-18 所示,它主要由百分表和表架等组成。

(2) 杠杆百分表　杠杆百分表(见图 8-19)又称靠表,它通过机械传动系统把杠杆测头的位移转变为指示

图 8-18　内径百分表

表指针的转动而显示测量值。杠杆百分表表盘圆周上刻有均匀刻度,分度值为 0.01 mm,示值范围一般为 ±0.4 mm。杠杆百分表体积小,杠杆测头位移方向可以改变,因此在校正工件和测量时十分方便,尤其在测量小孔和在机床上校正零件,由于空间限制,百分表放不进去或测量杆无法垂直于被测表面时,可使用杠杆百分表测量,而且测量十分方便。

(3) 扭簧比较仪　扭簧比较仪是利用扭簧作为传动放大机构,将测量杆的直线位移转变为指针的角位移的机械量仪,其外形如图 8-20 所示。

图 8-19　杠杆百分表

图 8-20　扭簧比较仪

6. 光学量仪

光学量仪是利用光学原理制成的量仪,在长度测量中应用比较广泛的有立式光学计、测长仪等。

图 8-21　立式光学计

立式光学计的外形如图 8-21 所示。立式光学计是利用光学杠杆放大作用将测量杆的直线位移转换为反射镜的偏转,使反射光线也发生偏转,从而得到标尺影像的一种光学量仪。用相对测量法测量长度时,将量块(或标准件)与工件相比较来测量它的偏差尺寸,故又称立式光学比较仪。测量时,先将量块置于工作台上,调整仪器使反射镜与主光轴垂直,然后换上被测工件。由于工件与量块尺寸的差异,测量杆产生位移。测量时测帽与被测件相接触,通过目镜读数。测帽有球形、平面形和刀口形的三种,使用时根据被测零件表面的几何形状来选择,应使被测件与测帽表面尽量成点接触,所以,一般测量平面或圆柱面工件时选用球形测帽,测量球形工件时选用

平面形测帽,测量直径小于 10 mm 的圆柱形工件时选用刀口形测帽。

7. 万能测长仪

万能测长仪的外形如图 8-22 所示。万能测长仪是一种精密量仪,它是将光学系统和电气部分相结合的长度测量仪器,可按测量轴的位置分为卧式测长仪和立式测长仪两种。立式测长仪用于测量外尺寸;卧式测长仪除可对外尺寸进行测量外,更换附件后还能测量内尺寸及内、外螺纹中径等,故称万能测长仪。测量时以一精密刻线尺作为实物基准,并利用显微镜细分读数,测量精度高。万

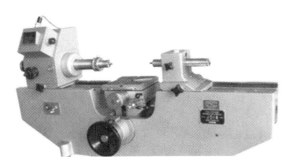

图 8-22　万能测长仪

能测长仪对零件的尺寸可进行绝对测量或相对测量,其分度值为 0.001 mm,测量范围为 0～100 mm。

8. 电动量仪

电感测微仪是一种常用的电动量仪。它是利用磁路中气隙的改变,引起电感量相应改变而测量的一种量仪。数字式电感测微仪外形如图 8-23 所示。测量前,用量块调整仪器的零位,即调节测量杆与工作台的相对位置,使测量杆上端的磁心处于两只差动线圈的中间位置,数字显示为零。测量时,若被测尺寸相对量块尺寸有偏差,测量杆将带动磁心在差动线圈内上下移动,引起差动线圈电感量的变化,测量电路将电感量的变化转换为电压(或电流)信号,电压(或电流)信号经放大和整流,通过数字电压表显示为被测尺寸相对量块的偏差。数字电压表显示精确度为 0.1 μm。

图 8-23　数字式电感测微仪

9. 角度量具

1) 万能角度尺

万能角度尺又称角度规、游标角度尺和万能量角器,它是利用游标读数原理来直接测量工件角度或用于划线的一种角度量具。万能角度尺可用来测量

0～320°的外角及 40°～130°的内角,按最小刻度分为 2′和 5′的两种,适用于机械加工中的内、外角度测量。

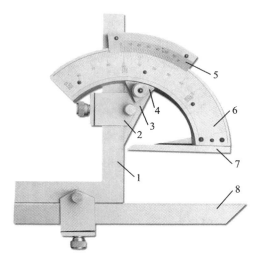

图 8-24　万能角度尺

1—90°角尺;2—卡块;3—扇形板;4—制动器;5—游标尺;6—主尺;7—基尺;8—直尺

万能角度尺的读数机构是根据游标原理制成的。以最小刻度为 2′的万能角度尺为例,主尺刻线每格为 1°,游标的刻线是取主尺的 29°等分为 30 格而成,因此游标刻线每格为 29°/30,即主尺与游标一格的差值为 2′,也就是说万能角度尺读数准确度为 2′。其读数方法与游标卡尺完全相同。

万能角度尺由主尺、90°角尺、游标尺、制动器、基尺、直尺、卡块、扇形板等组成,如图 8-24 所示。游标尺固定在扇形板上,基尺和尺身连成一体,扇形板可以与尺身做相对回转运动,形成游标读数。

测量时应先校准零位:将角尺与直尺均装上,使角尺的底边、基尺与直尺无间隙接触,此时主尺与游标的零线对准。调整好零位后,通过改变基尺、角尺、直尺的相互位置可测量 0～320°范围内的任意角。应用万能角度尺测量工件时,要根据所测角度适当组合量尺。

2) 正弦规

正弦规是利用正弦定义测量角度和锥度等的量规,也称正弦尺。它主要由一钢制长方体和固定在其两端的两个相同直径的钢圆柱体组成。两圆柱的轴心线距离 L 一般为 100 mm 或 200 mm。图 8-25(a)所示为正弦规外形,图 8-25(b)所示为利用正弦规测量圆锥度的情况。在直角三角形中,$\sin\alpha = H/L$,式中 H 为量块组尺寸,按被测角度的公称角度算得。根据测微仪在两端的示值之差 x 可求得被测角度的误差 $\Delta K(\Delta K = x/L)$。正弦规一般用于测量小于 45°的角,在测量小于 30°的角时,精确度可达 3″～5″。

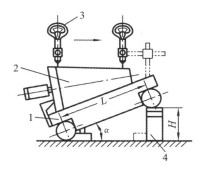

(a) 正弦规外形　　　　　　(b) 利用正弦规测量圆锥度

图 8-25　正弦规及其用法

1—正弦规；2—被测工件；3—扭簧测微仪；4—量块组

10. 三坐标测量机

三坐标测量机是集精密机械、电子技术、传感器技术、计算机技术之大成的现代先进测量仪器。对于任何复杂的几何表面与几何形状，只要测头能感受到，三坐标测量机就可以测出其几何尺寸和相互位置关系，并借助计算机完成数据处理。三坐标测量机目前已在机械制造、电子、汽车制造、航空航天等领域得到越来越广泛的应用。图 8-26 所示为活动桥式三坐标测量机。

1）三坐标测量机的结构形式

三坐标测量机的结构形式如图 8-27 所示，主要有以下几种。

图 8-26　三坐标测量机

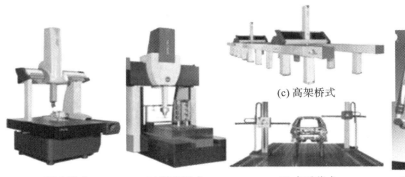

(a) 活动桥式　　(b) 固定桥式　　(c) 高架桥式　　(d) 水平臂式　　(e) 关节臂式

图 8-27　三坐标测量机主要结构形式

（1）活动桥式　活动桥式（见图 8-27(a)）三坐标测量机是使用最为广泛的一

种结构形式的三坐标测量机。其特点是结构简单,开敞性好,视野开阔,装卸零件方便,运动速度快,精度较高,有小型、中型、大型之分。

(2)固定桥式　固定桥式三坐标测量机桥架固定,刚度高,由动台中心驱动,中心光栅阿贝误差小,测量精度非常高。固定桥式是高精度和超高精度测量机的首选结构。

(3)高架桥式　高架桥式适合于大型和超大型测量机。该类三坐标测量机多用于航空航天、造船行业大型零件或大型模具的测量,一般采用双光栅、双驱动等技术,以提高测量精度。

(4)水平臂式　水平臂式结构开敞性好,测量范围大,可由两台机器共同组成双臂测量机,广泛应用于汽车工业钣金件的测量。

(5)关节臂式　关节臂式三坐标测量机测量灵活性好,适合于现场测量,对环境要求较低。

2)三坐标测量机的测座、测头系统

三坐标测量机的测座、测头系统是负责数据采集的传感器系统,是三坐标测量机的重要组成部分。测座分为手动和自动的两种,手动测座的旋转由人工方式实现,自动测座可由测座控制器用命令或程序控制自动旋转到指定位置。测头部分由测头传感器和测针组成(还可增加中间连接杆),测头传感器在探针接触被测点时发出触发信号。

测头按其功能,可分为触发式、扫描式、非接触式(激光、光学)等。

触发式测头是使用最广泛的一种测头,它是一个高灵敏开关传感器。测针与零件接触而产生角度变化时,发出一个开关信号,这个信号被传送到控制器后,控制系统对此刻的光栅计数器中的数据进行锁存,经处理后传送给测量软件,表示测量了一个点。图 8-28 是几种测座和测头(触发式)系统的图片。

图 8-28　测座和测头系统

扫描式测头有两种工作模式:触发模式、扫描模式。扫描式测头有三个相互垂直的距离传感器,可以感知触头与零件的接触程度和矢量方向,这些数据作为测量机的控制分量用于控制测量机的运动轨迹。测头在与零件表面接触、相对运动的过程中定时发出采点信号,采集光栅数据,并可过滤粗大误差,称为扫描。扫描式测头也可以触发方式工作,这种方式是高精度方式。配备有扫描功能的测量机,由于采集数据量非常大,必须用专用扫描数据处理单元对数据进行处理,并控制测量机按零件形状以扫描接触的方式运动。

知识点 4　验收的相关概念与普通计量器具的选择

1. 误收与误废

在进行检测时,把超出公差界限的废品误判为合格品而接收称为误收,将接近公差界限的合格品误判为废品而予以报废称为误废。

2. 验收极限与安全裕度

国家标准规定的验收原则是:所用验收方法应只接收位于规定的极限尺寸之内的工件。即允许有误废而不允许有误收,为了保证这个验收原则的实现,保证零件达到互换性要求,将误收减至最小,规定了验收极限、生产公差、安全裕度(见图 8-29)。

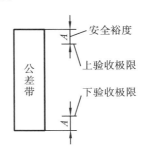

图 8-29　验收极限

如图 8-29 所示,从规定的上极限尺寸和下极限尺寸分别向工件公差带内移动一个尺寸值,这个内缩数值就称为安全裕度,用 A 表示。安全裕度 A 值由公差确定,约取工件公差的 1/10,见表 8-1。对不重要的非配合尺寸,可不考虑安全裕度,即取 $A=0$。

表 8-1　安全裕度、测量不确定度允许值　　　　　　　　　　　　　　(μm)

公差等级		IT6				IT7				IT8				IT9			
公称尺寸		T	A	U			T	A	U			T	A	U			T	A	U		
大于	至			I	II	III			I	II	III			I	II	III			I	II	III
—	3	6	0.6	0.54	0.9	1.4	10	1.0	0.9	1.5	2.3	14	1.4	1.3	2.1	3.2	25	2.5	2.3	3.8	5.6
3	6	8	0.8	0.72	1.2	1.8	12	1.2	1.1	1.8	2.7	18	1.8	1.6	2.7	4.1	30	3.0	2.7	4.5	6.8
6	10	9	0.9	0.81	1.4	2.0	15	1.5	1.4	2.3	3.4	22	2.2	2.0	3.3	5.0	36	3.6	3.3	5.4	8.1
10	18	11	1.1	1.0	1.7	2.5	18	1.8	1.7	2.7	4.1	27	2.7	2.4	4.1	6.1	43	4.3	3.9	6.5	9.7
18	30	13	1.3	1.2	2.0	2.9	21	2.1	1.9	3.2	4.7	33	3.3	3.0	5.0	7.4	52	5.2	4.7	7.8	12
30	50	16	1.6	1.4	2.4	3.6	25	2.5	2.3	3.8	5.6	39	3.9	3.5	5.9	8.8	62	6.2	5.6	9.3	14
50	80	19	1.9	1.7	2.9	4.3	30	3.0	2.7	4.5	6.8	46	4.6	4.1	6.9	10	74	7.4	6.7	11	17
80	120	22	2.2	2.0	3.3	5.0	35	3.5	3.2	5.3	7.9	54	5.4	4.9	8.1	12	87	8.7	7.8	13	20
120	180	25	2.5	2.3	3.8	5.6	40	4.0	3.6	6.0	9.0	63	6.3	5.7	9.5	14	100	10	9.0	15	23

续表

公差等级		IT6					IT7					IT8					IT9				
公称尺寸		T	A	U			T	A	U			T	A	U			T	A	U		
大于	至			Ⅰ	Ⅱ	Ⅲ			Ⅰ	Ⅱ	Ⅲ			Ⅰ	Ⅱ	Ⅲ			Ⅰ	Ⅱ	Ⅲ
180	250	29	2.9	2.6	4.4	6.5	46	4.6	4.1	6.9	10	72	7.2	6.5	11	16	115	12	10	17	26
250	315	32	3.2	2.9	4.8	7.2	52	5.2	4.7	7.8	12	81	8.1	7.3	12	18	130	13	12	19	29
315	400	36	3.6	3.2	5.4	8.1	57	5.7	5.1	8.4	13	89	8.9	8.0	13	20	140	14	13	21	32
400	500	40	4.0	3.6	6.0	9.0	63	6.3	5.7	9.5	14	97	9.7	8.7	15	22	155	16	14	23	35

3. 计量器具的选择

1）计量器具的不确定度

计量器具的不确定度是指由于测量误差的存在,对被测量值的不能肯定的程度,用 U 表示。反过来,也表明该结果的可信赖程度,是测量结果质量的指标。不确定度越小,说明测量结果与被测量真值越接近,不确定度越大,测量结果的质量越低。

计量器具的测量不确定度允许值见表 8-1,一般情况下应优先选用Ⅰ挡,其次选Ⅱ、Ⅲ挡。常用计量器具中,指示表的不确定度见表 8-2,千分尺和游标卡尺的不确定度见表 8-3,比较仪的不确定度见表 8-4。通常,选择计量器具时应使其不确定度小于测量要求的不确定度允许值。

表 8-2　指示表的不确定度　　　　　　　　　　　　　　　　(mm)

尺寸范围		计 量 器 具			
		分度值为 0.001 mm 的千分表（0 级在全程、1 级在 0.2 mm 范围内）；分度值为 0.002 mm 的千分表	分度值为 0.001 mm、0.002 mm、0.005 mm 的千分表（1 级在全程范围内）；分度值为 0.01 mm 的百分表（0 级在任意 1mm 内）	分度值为 0.01 mm 的百分表（0 级在全程、1 级在任意范围内）	分度值为 0.01 mm 的百分表（1 级在全程范围内）
大于	至	不 确 定 度			
0	25	0.005	0.010	0.018	0.030
25	40				
40	65				
65	90				
90	115				
115	165	0.006			
165	215				
215	265				
265	315				

表 8-3　千分尺和游标卡尺的不确定度　　　　　　　　　　　　　　　　　　（mm）

尺寸范围		计量器具类型			
大于	至	分度值为 0.01 mm 的外径千分尺	分度值为 0.01 mm 的内径千分尺	分度值为 0.02 mm 的游标卡尺	分度值为 0.05 mm 的游标卡尺
		不确定度			
0	50	0.004			
50	100	0.005	0.008		0.05
100	150	0.006		0.020	
150	200	0.007			
200	250	0.008	0.013		
250	300	0.009			
300	350	0.010			0.1
350	400	0.011	0.020		
400	450	0.012			
450	500	0.013	0.025		
500	600				
600	700		0.030		
700	1000				0.15

表 8-4　比较仪的不确定度　　　　　　　　　　　　　　　　　　（mm）

尺寸范围		计量器具			
大于	至	分度值为 0.0005 mm 的比较仪	分度值为 0.001 mm 的比较仪	分度值为 0.002 mm 的比较仪	分度值为 0.005 mm 的比较仪
		不确定度			
0	25	0.0006	0.0010	0.0017	
25	40	0.0007			
40	65	0.0008	0.0011	0.0018	0.0030
65	90				
90	115	0.0009	0.0012	0.0019	
115	165	0.0010	0.0013		
165	215	0.0012	0.0014	0.0020	
215	265	0.0014	0.0016	0.0021	0.0035
265	315	0.0016	0.0017	0.0022	

2）计量器具的选择方法

所选择的计量器具应与被测工件的外形、位置、尺寸的大小及被测参数特性相适应,使其测量范围能满足工件的要求。

由于测量误差的存在,每种计量器具都有一定的测量不确定度,如:分度值为 0.01 mm 的千分尺,测量尺寸范围在 0~50 mm 时,不确定度为 0.004;分度值为 0.02 的游标卡尺,不确定度为 0.02。因此,选择计量器具时应考虑工件的尺寸公差,既要使所选计量器具的不确定度值保证测量精度要求,又要符合经济性要求。

在各种几何量的测量中,用通用计量器具游标卡尺和千分尺进行长度尺寸测量是最基础、最经济的。

一般零件,精度要求不是特别高时,常采用通用计量器具进行长度尺寸测量。对毛坯件尺寸,可采用钢尺、卡钳测量;被测工件的加工表面,用游标类量具或千分尺检测,其中用游标卡尺测量精度较低,一般用于公差值大于 0.05 mm 的尺寸测量,千分尺测量精度较高。批量尺寸检测还可采用专用量具、检具进行检验,通过这种检测不能获得尺寸的具体数值,但可以快速判断尺寸是否合格。精度要求较高的精密测量可以采用比较仪、测长仪、投影仪、工具显微镜、三坐标测量机等精密量仪进行检测,通过对被测零件进行多次测量,将测量结果的平均值作为最终测量结果以获得高的测量精度。

例 8-1 被检验工件尺寸要求为 $\phi 45h9 \left({}_{-0.062}^{0} \right)$ mm,试确定验收极限并选定适当计量器具。

解 该尺寸为工件重要配合尺寸,查表 8-1 知安全裕度 $A = 6.2 \ \mu m$,不确定度允许值选 I 挡,$U_I = 0.0056$ mm。

上验收极限 = (45 - 0.0062) mm = 44.9938 mm

下验收极限 = (45 - 0.062 + 0.0062) mm = 44.9442 mm

查表 8-3 知,用分度值为 0.01 mm 的外径千分尺测量该尺寸段的不确定度值为 0.004 mm,小于不确定度允许值 0.0056 mm,满足测量要求。

例 8-2 某孔尺寸要求为 $\phi 80H8 \left({}_{0}^{+0.046} \right)$ mm Ⓔ,试确定验收极限并选定适当计量器具。

解 该尺寸为采用包容要求的重要配合尺寸,查表 8-1 知安全裕度 $A = 4.6 \ \mu m$,故

上验收极限 = (80 + 0.046 - 0.0046) mm = 80.0414 mm

下验收极限 = (80 + 0.0046) mm = 80.0046 mm

查表 8-4 知,用分度值为 0.005 mm 的比较仪测量该尺寸段的不确定度值为 0.003 mm,小于不确定度允许值 0.0046 mm,较为合适,但比较仪不适合测量内孔。

可选用分度值 0.01 mm 的内径千分尺测量该尺寸。查表 8-3 知,用此千分

尺测量该尺寸的不确定度值为 0.008 mm，大于不确定度允许值 0.0046 mm。这时可扩大安全裕度 A 至 $A' = 0.009$ mm，以满足国家标准允许误废不允许误收的规定。此时

$$上验收极限 = (80 + 0.046 - 0.009)\ \text{mm} = 80.037\ \text{mm}$$
$$下验收极限 = (80 + 0.009)\ \text{mm} = 80.009\ \text{mm}$$

知识点 5　零件尺寸的精密测量及数据处理

对测量结果进行数据处理是为了找出被测量最可信的数值以及评定这一数值所包含的误差。在相同的测量条件下，对同一被测量进行多次连续测量，得到一测量列。测量列中可能同时存在随机误差、系统误差和粗大误差，因此，必须对这些误差进行处理。

1. 系统误差的发现和消除

系统误差一般通过标定的方法获得。从数据处理的角度出发，发现系统误差的方法有多种，直观的方法是"残差观察法"，即根据测量值的残余误差，列表或作图进行观察。若残差大体正负相同，无显著变化规律，则可认为不存在系统误差；若残差有规律地递增或递减，则存在线性系统误差；若残差有规律地逐渐由负变正或由正变负，则存在周期性系统误差。当然，利用这种方法不能发现定值系统误差。

发现系统误差后需采取措施加以消除。可以从产生误差的根源上消除，可以用加修正值的方法消除，也可用两次读数方法消除等。

2. 测量列中随机误差的处理

随机误差的出现是不可避免的，而且随机误差无法消除。为了减小随机误差对测量结果的影响，可以用概率与数据统计的方法来估算随机误差的范围和分布规律，对测量结果进行处理。数据处理的步骤如下。

（1）计算算术平均值：

$$\bar{x} = \frac{1}{n} \sum_{i=1}^{n} x_i$$

（2）计算残差：

$$v_i = x_i - \bar{x}$$

（3）计算标准偏差：

$$S = \sqrt{\frac{1}{n-1} \sum_{i=1}^{n} v_i^2}$$

（4）计算测量列算术平均值的标准偏差：

$$\sigma_{\bar{x}} = \frac{S}{\sqrt{n}}$$

这样，测量列的测量结果可表示为

$$Q = \overline{x} \pm \delta_{\lim(\overline{x})} = \overline{x} \pm 3\sigma_{\overline{x}}$$

测量结果 Q 的置信概率 $P = 99.73\%$。

3. 粗大误差的剔除

粗大误差的特点是数值比较大,将对测量结果产生明显的歪曲,应从测量数据中将其剔除。剔除粗大误差不能凭主观臆断,应根据判断粗大误差的准则予以确定。

判断粗大误差常用拉依达准则(又称 3σ 准则)。

该准则的依据主要来自随机误差的正态分布规律。从随机误差的特性中可知,测量误差越大,出现的概率越小,误差的绝对值超过 $\pm 3\sigma$ 的概率仅为 0.27%,即在连续 370 次测量中只有一次测量的残差超出 $\pm 3\sigma$($370 \times 0.0027 \approx 1$ 次),而连续测量的次数绝不会超过 370 次,测量列中就不应该有超出 $\pm 3\sigma$ 的残差。因此,凡绝对值大于 3σ 的残差,就视为粗大误差而予以剔除。

在有限次测量时,粗大误差的判断式为

$$\mid x_i - \overline{x} \mid > 3S$$

剔除具有粗大误差的测量值后,应根据剩下的测量值重新计算 S,然后再根据 3σ 准则判断剩下的测量值中是否还存在粗大误差。每次只能剔除一个,直到剔除完为止。在测量次数较少(小于 10 次)的情况下,最好不用 3σ 准则,而用其他准则。

项 目 任 务

任务1 长度尺寸的测量

1. 任务引入

对图 8-30 所示零件的外圆直径、内孔直径、深度、长度等尺寸进行测量,将测量结果填入表 8-5 中,计算出平均值并填写测量结论。

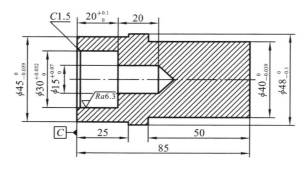

图 8-30 尺寸测量零件图

表 8-5　测量数据表

实验项目	图样要求	计量器具	实　测					平均值	结论
			1	2	3	4	5		
外圆									
内孔									
长度									
深度									

2. 任务分析

本任务要求使用通用量具游标卡尺、千分尺对尺寸进行测量。测量时要注意量具的合理选择、正确使用及其对精度的影响。

任务 2　零件尺寸的精密测量与数据处理

1. 任务引入

用立式光学计对塞规尺寸进行多次重复测量,对测量数据进行处理,写出测量结果,判断被测塞规的尺寸是否合格。

2. 任务分析

用立式光学计对塞规尺寸进行精密测量,需多次重复测量,得到一组测量数据。通过对测量数据进行处理得到最终测量结果。

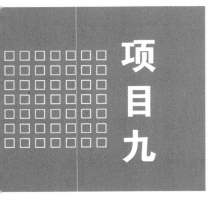

机械零件几何误差的检测

【项目内容】

◆ 机械零件几何误差的检测与评定。

【知识点与技能点】

◆ 国家标准中所规定的评定几何误差的五种检测原则,特别是与理想要素比较原则、测量特征参数原则和测量跳动原则。

◆ 最小条件的含义及如何用最小条件来确定理想要素的位置,运用最小区域法确定几何误差大小的方法。

◆ 测量方案的设计,使用常用量具如平板、刀口尺、百分表等对直线度、平面度、跳动误差进行测量的方法。

相 关 知 识

知识点 1 　 几何误差检测的三个步骤

(1) 根据误差项目和检测条件确定检测方案,根据方案选择检测器具,并确定测量基准。

(2) 进行测量,得到被测实际要素的有关数据。

(3) 进行数据处理,按最小条件确定最小包容区域,得到几何误差数值。

知识点 2 　 几何误差的检测原则

几何公差的项目较多,因而要检测的几何误差的项目相应也较多,加之被测要素的形状和零件的部位不同,使得几何误差的检测方法也很多。为了便于准确选用,国家标准根据各种检测方法整理概括出了五种检测原则(详见表9-1)。

表 9-1　几何误差的检测原则

检验原则	说　明	示　例
与理想要素比较原则	此原则在实践中应用最广,其理想要素用模拟法获得,如用细直光束、直尺、刀口尺等模拟理想直线;用精密平板模拟理想平面;用精密心轴、V形块模拟理想轴线等。由于模拟要素的精度直接影响测量结果,须保证模拟要素有足够精度	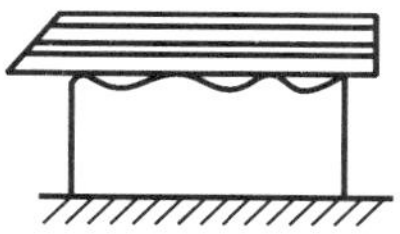 用刀口尺测量直线度
测量坐标值原则	测量被测要素的坐标值,经数据处理获得几何误差,适用于测量复杂表面或不易直接测量部位,如用三坐标测量机测量圆弧上三点坐标来确定圆心位置	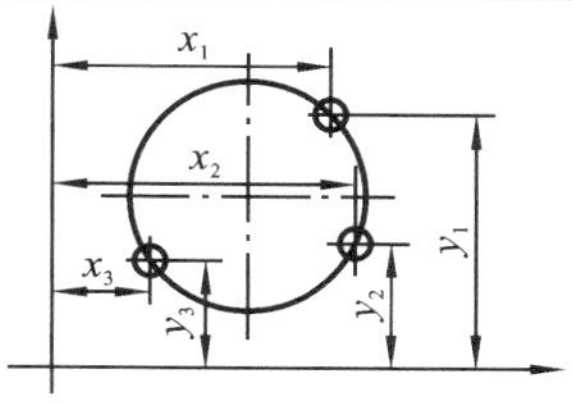 用三点法确定圆心位置
测量特征参数原则	测量实际被测要素的特征参数来表示几何误差,如用两点法、三点法测量圆度误差。由于是用实际被测要素的特征参数来表示几何误差,得到的结果只是近似值,使用时要注意测量精度是否符合要求	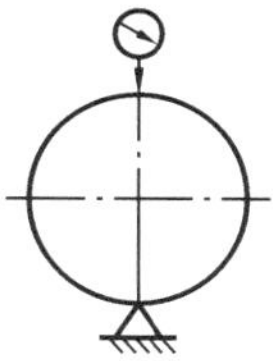 用两点法检测圆度
测量跳动原则	根据跳动定义提出,一般用指示表读数的最大值与最小值之差表示误差,主要用于跳动测量	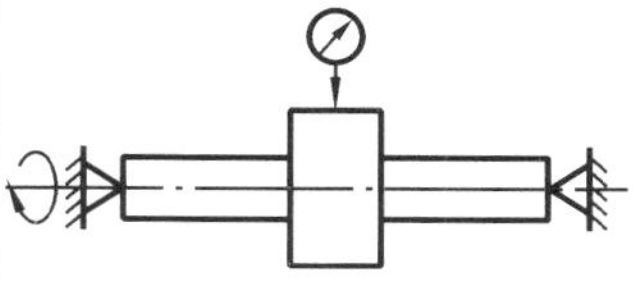 测量径向圆跳动
控制实际边界	适用于采用最大实体要求的零件检测。综合量规的尺寸公差应比被测零件尺寸公差高2~4个公差等级,几何公差取被测要素相应几何公差的1/5~1/10	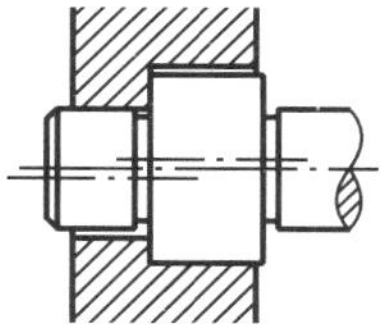 用综合量规检测同轴度误差

1. 与理想要素比较原则

与理想要素比较原则即测量时将被测实际要素与其理想要素相比较,用直接或间接测量法测得几何误差值的原则。如用指示器测量平面度就是将实际平面与理想平面比较。

2. 测量坐标值原则

测量坐标值原则即通过测量被测实际要素的坐标值(如直角坐标值、极坐标

207

值、圆柱面坐标值），经数据处理而获得几何误差值的原则，如用三坐标测量机测量圆周上三点确定圆心位置。

3. 测量特征参数原则

测量特征参数原则即通过测量被测要素具有代表性的参数（特征参数）来表示几何误差值的原则，它采用近似测量方法。如用测量直径的方法，将最大直径差的一半近似作为圆度误差，虽然精度较低，但由于测量方便，故广泛用于低精度零件的圆度测量。

4. 测量跳动原则

该原则主要用于跳动的测量，要求在被测实际要素绕基准轴回转过程中，沿给定方向测量其对某参考点或线的变动量，以此变动量作为误差值，如径向圆跳动的测量即应采用此原则。

5. 控制实效边界原则

该原则是通过检验被测要素是否超出最大实体边界，来判断零件合格与否的原则，如用综合量规检验同轴度误差时采用的即是控制实效边界原则。

知识点 3　形状误差、位置误差的评定准则

1. 形状误差的评定

形状误差与尺寸误差的特征不同。尺寸误差是两点间距离对标准值之差；形状误差是实际要素偏离理想状态的量，并且各点的偏离量又可以不相等，在将被测实际要素与理想要素做比较以确定其变动量时，理想要素所处位置不同，得到的最大变动量也会不同，如图 9-1 所示。因此，评定实际要素的形状误差时，要确定形状误差是不是被限制在形状公差范围内。理想要素的位置非常重要。理想要素相对于实际要素的位置的选择，必须有一个统一的评定准则，这个准则就是最小条件。

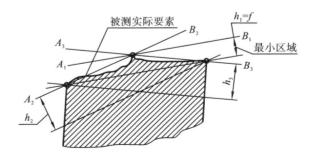

图 9-1　轮廓要素的理想要素的位置

1）最小条件

最小条件是指确定理想要素位置时，应使理想要素与实际要素相接触，并使被测实际要素相对其理想要素的最大变动量最小。对于轮廓要素，符合最小条

件的理想要素位于实体之外并与被测实际要素相接触,使被测实际要素相对理想要素的最大变动量最小。如图 9-1 所示为评定给定平面内的直线度误差的情况。h_1、h_2、h_3 分别是被测实际要素对三个不同位置的理想要素的最大变动量。从图中可以看出 $h_1 < h_2 < h_3$,即 h_1 最小,因此 A_1B_1 就是符合最小条件的理想要素。在评定被测实际要素的直线度误差时,就应该以理想要素 A_1B_1 作为评定基准。

评定中心要素圆柱体轴线在任意方向的直线度的情况如图 9-2 所示,取对应最小直径 d_1 对应的轴线 L_1 为评定基准。

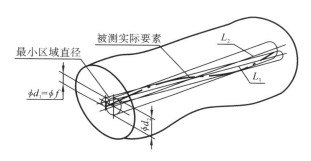

图 9-2　中心要素的理想要素的位置

2）形状误差的评定方法——最小区域法

形状误差用符合最小条件的包容区域(简称最小区域)的宽度 f 或直径 ϕf 表示,最小区域是指包容被测实际要素时具有最小宽度或最小直径的包容区域(见图 9-1、图 9-2)。各误差项目的最小区域形状与公差带形状相同,它的宽度 f 或直径 ϕf 由被测实际要素的实际状态而定,公差带具有给定的宽度 t 或直径 ϕt,最小区域宽度 f 或直径 ϕf 小于公差值即为合格。图 9-1 中 f 为最小区域宽度,图 9-2 中 ϕf 为最小区域直径,均为形状误差值。

2. 位置误差评定

在构成零件的几何要素中,有的要素对其他要素(基准要素)有方向、位置要求,例如机床主轴后轴颈对前轴颈有同轴度的要求,为了限制关联要素对基准的方向、位置误差,应按零件的功能要求规定必要的位置公差。

位置误差是指被测实际要素对理想要素位置的方向、位置变动量,涉及被测要素和基准。基准在位置公差中对被测要素的位置起着定向或定位的作用,是确定位置公差带方位的依据,但基准要素本身也是实际加工出来的,也存在形状误差。

为了正确评定位置误差,测量时必须找到基准实际要素的理想要素,即基准要素的位置应符合最小条件,才能确定被测实际要素的理想要素,从而评定出位置误差的数值。图 9-3 为评定平行度误差的情况,其中基准平面由基准实际要素(下表面)按最小条件确定。

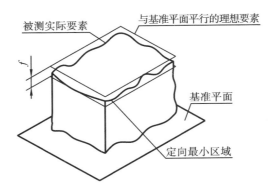

被测实际要素　　　与基准平面平行的理想要素

基准平面

定向最小区域

图 9-3　平行度误差检测的基准和最小区域

实际检测中在测量位置误差时,经常采用模拟法来体现基准,即采用足够精确的实际要素来体现基准平面、基准轴线、基准点等,例如基准平面用平板或量仪的工作台面体现,基准轴用心轴、V 形块体现等。

图 9-3 中,基准平面用平板模拟,被测实际要素(上平面)的理想要素位于实体之外,和被测实际要素接触且与基准平面平行。作一平面与被测平面的理想平面平行,与理想平面一起包容被测实际平面,且使两平面间的距离为最小(f),此两平行平面就形成与基准平面平行的最小包容区域,此 f 值即为平行度误差值。

评定位置误差时,建立基准的基本方法除模拟法外,还有分析法、直接法。分析法是对基准实际要素进行测量,再根据测量结果计算或用图解法确定符合最小条件的理想要素,以此理想要素为基准。直接法是当基准实际要素精度较高时,直接以基准实际要素为基准,这时基准实际要素的形状误差的影响可以忽略。

知识点 4　常用几何误差的检测

几何误差是指被测实际要素对其理想要素的变动量。在几何误差的测量中,是以测得的要素作为实际要素,根据测得要素来评定几何误差值。根据几何误差值是否在几何公差的范围内,得出零件合格与否的结论。

由于测量精度要求及测量原理、测量条件的不同,测量方法有很多种,这里主要介绍使用常用量具,如平板、刀口尺、百分表等对几何误差进行测量。

1. 直线度误差的检测

1)指示器测量法

如图 9-4 所示,将被测零件安装在平行于平板的两顶尖之间,用带两只指示表的表架沿平板移动,测量上、下两平行素线之读数 M_1、M_2,取 M_1、M_2 之差的绝对值最大值的一半为该截面的直线度误差。转动零件,按上述方法测量若干个截面,取最大误差为被测零件直线度误差。

2)刀口尺法

如图 9-5(a)所示,刀口尺法是用刀口尺与被测要素接触,使刀口尺和被测要

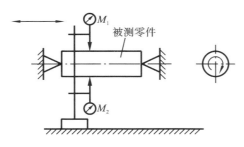

图 9-4　用两只指示器测直线度

素之间的最大间隙为最小,此最大间隙即为被测的直线度误差,当间隙值较大时,可以用塞尺测出其值。当间隙值较小时,可观察透光颜色判断间隙大小:若间隙大于 2.5 μm,透光颜色为白色;间隙为 1～2 μm 时,透光颜色为红色;间隙为 1 μm 时,透光颜色为蓝色;间隙为 0.5～1 μm 时,透光颜色为紫色;间隙小于 0.5 μm 时,则不透光。

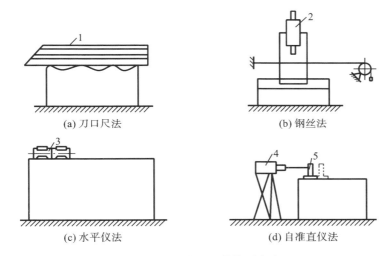

(a) 刀口尺法　　　　　　　　　　(b) 钢丝法

(c) 水平仪法　　　　　　　　　　(d) 自准直仪法

图 9-5　直线度误差的检测方法

1—刀口尺;2—测量显微镜;3—水平仪;4—自准直仪;5—反射镜

3) 钢丝法

如图 9-5(b)所示,被测要素水平布置,用调整至水平状态的特别的钢丝作为测量基准,沿着被测要素移动测量显微镜,显微镜最大读数即为被测直线度误差值。

4) 水平仪法

如图 9-5(c)所示,将水平仪放在被测表面上,沿被测要素按节距逐段连续测量,经计算得到直线度误差值。

5）自准直仪法

如图 9-5(d)所示,将自准直仪放在固定位置上,测量过程中保持位置不变,反射镜通过桥板放在被测要素上,沿被测要素按节距逐段连续测量,经计算得到直线度误差值。

2. 平面度误差的检测

常见的平面度误差测量方法如图 9-6 所示。

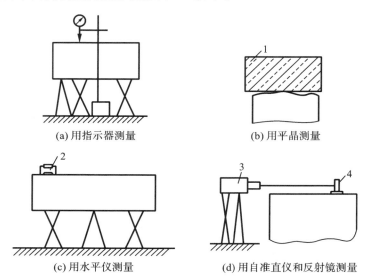

(a) 用指示器测量

(b) 用平晶测量

(c) 用水平仪测量

(d) 用自准直仪和反射镜测量

图 9-6　平面度误差的检测

1—平晶；2—水平仪；3—自准直仪；4—反射镜

图 9-6(a)所示是用指示器测量平面度误差。测量时,先用指示表将被测零件在支承平板上调平。调平方法可用对角线法,即将被测平面两对角线角点分别调平；或用三远点法将所选择的三个最远点调平。然后按一定的布点形式测量被测表面。指示器上最大与最小读数之差即为该平面的平面度误差近似值。

图 9-6(b)所示是用平晶测量平面度误差。将平晶紧贴在被测平面上,由产生的干涉条纹计算得到平面度误差值。此方法适用于高精度的小平面。

图 9-6(c)所示是用水平仪测量平面度误差。水平仪通过桥板放在被测平面上,用水平仪按一定的布点形式和方向逐点测量,经过计算得到平面度误差值。

图 9-6(d)所示是用自准直仪和反射镜测量。将自准直仪固定在平面外的一定位置,反射镜放在被测平面上。调整自准直仪,使其与被测表面平行,按一定的布点形式和方向逐点测量,经过计算得到平面度误差值。

3. 跳动误差的检测

通过跳动公差带可以综合控制被测要素的位置、方向和形状误差。如：径向圆跳动可以控制圆度误差；径向全跳动可以控制圆柱度误差和同轴度误差；端面全跳动可以控制垂直度误差;等等。由于跳动误差检测量具较为简单,检测方法简便易行,而且适合车间生产条件使用,因此跳动误差检测的应用较为广泛。

1)径向圆跳动误差的检测

如图 9-7 所示,用一对同轴的顶尖模拟体现基准,将被测工件装在两顶尖之间,保证大圆柱面绕基准轴线转动但不发生轴向移动。

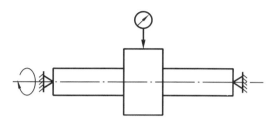

图 9-7　径向圆跳动误差检测

将指示器的测头沿与轴线垂直的方向同被测圆柱面的最高点接触。在被测零件回转一周过程中,指示器读数最大差值即为单个测量平面上的径向圆跳动。按上述方法,在轴向不同位置上测量若干个截面,取各截面上测得的跳动量中的最大值作为该零件的径向圆跳动误差。

2)轴向圆跳动误差的检测

如图 9-8 所示,用一 V 形架来模拟体现基准,并用一定位支承使工件沿轴向固定。使指示器的测头与被测表面垂直接触。在被测件回转一周过程中,指示器读数最大差值即为单个测量圆柱面上的轴向圆跳动。沿竖直方向移动指示器,按上述方法测量若干个圆柱面,取各测量圆柱面的跳动量中的最大值作为该零件的轴向圆跳动误差。

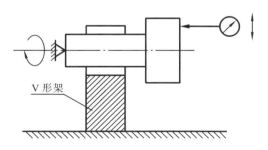

V 形架

图 9-8　轴向圆跳动误差检测

3)径向全跳动误差的检测

如图 9-9 所示,用一对同轴的顶尖模拟体现基准,将被测工件装在两顶尖之间,将指示器的测头沿与轴线垂直的方向同被测圆柱面的最高点接触。使被测零件连续回转,同时指示器沿基准轴线方向做直线运动,测得的读数最大差值即为径向全跳动误差值。

公差配合与技术测量——基于项目驱动(第二版)

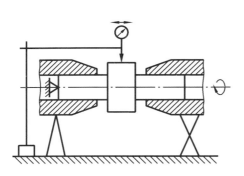

图 9-9　径向全跳动误差检测

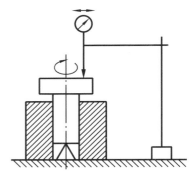

图 9-10　轴向全跳动误差检测

4）轴向全跳动误差的检测

如图 9-10 所示,将被测工件装在导向套筒内,轴向固定置于测量平板上,套筒轴线与平板垂直,使被测件连续回转,同时将指示器的测头与被测面接触并沿被测表面径向做直线移动,测得的读数最大差值即为该端面的轴向全跳动误差值。

项 目 任 务

任务 1　用合像水平仪测量直线度误差

1. 任务引入

某机床导轨,长 1600 mm,导轨平面直线度公差要求为 0.02 mm,试用合像水平仪测量导轨平面的直线度误差,判断该被测导轨的直线度是否合格。

2. 任务分析

1）合像水平仪测量原理

合像水平仪的结构如图 9-11 所示,它由底板和壳体组成外壳基体,其内部则由杠杆 1、水准器 2、棱镜 3、放大镜 4 和 7、微分筒 5、测微螺杆 6 组成。

使用时,将合像水平仪放于桥板上,将桥板放于被测表面上。如果被测表面无直线度误差,并与自然水平面基准平行,此时水准器的水泡将位于两棱镜的中间位置,气泡边缘通过合像棱镜 3 产生影像,在放大镜 4 中观察将出现如图 9-11(b)所示的情况。但在实际测量中,由于被测表面安放位置不理想和被测表面本身不直,气泡将发生移动,其视场情况将如图 9-11(c)所示。此时可转动测微螺杆 6,使水准器转动一角度,从而使气泡返回棱镜组 3 的中间位置,则图 9-11(c)中两影像的错动量 Δ 消失而恢复成一个光滑的半圆头(见图 9-11(b))。测微螺杆移动量 S 导致水准器的转角 α(见图 9-11(d))与被测表面相邻两点的高低差 h 有确切的对应关系,即

$$h=0.01L\alpha \quad (\mu m)$$

214

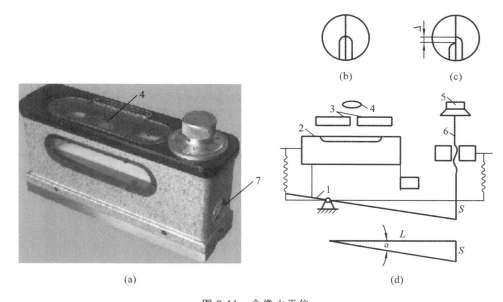

图 9-11　合像水平仪

1—杠杆；2—水准器；3—棱镜；4、7—放大镜；5—微分筒；6—测微螺杆

式中：0.01 为合像水平仪的分度值（mm/m）；L 为桥板节距（mm）；α 为角度读数值（用格数来计数）。

如此逐点测量，就可得到相应的 α_i 值，经数据处理后得到直线度误差值。

合像水平仪的测量准确度高、测量范围大（±10 mm/m）、测量效率高、价格便宜、携带方便，故在检测工作中被广泛采用。

2）测量步骤

（1）量出被测表面总长，确定相邻两测点之间的距离（节距），选用的桥板节距 $L = 200$ mm，按节距 L 调整好桥板的两圆柱中心距。

（2）将合像水平仪放于桥板上，然后将桥板依次放在各节距的位置。每放一个节距后，要旋转微分筒 5 合像，使放大镜 4 中出现如图 9-11(b) 所示的情况，此时即可进行读数。先在放大镜 7 处读数（它反映测微螺杆 6 的旋转圈数），再在微分筒 5（标有"＋"、"－"旋转方向）处读取测微螺杆 6 旋转角度的细分读数。如此顺测（从首点至终点）、回测（从终点至首点）各一次。回测时桥板不能调头，以各测点两次读数的平均值作为该点的测量数据。必须注意，如某测点两次读数相差较大，说明测量情况不正常，应检查原因并加以消除后重测。将原始测量数据填入表 9-2。

（3）处理数据时，为了作图方便，先将各测点的读数平均值同减一个数 α，而得出相对差 $\Delta\alpha = \alpha_i - \alpha$（本例中取 $\alpha = 297$，$\Delta\alpha = \alpha_i - 297$），再依次将各次 $\Delta\alpha$ 累加，得到 $\sum \Delta\alpha_i$ 值并填入表 9-2。

表 9-2　用合像水平仪测量直线度数据记录表

测点序号 i		0	1	2	3	4	5	6	7	8
仪器读数 a_i /格	顺测	—	298	300	290	301	302	306	299	296
	回测	—	296	298	288	299	300	306	297	296
	平均	—	297	299	289	300	301	306	298	296
$\Delta a_i = a_i - a$ /格		0	0	+2	−8	+3	+4	+9	+1	−1
$\sum \Delta a_i$ /格		0	0	2	−6	−3	1	10	11	10

注:表中 a 值可取任意数,但要有利于相对差数值的简化,本例取 $a=297$ 格。

(4)根据各测点的 $\sum \Delta a_i$ 值,在坐标纸上取点,作图时不要漏掉首点(零点),连接各点,得出误差折线,如图 9-12 所示。

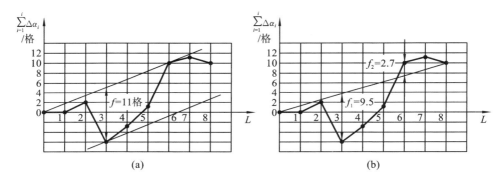

图 9-12　直线度误差折线图

(5)评定直线度误差值　评定直线度误差值的方法有两种,即最小包容区域法和两端点的连线法。

① 用最小包容区域法评定误差值。如图 9-12(a)所示,用两条平行包容直线与误差折线,接触状态符合相间准则(两高夹一低或两低夹一高),此两平行线间沿纵坐标的距离就是被测表面的直线度误差的格数。本例中,$f_{包}=11$(格)。

将误差值 $f_{包}$(格)折算成线性值 $f_{包}(\mu m)$:

$$f_{包}(\mu m)=0.01 L f_{包}(格)=0.01 \times 200 \times 11 \ \mu m=22 \ \mu m$$

② 用首、尾端点连线评定误差值。如图 9-12(b)所示,以折线首、尾端点的连线作为评定基准(理想要素),折线上最高点和最低点到该连线的纵轴方向的距离之和就是被测表面的直线度误差的格数。本例中 $f_{端}=f_1+f_2=(9.5+2.7)$ 格 $=12.2$ 格。

将误差值 $f_{端}$(格)折算成线性值 $f_{端}(\mu m)$:

$$f_{端}(\mu m)=0.01 L f_{端}(格)=0.01 \times 200 \times 12.2 \ \mu m=24.4 \mu m$$

一般情况下,用两端点连线法的直线度误差评定结果大于用最小包容区域法的评定结果，即 $f_{端}>f_{包}$，只有当误差折线图形在首、尾两端点的连线同一侧时，二者评价结果才相同。在生产实际中有时允许用两端点连线法评定直线度误差，但如果发生争议，应以用最小包容区域法评定的结果为准。

（6）最后，将测得直线度误差与被测平面直线度的公差要求对比，评定该平面的直线度误差是否合格。此例中，$f=0.22\ \text{mm}>0.02\ \text{mm}$，即导轨平面直线度误差超出公差值，因此判定此导轨平面直线度不合格。

任务 2　用偏摆仪测量圆跳动误差

1. 任务引入
用偏摆仪测量阶梯轴的径向全跳动、圆跳动，判断被测轴是否合格。

2. 任务分析
1）测量原理
如图 9-13 所示，偏摆仪主要用于测量轴类零件的跳动误差，仪器利用两顶尖定位轴类零件来体现基准轴线。

图 9-13　偏摆仪

测量圆跳动时，转动被测零件，测头在被测零件径向上直接测量零件的径向跳动误差。指示器最大读数差值即为该截面的径向圆跳动误差。测量若干个截面的径向圆跳动误差，取其中最大误差值作为该零件的径向跳动误差。

测量径向全跳动误差时，使指示器测头在法线方向上与被测表面接触，连续转动被测零件，同时使指示器测头沿基准轴线的方向做直线运动。在整个测量过程中观察指示器的示值变化，取指示器读数最大差值，作为该零件的径向全跳动误差。最后将测量结果与公差值比较，判断阶梯轴是否合格。

偏摆仪结构简单，操作方便，顶尖座手压柄可快速装卸被测零件，测量效率高，应用非常广泛。

2）偏摆仪操作注意事项
（1）偏摆仪是精密的检测仪器，操作者必须熟练掌握仪器的操作技能，精心地予以维护保养。

（2）必须始终保持偏摆仪设备完好，设备安装应平衡可靠，导轨面要光滑，无磕碰伤痕,两顶尖同轴度允差在 $L=400$ mm 范围内应小于 0.02 mm。

（3）在工件检测前应先用 $L=400$ mm 检验棒和百分表对偏摆仪进行精度校验,在确保合格后,方可使用。

（4）工件检测时应小心轻放,导轨面上不允许放置任何工具或工件。

（5）工件检测完后,应立即对仪器进行维护保养,导轨及顶尖套应上油防锈,并保持周围环境整洁。

（6）每月底应对偏摆仪进行精度实测检查,确保设备完好,并做好实测记录。

任务3　用指示器测量平面度误差

1. 任务引入

测量被测平面各点相对基准平面的坐标值,通过数据处理得到平面度误差。

2. 任务分析

（1）如图 9-14（a）所示,将被测件放在检验平板上,调节被测平面下的螺母,将被测平面两对角线的对角点分别调平（使指示表示值相同）;也可以用三远点法,即选择平面上三个较远的点,调平这三点,使在这三点处指示表读数相同。

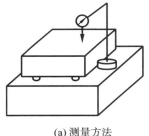

(a) 测量方法　　　　(b) 布点形式

图 9-14　平面度误差的测量

（2）在被测平面上按图 9-14（b）所示的布点形式进行测量,测量时,四周的布点离平面边缘 10 mm,记录测量数据。

（3）数据处理分两步进行:先将测量数据按不同的测量方法换算成各点相对检验平板的高度值;然后根据最小条件准则确定评定基准平面,计算出平面度误差值。为方便叙述,下面用实例说明。

如图 9-15（a）所示为平面度误差的测量数据。

由于该测量数据是相对测量基准而言的,为了按最小条件评定平面度的误差值,还需要进行坐标变换,将测得值转换为相对符合最小条件的与评定方法相

(a) 测量数据

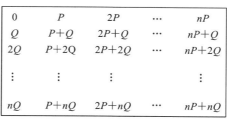

(b) 坐标变换方法

图 9-15　平面度误差测量数据与坐标变换方法

应的评定基准的坐标值。

　　坐标变换的原理是:将刚性平面旋转,则刚性平面上的点在空间的移动距离与点到旋转轴线的距离有关,而坐标变换的实质是寻找符合最小条件的评定基准,并将测量数据转化为被测点相对符合最小条件的评定基准的坐标,因此,可按图 9-15(b)对图 9-15(a)中数据进行变换,这一变换并不改变被测点的相对位置,不影响实际被测平面的真实情况。再根据判断准则列方程,求出 P、Q 值,最后得到平面度误差的数值。

　　按测量方法的不同,求 P、Q 值的方程也不同。

　　① 对角线法　按图 9-15(b)所示规律列出两对角点的等值方程:
$$\begin{cases} 0=+8+2P+2Q \\ +6+2P=-10+2Q \end{cases}$$

解得 $P=-6$,$Q=+2$。按图 9-15(b)所示规律和 P、Q 值转换被测平面的坐标值,得到图 9-16 所示结果。

0	+4+P	+6+2P
−5+Q	+20+P+Q	−9+2P+Q
−10+2Q	−3+P+2Q	+8+2P+2Q

⟶

0	+2	−6
−3	+16	−19
−6	−5	0

图 9-16　对角线法的坐标转换

　　再按图 9-16 中变换后的数据求出被测平面的平面度误差,该被测平面的平面度误差为 $[(+16)-(-19)]\ \mu m=35\ \mu m$。

　　② 三点法　任取 +4、−9、−10 三点,按图 9-15 所示规律列出三点等值方程:
$$\begin{cases} +4+P=-9+2P+Q \\ -10+2Q=+4+P \end{cases}$$

解出 $P=+4$,$Q=+9$,按图 9-15 所示规律和 P、Q 值转换被测平面的坐标值,得到如图 9-17 所示结果。

0	+4+P	+6+2P
−5+Q	+20+P+Q	−9+2P+Q
−10+2Q	−3+P+2Q	+8+2P+2Q

→

0	+8	+14
+4	+33	+8
+8	+19	+34

图 9-17　三点法坐标转换

按图 9-17,该被测平面的平面度误差为$[(+34)-0]\,\mu m=34\,\mu m$。用三点法求平面度误差时,因三点任选,人为因素影响较大,故一般较少采用。

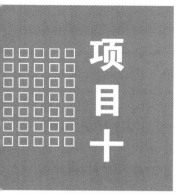

项目十

机械零件表面粗糙度的检测

【项目内容】
◆ 机械零件表面粗糙度的检测方法。

【知识点与技能点】
◆ 表面粗糙度的常用检测方法与使用范围；
◆ 使用常用检测仪器对机械零件表面粗糙度进行测量的技巧。

相 关 知 识

知识点 1　比较法

比较法是指将被测零件表面与表面粗糙度标准样块相比较，通过视觉、触感进行比较后，对被测零件表面粗糙度做出评定。比较时，所用的表面粗糙度样块的材料、形状和加工方法应尽可能与被测表面相同，并应注意温度、照明等环境因素的影响，这样可以减少检测误差，提高判断准确性。在大批量生产时，也可从加工零件中挑选出样品，经检定后作为表面粗糙度样块使用。表面粗糙度标准样块如图 10-1 所示。

图 10-1　表面粗糙度标准样块

比较法具有简单易行的优点,适合在车间使用。其缺点是评定的可靠性在很大程度上取决于检验人员的经验。比较法仅适用于评定表面粗糙度要求不高的工件。

知识点 2　针描法

针描法是利用仪器的测针与被测表面相接触,并使测针沿被测表面轻轻滑动来测量表面粗糙度的一种方法,又称轮廓法。电动轮廓仪就是用针描法测定表面粗糙度的常用仪器。其测量原理是:将被测工件放在工作台的定位块上,调整工件(或驱动箱)的倾斜度,使工件被测表面平行于传感器的滑行方向;调整传感器及触针的高度,使触针与被测表面适当接触;启动电动机,使传感器带动触针在工件被测表面滑行;由于被测表面有微小的峰谷,使触针在滑行的同时还沿轮廓的垂直方向上下运动,触针的运动情况实际上反映了被测表面轮廓的情况;将触针运动的微小变化通过传感器转换成电信号,并经计算和处理,便可显示出表面粗糙度 Ra 值的大小。电动轮廓仪外形如图 10-2 所示。

图 10-2　电动轮廓仪

图 10-3 所示为便携式表面粗糙度仪。测量工件表面粗糙度时,将传感器放在工件被测表面上,由仪器内部的驱动机构带动传感器沿被测表面等速滑行,传感器通过内置的锐利触针感受被测表面的粗糙度,此时工件被测表面的粗糙度

图 10-3　便携式表面粗糙度仪

使触针产生位移,该位移使传感器电感线圈的电感量发生变化,从而在相敏整流器的输出端产生与被测表面粗糙度成比例的模拟信号,该信号经过放大及电平转换之后进入数据采集系统。数字信号处理(DSP)芯片对采集的数据进行数字滤波和参数计算,测量结果既可在液晶显示器上读出,也可在打印机上输出,还可以传输到计算机上。

知识点 3　光学法

光学法有光切法和干涉法两种,主要用于测量表面粗糙度 Rz 值。

光切法是利用光切原理来测量表面粗糙度的一种方法,常用的测量仪器是光切显微镜,又称双管显微镜,如图 10-4(a)所示,其测量范围一般为 Rz 0.8～50 μm。干涉法是利用光学干涉原理来测量表面粗糙度的一种方法,可以测到较小的参数值,通常测量范围为 Rz 0.025～0.08 μm,常用的测量仪器是干涉显微镜,如图 10-4(b)所示。

(a)光切显微镜　　　　　　　　(b)干涉显微镜

图 10-4　用光学法测量表面粗糙度的测量仪器

光切法的基本原理如图 10-5 所示。光切显微镜由两个镜管组成,右为投射照明管,左为观察管,两个镜管轴线成 90°角。照明管中光源 1 发出的光线经过聚光镜 2、光阑 3 及物镜 4 后,形成一束平行光带。这束平行光带以 45°的倾角投射到被测表面上。光带在粗糙不平的波峰 S_1 和波谷 S_2 处产生反射。S_1 和 S_2 经观察管的物镜 4 后成像于分划板 5 上,分别为 S'_1 和 S'_2。若被测表面微观不平度高度为 h,轮廓波峰 S_1、波谷 S_2 在 45°截面上的距离为 h_1,S'_1 与 S'_2 之间的距离 h'_1 是 h_1 经物镜放大后所得值。若测得 h'_1,便可求出表面微观不平度高度 h。

$$h=0.5H/K$$

式中:K 为物镜的放大倍数;$H=h'/\cos45°$。

干涉法的基本原理:光源发出的光线经聚光镜聚光、滤光镜滤色后,通过光

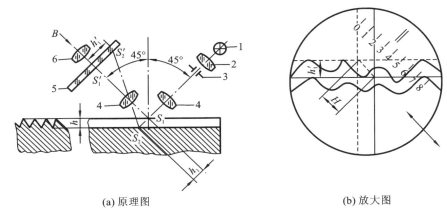

| (a) 原理图 | (b) 放大图 |

图 10-5　光切法测量原理

1—光源；2—聚光镜；3—光阑；4—物镜；5—分划板；6—目镜

阑和透镜投射到分光镜上，通过分光镜的半透半反膜后分成两束。一束光经分光镜反射，向上经物镜射至被测表面，然后由被测表面反射并经原光路返回，再透过分光镜经聚光镜、反射镜进入目镜。另一束光透过分光镜，经补偿镜、物镜，射至参考镜，再由参考镜反射回来，经分光镜反射，再经聚光镜、反射镜射向目镜。两束光在目镜的焦平面上相遇叠加。由于被测表面粗糙不平，所以这两路光束相遇后形成与其相应的起伏不平的干涉条纹，如图 10-6 所示。

图 10-6　干涉法条纹

被测表面高度差 h 为

$$h = 0.5a\lambda/b$$

式中：a——干涉条纹弯曲量；

　　　b——相邻干涉条纹间距；

　　　λ——光波波长。

项 目 任 务

任务1　评定零件表面粗糙度

1. 任务引入

用便携式表面粗糙度仪、表面粗糙度样块对零件表面粗糙度进行评定。

2．任务分析

表面粗糙度是评定零件质量好坏的重要指标之一,它影响着零件的使用性能和寿命,其常见的测量方法有:比较法、针描法、光切法和干涉法。

其中比较法是对样块与加工面进行目测、触摸对比后得到被测表面粗糙度的方法。这种方法在车间加工现场运用较多,用于判断零件表面粗糙度是否合格,因为不能得到表面粗糙度的具体数值,一般用于测量精度要求不高的场合。

针描法具有直观、准确、高效的特点。特别是便携式表面粗糙度测量仪,其既可在生产现场使用,也可用于科研实验室和企业计量室,使用方便。使用时要严格遵守测量仪器使用说明书,按规定进行操作。光学法一般在实验室或计量室中使用。

便携式表面粗糙度测量仪操作步骤如下。

1）测量前准备

（1）开机检查电池电压是否正常。

（2）擦净工件被测表面。

2）测量

（1）将传感器插入仪器底部的传感器连接套中,然后轻推到底。

（2）将仪器正确、平稳、可靠地放置在工件被测表面上。

（3）测量时传感器的滑行轨迹必须垂直于工件被测表面的加工纹理方向。

（4）按回车键设置所需的测量条件。

（5）按开始测量键,开始采样并进行滤波处理,然后等待进行参数计算。

（6）测量完毕,返回到基本测量状态,显示测量结果并记录数据。

3）测量结束

用手拿住传感器的主体部分或保护套的根部,慢慢将其向外拉出。

将传感器及其他配件放回专用盒子。

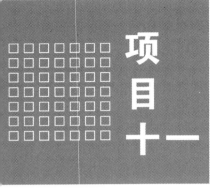

有包容要求的机械零件的检测

【项目内容】

◆ 对有包容要求的零件进行检测的方法和原则。

【知识点与技能点】

◆ 包容要求的含义及检测方法；

◆ 光滑极限量规的设计。

相 关 知 识

知识点 1　光滑极限量规的基本概念

当零件图样上被测要素的尺寸公差和几何公差遵守独立原则时,该零件加工后的实际尺寸和几何误差采用计量器具分别测量;当零件图样上被测要素的尺寸公差和几何公差遵守包容要求时,应采用光滑极限量规来检测,以判断孔和轴的尺寸是否合格。

光滑极限量规有塞规和卡规之分,如图 11-1 所示。无论塞规还是卡规,都有通规和止规,且它们是成对使用的。塞规是孔用极限量规,它的通规是根据孔的最小极限尺寸确定的,其作用是防止孔的作用尺寸小于孔的最小极限尺寸;止规是按孔的最大极限尺寸设计的,其作用是防止孔的实际尺寸大于孔的最大极限尺寸。卡规是轴用量规,它的通规是按轴的最大极限尺寸设计的,其作用是防止轴的作用尺寸大于轴的最大极限尺寸;止规是按轴的最小极限尺寸设计的,其作用是防止轴的实际尺寸小于轴的最小极限尺寸。

检验零件时如果通规能通过被检测零件,止规不能通过,表明该零件的作用尺寸和实际尺寸在规定的极限尺寸范围之内,则该零件合格;反之,若通规不能通过被检验零件,或者止规能够通过被检测零件,则该零件不合格。

光滑极限量规按用途可分为以下三类。

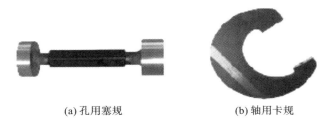

(a) 孔用塞规　　　　　　　　(b) 轴用卡规

图 11-1　光滑极限量规

1）工作量规

工作量规是工人在生产过程中检验工件用的量规,它的通规和止规分别用代号"T"和"Z"表示。

2）验收量规

验收量规是检验部门或用户代表验收产品时使用的量规。验收量规无须另行设计和制造,当工作量规的前端磨损到接近磨损极限时,该通端即可转为验收量规的通端,工作量规的止端也是验收量规的止端。检验人员检验工件时应该使用与操作人员所使用的形式相同且磨损较多,但未超过磨损极限的通端;止端则与工作量规相同。这样操作,生产者自检合格的工件,验收人员验收时也应该合格。

3）校对量规

因为轴用工作量规(环规)在使用中易磨损、变形,且不易用通用量仪进行校验,故须规定校对量规对其进行校验,即校对量规是校对轴用工作量规的量规,用于检验轴用工作量规是否符合制造公差和在使用中是否达到磨损极限。孔用工作量规(塞规)用通用量仪进行校验。

校对量规有以下三种。

（1）校通-通,代号 TT。该量规的作用是检验通规尺寸是否小于最小极限尺寸。检验时应通过。

（2）校止-通,代号 ZT。该量规的作用是检验止规尺寸是否小于最小极限尺寸。检验时应通过。

（3）校通-损,代号 TS。该量规的作用是校验轴用通规尺寸是否已达到磨损极限。检验时不应通过。如通过,则表明该量规的通规已达到磨损极限,不能再用,应予以废弃。

知识点 2　泰勒原则(极限尺寸判断原则)

1. 包容要求与泰勒原则

当零件图样上被测要素的尺寸公差和几何公差遵守包容要求时,对零件尺寸 D_a、d_a 和形状误差 f 有以下要求:

对于孔　　　　　　　　$D_{\max} \geqslant D_a \geqslant D_{fe} = D_a - f \geqslant D_{\min}$

对于轴　　　　　　　　$d_{\min} \leqslant d_a \leqslant d_{fe} = d_a + f \leqslant d_{\max}$

式中:$D_{\max}$、$D_{\min}$分别为孔的最大与最小极限尺寸;$d_{\max}$、$d_{\min}$分别为轴的最大与最小极限尺寸;D_{fe}、d_{fe}分别为孔、轴的体外作用尺寸。

　　泰勒原则指孔或轴的实际尺寸和形状误差综合形成的体外作用尺寸(D_{fe}或d_{fe})不允许超出最大实体尺寸(D_M或d_M),在孔或轴任何位置上的实际尺寸(D_a或d_a)不允许超出最小实体尺寸(D_L或d_L),如图 11-2 所示,即

对于孔　　　　　　$D_L = D_{\max} \geqslant D_a \geqslant D_{fe} \geqslant D_{\min} = D_M$

对于轴　　　　　　$d_L = d_{\min} \leqslant d_a \leqslant d_{fe} \leqslant d_{\max} = d_M$

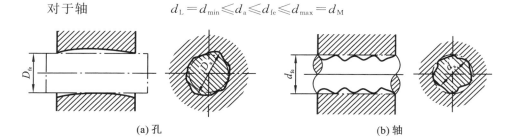

(a)孔　　　　　　　　　　　　　　　　　　　　(b)轴

图 11-2　孔、轴体外作用尺寸 D_{fe}、d_{fe} 与实际尺寸 D_a、d_a

　　可以看到,从保证孔与轴的配合性质的要求来看,包容要求与泰勒原则是一致的。包容要求是从设计的角度出发,反映对孔、轴的设计要求;泰勒原则是从验收的角度出发,反映对孔、轴的验收要求。

　　用光滑极限量规检验工件时,量规一般应符合泰勒原则。

　　通规用于控制工件的体外作用尺寸,它的测量面理论上应具有与孔或轴相对应的完整表面,其定形尺寸(公称尺寸)等于孔或轴的最大实体尺寸,即通规工作面为最大实体边界,因而与被测孔或轴成面接触,如图 11-3(b)、图 11-3(d)所示,且量规长度等于配合长度。因此,通规常称为全形量规。

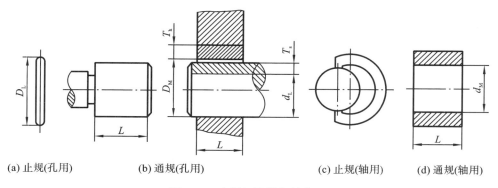

(a) 止规(孔用)　　　　(b) 通规(孔用)　　　　　(c) 止规(轴用)　　　(d) 通规(轴用)

图 11-3　光滑极限量规的使用

D_M、D_L—孔最大、最小实体尺寸;d_M、d_L—轴最大、最小实体尺寸;L—配合长度

止规用于控制工件的实际尺寸,它的测量面理论上应是两点状的,如图 11-3(a)、图 11-3(c)所示,这两点状测量面之间的定形尺寸(公称尺寸)等于孔或轴的最小实体尺寸。止规称为不全形量规。

用符合泰勒原则的量规检验孔或轴时:若通规能够自由通过,且止规不能通过,则表示被测孔或轴合格;若通规不能通过,或者止规能够通过,则表示被测孔或轴不合格。

2. 对泰勒原则的偏离

在实际应用中,极限量规常偏离泰勒原则。例如:为了使用已标准化的量规,允许通规的长度小于结合面的全长;对于尺寸大于 100 mm 的孔,所采用的全形塞规、通规很笨重,不便使用,允许用不全形塞规;用环规、通规不能检验用顶尖装夹正在加工的工件及曲轴,允许用卡规代替;检验小孔的塞规止规,为了便于制造常用全形止规。

必须指出,只有在保证被检验工件的形状误差不致影响配合性质的前提下,才允许使用偏离泰勒原则的量规。如图 11-4 和图 11-5 所示分别为通规和止规的形状对检验结果的影响。图 11-4 中使用了非全形通规,全形通规不能通过的工件被非全形卡规误判为通过,造成误收;图 11-5 中使用非全形卡规可以通过、应判不合格的工件,用全形止规检验不能通过,误判成合格。

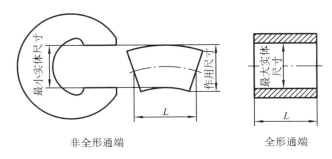

非全形通端　　　　　　全形通端

图 11-4 通规形状对检验的影响

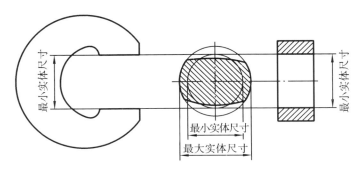

图 11-5 止规形状对检验的影响

229

在我国标准中,规定通规对泰勒原则的允许偏离如下。

(1)长度偏离:允许通规长度小于工件配合长度。

(2)形状偏离:大尺寸的孔和轴允许用非全形的通端塞规(或球端杆规)和卡规检验,以代替笨重的全形通规。曲轴的轴颈只能用卡规检验,而不能用环规。

规定止规对泰勒原则的允许偏离如下。

(1)对点状测量面,由于点接触易于磨损,止规往往改用小平面、圆柱面或球面。

(2)检验尺寸较小的孔时,为了增加刚度和便于制造,常改用全形塞(止)规。

(3)对于刚度不高的薄壁零件,若用点状止规检验,会使工件发生变形,也改用全形塞规或环规。

知识点 3   量规的制造公差

1.工作量规制造公差

量规的制造精度比工件高得多,但量规在制造过程中,不可避免会产生误差,因而对量规规定了制造公差。通规在检验零件时,要经常通过被检验零件,其工作表面会逐渐磨损以至报废。为了使通规有一个合理的使用寿命,还必须留有适当的磨损量。因此通规公差由制造公差(T)和磨损公差两部分组成。

止规由于不经常通过零件,磨损极少,所以只规定了制造公差。

量规设计时,以被检验零件的极限尺寸作为量规的公称尺寸。

1)工作量规的公差带

图 11-6 所示为光滑极限量规公差带图。国家标准规定量规的公差带不得超越工件的公差带。

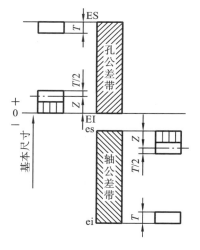

图 11-6   光滑极限量规公差带图

通规尺寸公差带的中心到工件最大实体尺寸之间的距离 Z（称为公差带位置要素）体现了通规的平均使用寿命。通规在使用过程中会逐渐磨损，所以在设计时应留出适当的磨损储量，其允许磨损量以工件的最大实体尺寸为极限；止规的制造公差带是从工件的最小实体尺寸算起，分布在尺寸公差带之内。

　　制造公差 T 和通规公差带位置要素 Z 是综合考虑了量规的制造工艺水平和一定的使用寿命，按工件的公称尺寸、公差等级给出的。由图 11-6 可知，量规公差 T 和位置要素 Z 的数值大，对工件的加工不利，而 T 值小则量规制造困难，Z 值小则量规使用寿命短。因此根据我国目前量规制造的工艺水平，合理规定了量规公差，具体数值见表 11-1。

表 11-1　IT6～IT10 级工作量规制造公差和位置要素值（摘自 GB/T 1957—2006）（μm）

工件公称尺寸 D/mm	IT6			IT7			IT8			IT9			IT10		
	IT6	T	Z	IT7	T	Z	IT8	T	Z	IT9	T	Z	IT10	T	Z
～3	6	1	1	10	1.2	1.6	14	1.6	2	25	2	3	40	2.4	4
>3～6	8	1.2	1.4	12	1.4	2	18	2	2.6	30	2.4	4	48	3	5
>6～10	9	1.4	1.6	15	1.8	2.4	22	2.4	3.2	36	2.8	5	58	3.6	6
>10～18	11	1.6	2	18	2	2.8	27	2.8	4	43	3.4	6	70	4	8
>18～30	13	2	2.4	21	2.4	3.4	33	3.4	5	52	4	7	84	5	9
>30～50	16	2.4	2.8	25	3	4	39	4	6	62	5	8	100	6	11
>50～80	19	2.8	3.4	30	3.6	4.6	46	4.6	7	74	6	9	120	7	13
>80～120	22	3.2	3.8	35	4.2	5.4	54	5.4	8	87	7	10	140	8	15
>120～180	25	3.8	4.4	40	4.8	6	63	6	9	100	8	12	160	9	18
>180～250	29	4.4	5	46	5.4	7	72	7	10	115	9	14	185	10	20
>250～315	32	4.8	5.6	52	6	8	81	8	11	130	10	16	210	12	22
>315～400	36	5.4	6.2	57	7	9	89	9	12	140	11	18	230	14	25
>400～500	40	6	7	63	8	10	97	10	14	155	12	20	250	16	28

　　国家标准规定，工作量规的形状和位置误差应在工作量规制造公差范围内，其几何公差为量规尺寸公差的 50%。考虑到制造和测量的困难，当量规制造公差≤0.002 mm 时，其形状、位置公差均为 0.001 mm。

　　2）量规极限偏差的计算

　　量规极限偏差的计算步骤如下：

　　（1）确定工件的公称尺寸及极限偏差；

　　（2）根据工件的公称尺寸、极限偏差确定工作量规的制造公差 T 和位置要素值 Z；

(3) 计算工作量规的极限偏差,如表 11-2 所示。

表 11-2   工作量规极限偏差的计算

极 限 偏 差	检验孔的量规	检验轴的量规
通端上极限偏差	$EI+Z+T/2$	$es-Z+T/2$
通端下极限偏差	$EI+Z-T/2$	$es-Z-T/2$
止端上极限偏差	ES	$ei+T$
止端下极限偏差	$ES-T$	ei

3) 校对量规公差

校对量规的尺寸公差带完全位于被校对量规的制造公差和磨损极限内:校对量规的尺寸公差等于被校对量规尺寸公差的一半,形状误差应控制在其尺寸公差带内,如图 11-7 所示。

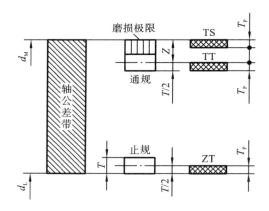

图 11-7   校对量规的公差带

知识点 4   量规结构

进行量规设计时,应明确量规设计原则,合理选择量规的结构,然后根据被测工件的尺寸公差带计算出量规的极限偏差并绘制量规的公差带图及量规的零件图。

检验光滑工件的光滑极限量规形式很多,选用时可参照国家标准进行。

1) 孔用量规

如图 11-8 所示,孔用量规有以下四种。

(1) 全形塞规,它具有外圆柱测量面,如图 11-8(a)所示。

(2) 不全形塞规,它具有部分外圆柱测量面。该塞规是从圆柱体上切掉两个轴向部分(主要是为了减轻重量)而形成的,如图 11-8(b)所示。

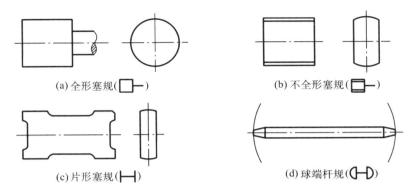

图 11-8 孔用量规

（3）片形塞规，它具有较少部分外圆柱测量面，如图 11-8（c）所示。为了避免使用中的变形，片形塞规应具有一定的厚度而做成板形。

（4）球端杆规，它具有球形的测量面，如图 11-8（d）所示。每一端测量面与工件的接触半径不得大于工件最小极限尺寸之半。为了避免使用中的变形，球端杆规应有足够的刚度。这种量规有固定式和调整式两种。

2）轴用量规

如图 11-9 所示，轴用量规有以下两种。

图 11-9 轴用量规

（1）环规，它具有内圆柱测量面。为了防止使用中的变形，环规应有一定厚度。

（2）卡规，它具有两个平行的测量面（也可改用一个平面与一个球面或圆柱面，或改用两个与被检工件的轴线平行的圆柱面）。这种卡规分为固定式和调整式两种类型。

图 11-10 是各种结构形式量规的应用尺寸范围，图 11-10 中左边纵向的"1"、"2"表示推荐顺序，推荐优先用"1"行。零线上为通规，零线下为止规。实际应用时还可查阅《螺纹量规和光滑极限量规　型式与尺寸》（GB/T 10920—2008）。

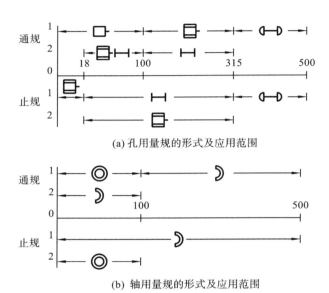

(a) 孔用量规的形式及应用范围

(b) 轴用量规的形式及应用范围

图 11-10　各种结构形式量规的应用尺寸范围

知识点 5　量规其他技术要求

量规测量面的材料可采用淬火钢(如合金工具钢、碳素工具钢等)和硬质合金,也可在测量面上镀以耐磨材料,测量面的硬度应为 $58\sim65$ HRC。

量规测量面的粗糙度,主要是从量规使用寿命、工件表面粗糙度以及量规制造的工艺水平等角度考虑。一般量规测量面的粗糙度应比被检工件的表面粗糙度要求严格些,量规测量面粗糙度要求可参照表 11-3 选用。

表 11-3　量规测量面粗糙度要求

工 作 量 规	工件公称尺寸/mm		
	~120	$>120\sim315$	$>315\sim500$
	Ra 最大允许值$/\mu m$		
IT6 级孔用量规	0.04	0.08	0.16
IT6～IT9 级轴用量规	0.08	0.16	0.32
IT7～IT9 级孔用量规			
IT10～IT12 级孔、轴用量规	0.16	0.32	0.63
IT13～TI16 级孔、轴用量规	0.32	0.63	0.63

项目任务

任务1　工作量规的设计

1. 任务引入

试设计检验有包容要求的孔和轴配合 $\phi30\mathrm{H}8/\mathrm{f}7$ ⒠用的工作量规。

2. 分析实施

（1）确定被测孔、轴的极限偏差。查附录 A 表 A-1、表 A-2 及表 1-4 可得：

$\phi30\mathrm{H}8$ mm ⒠的上极限偏差 $\mathrm{ES}=0.033$ mm，下极限偏差 $\mathrm{EI}=0$；

$\phi30\mathrm{f}7$ mm ⒠的上极限偏差 $\mathrm{es}=-0.020$ mm，下极限偏差 $\mathrm{ei}=-0.041$ mm。

（2）选择量规的结构形式。选择锥柄双头圆柱塞规和单头双极限圆形片状卡规。

（3）确定工作量规制造公差 T 和位置要素 Z。由表 11-1 查得：

对于塞规　　　　　　$T=0.0034$ mm，$Z=0.005$ mm

对于卡规　　　　　　$T=0.0024$ mm，$Z=0.0034$ mm

（4）计算工作量规的极限偏差。

① $\phi30\mathrm{H}8$ mm ⒠孔用塞规：

对于通规

上极限偏差＝$\mathrm{EI}+Z+T/2=(0+0.005+0.0034/2)$ mm＝0.0067 mm

下极限偏差＝$\mathrm{EI}+Z-T/2=(0+0.005-0.0034/2)$ mm＝0.0033 mm

磨损极限＝$\mathrm{EI}=0$

所以塞规通端尺寸为 $\phi30^{+0.0067}_{+0.0033}$ mm，磨损极限尺寸为 $\phi30$ mm。

对于止规

上极限偏差＝$\mathrm{ES}=0.033$ mm

下极限偏差＝$\mathrm{ES}-T=(0.033-0.0034)$ mm＝0.0296 mm

所以塞规止端尺寸为 $\phi30^{+0.033}_{+0.0296}$ mm。

② $\phi30\mathrm{f}7$ mm ⒠轴用卡规：

对于通规

上极限偏差＝$\mathrm{es}-Z+T/2=(-0.02-0.0034+0.0024/2)$ mm＝-0.0222 mm

下极限偏差＝$\mathrm{es}-Z-T/2=(-0.02-0.0034-0.0024/2)$ mm＝-0.0246 mm

磨损极限＝$\mathrm{es}=-0.02$ mm

所以卡规通端尺寸为 $\phi30^{-0.0222}_{-0.0246}$ mm，磨损极限尺寸为 $\phi29.980$ mm。

对于止规

上极限偏差＝$\mathrm{ei}+T=(-0.041+0.0024)$ mm＝-0.0386 mm

下极限偏差＝$\mathrm{ei}=-0.041$ mm

所以卡规止端尺寸为 $\phi 30^{-0.0386}_{-0.041}$ mm。

（5）由表 11-3 确定量规表面粗糙度，其几何公差参照项目二内容确定。长度等其余尺寸可根据方便制造、使用和节省成本的原则确定。

（6）绘制工作量规的零件图，如图 11-11 所示。

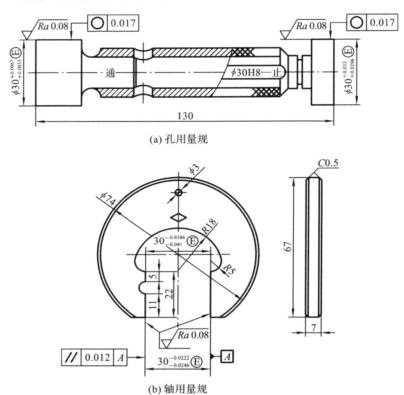

图 11-11　工作量规

项目十二

键与花键的检测

【项目内容】
◆ 键与花键连接的检测方法。

【知识点与技能点】
◆ 平键连接和矩形花键连接的常用检测方法；
◆ 对平键与矩形花键连接进行检测的技巧。

相 关 知 识

为了保证键与键槽、内花键和外花键连接紧固，键侧与键槽侧面之间有足够的接触面积，避免装配困难，国家标准对键和键宽的规定了不同的配合和几何公差，应选用不同的量具进行检测。

知识点 1　平键连接的检测

对于平键连接，需要检测的项目有：键宽，轴槽和轮毂槽的宽度、深度及槽的对称度。

1. 键宽和槽宽的检测

在单件和小批量生产中，一般采用通用计量器具（如千分尺、游标卡尺等）检测；在大批量生产中，可用极限量规控制，如图 12-1(a)所示。

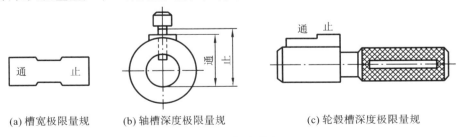

(a) 槽宽极限量规　　　(b) 轴槽深度极限量规　　　(c) 轮毂槽深度极限量规

图 12-1　极限量规

2. 轴槽和轮毂槽深的检测

在单件和小批量生产中,一般采用外径千分尺、游标卡尺测量轴槽尺寸 $d-t_1$,用内径千分尺、游标卡尺测量轮毂槽尺寸 $d+t_2$。在大批量生产中采用专业量规,如轴槽深度极限量规和轮毂槽深度极限量规,分别如图 12-1(b)、(c)所示。

3. 键槽对称度的检测

在单件和小批量生产中,可用分度头、V 形块和百分表检测键槽对称度。如图 12-2 所示,用 V 形块模拟基准轴线,把与键槽宽度相等的定位块插入键槽,先测量与轴线垂直截面的对称度误差,测量时调整被测件,使定位块沿径向与平板平行,测量定位块至平板的距离,再把被测件旋转 $180°$ 重复上述测量,得到上、下两点读数差值 a,则该截面的对称度误差为

$$f_1 = ah/(d-h)$$

式中:d 为轴直径;h 为键槽深。

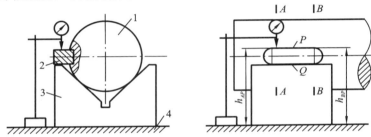

图 12-2　键槽对称度检测

1—工件;2—定位块;3—V 形块;4—平板

接下来测量沿键槽长度方向的对称度误差,其值取长度方向指示表读数最大差值:

$$f_2 = \max(\Delta a)$$

最后取 f_1、f_2 中较大值为对键槽的对称度误差。

在大批量生产中,一般用综合量规检验对称度,只要量规通过即为合格。如图 12-3 所示为轮毂槽对称度量规的应用,图 12-4 所示为轴槽对称度量规的应用。

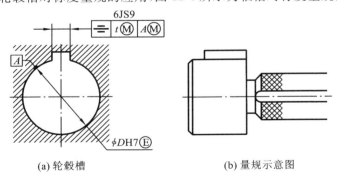

(a) 轮毂槽　　　　　　　　　　(b) 量规示意图

图 12-3　轮毂槽对称度量规的应用

238

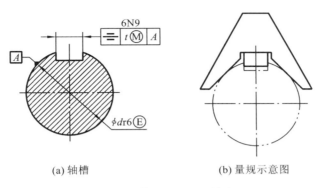

(a) 轴槽　　　　　　　　　　(b) 量规示意图

图 12-4　轴槽对称度量规的应用

知识点 2　花键的检测

花键的检测分为单项测量和综合测量。

1. 单项测量

单项测量就是对花键的单项参数,包括小径、键宽(键槽宽)、大径等尺寸以及位置误差、表面粗糙度的检测。单项测量的目的是控制各单项参数如小径、键宽(键槽宽)、大径等的精度。在单件、小批生产时,花键的单项测量通常用千分尺等通用计量器具来进行。在成批生产时,花键的单项测量用极限量规进行,如图 12-5 所示。

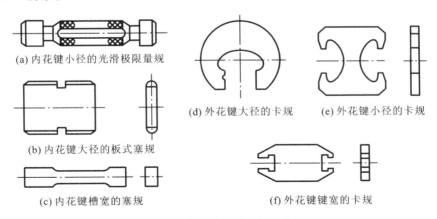

(a) 内花键小径的光滑极限量规

(b) 内花键大径的板式塞规

(c) 内花键槽宽的塞规

(d) 外花键大径的卡规

(e) 外花键小径的卡规

(f) 外花键键宽的卡规

图 12-5　花键的极限塞规和卡规

2. 综合测量

综合测量就是对花键的尺寸、几何误差按控制最大实体实效边界要求,用综合量规进行检测,如图 12-6 所示。花键的综合量规(内花键为综合塞规,外花键为综合环规)均为全形通规,作用是检验内、外花键的实际尺寸和几何误差的综合结果,即同时检验花键的小径、大径、键宽(键槽宽)实际尺寸和几何误差以及

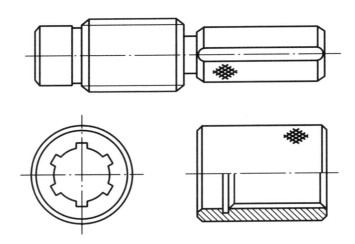

图 12-6　花键综合量规

各键(键槽)的位置误差,大径对小径的同轴度误差等综合结果。至于小径、大径和键宽(键槽宽)的实际尺寸是否超越各自的最小实体尺寸,则采用相应的单项止端量规(或其他计量器具)来检测。

综合测量时:若综合量规通过,单项止端量规不通过,则花键合格;若综合量规不通过,则花键为不合格。

项 目 任 务

任务 1　平键连接的检测

1. 任务引入

对图 4-10 所示轴毂的平键连接选择合适的量具进行检测。

2. 任务分析

单件小批量生产时,对键尺寸、键槽宽 16N9、轮毂槽宽 16JS9 采用游标卡尺测量,轴槽尺寸 $d-t_1$ 用外径千分尺或游标卡尺测量,轮毂槽尺寸 $d+t_2$ 用内径千分尺或游标卡尺测量。轴槽对称度可在 V 形块上用百分表测量(见图12-2),轮毂槽对称度用轮毂槽对称度量规测量(见图12-3)。

大批量生产时,对键和键槽尺寸可用极限量规控制,轮毂槽对称度用轮毂槽对称度量规测量(见图12-3),轴槽对称度用轴槽对称度量规测量(见图12-4)。

表面粗糙度可以用比较法得出或用便携式表面粗糙度仪进行测量。

任务 2　矩形花键连接的检测

1. 任务引入

对图 4-8 所示的矩形花键连接选择合适的量具进行检测。

2. 任务分析

单件小批量生产时,通常用千分尺、游标卡尺等通用计量器具来对矩形花键的定心小径、键宽、大径三个参数进行单项检测,控制各单项参数的尺寸精度及矩形花键的等分误差。对矩形花键连接的几何误差,可逐一测量每个键齿、键槽的对称度,检测方法与平键连接的对称度检测方法相同。

在成批生产时,花键的单项测量用极限量规检测(见图 12-5),几何误差用综合量规检测(见图 12-6)。

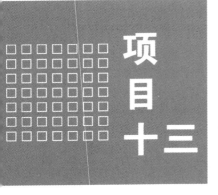

螺纹的检测

【项目内容】
◆ 螺纹的检测方法。

【知识点与技能点】
◆ 螺纹的常用检测方法；
◆ 对螺纹进行检测的技巧。

相 关 知 识

螺纹的测量方法可分为综合测量和单项测量两类。

知识点 1　综合测量

通常用螺纹量规和光滑极限量规联合检测螺纹的合格性。用光滑极限量规检测螺纹顶径的合格性,用螺纹量规检测螺纹的作用中径和底径的合格性。

螺纹量规分为塞规和环规,如图 13-1(a)所示。塞规用于检测内螺纹,环规

(a) 螺纹量规

(b) 牙型规

图 13-1　螺纹综合量规和牙型规

用于检测外螺纹，以通端能通过（旋合长度不低于被测螺纹要求旋合长度的80%），止端不能通过（旋合长度不能超过两个螺距）为合格。螺纹量规使用方便，在生产实际中应用广泛，一般用于制造中控制螺纹质量。

牙型规（牙型样板）一般在生产中用于确定牙型、牙距，如图13-1（b）所示，一组牙型规包括常用的牙型，牙规与牙型吻合就可确认未知螺纹的牙型、牙距。

知识点 2　单项测量

单项测量一般是分别测量螺纹的每个参数，主要测中径、螺距、牙型半角和顶径。单项测量主要用于螺纹工件的工艺分析或螺纹量规和螺纹刀具的质量检查。

1. 用螺纹千分尺测量外螺纹中径

在实际生产中，车间测量低精度螺纹常用螺纹千分尺。螺纹千分尺的结构和一般外径千分尺相似，只是两个测量面可以根据不同螺纹牙型和螺距选用不同的测量头。螺纹千分尺结构如图13-2所示。

图 13-2　螺纹千分尺

使用螺纹千分尺测量普通外螺纹中径的测量步骤如下。

（1）根据图样中普通螺纹的公称尺寸，选择合适规格的螺纹千分尺。

（2）测量时，根据被测螺纹螺距大小按螺纹千分尺附表选择测头型号，装入螺纹千分尺，并读取零位值。

（3）测量时，从不同截面、不同方向多次测量螺纹中径，其值从螺纹千分尺中读取后减去零位的代数值，并记录下来。

（4）查出被测螺纹中径的极限值，判断其中径的合格性。

2. 用三针量法测中径

三针量法是一种间接测量方法，主要用于测量精密螺纹（如丝杠、螺纹塞规）的中径，如图13-3所示。利用三针量法检测螺纹的测量步骤如下。

（1）擦净零件的被测表面和量具的测量面，根据被测螺纹的螺距和牙型半角选取三根直径相同的小圆柱形量针（直径为 d_0），按图将其放入牙槽中。

（2）用公法线千分尺测量尺寸 M。

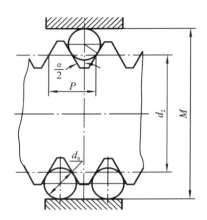

图 13-3　用三针量法测中径

（3）重复步骤（2），在螺纹的不同截面、不同方向多次测量，逐次记录数据。

（4）根据被测螺纹的螺距 P、牙型半角 $\alpha/2$ 和量针直径 d_0，按照下式计算螺纹中径的实际尺寸：

$$d_2 = M - d_0\left(1 + \frac{1}{\sin\alpha/2}\right) + \frac{P}{2}\cot\frac{\alpha}{2}$$

对于普通螺纹，$\alpha = 60°$，有

$$d_2 = M - 3d_0 + 0.866P$$

为了避免牙型半角偏差对测量结果的影响，量针直径应按照螺纹螺距选取，使量针在中径线上与牙侧接触，这样的量针直径称为最佳量针直径 d_0，即

$$d_{0最佳} = \frac{P}{2} \cdot \cos\frac{\alpha}{2}$$

对于公制普通螺纹，　　　　$d_{0最佳} = 0.557P$

知识点 3　用工具显微镜测量螺纹各参数

图 13-4 所示为万能工具显微镜。使用万能工具显微镜测量螺距、中径、牙型半角等的测量步骤如下。

（1）将工件安装在工具显微镜两顶尖之间。

（2）接通电源，调节光源及光阑，直到螺纹影像清晰。

（3）旋转手轮，按被测螺纹的螺旋升角调整立柱的倾斜度。

（4）调整目镜上的调节环，使"米"字线分值刻线清晰；调节仪器的焦距，使被测轮廓影像清晰。

（5）测量螺纹各参数。

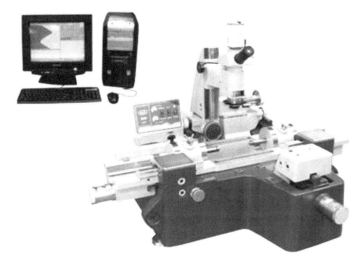

图 13-4　万能工具显微镜

项 目 任 务

任务 1　螺栓和螺母的螺纹检测

1. 任务引入

现有减速器箱体连接用螺栓、螺母（M20—6H/5g6g GB/T 5783—2000），查表列出其顶、中、底径尺寸，中径和顶径的上、下极限偏差和公差。用螺纹千分尺测量外螺纹中径，并用螺纹环规、光滑极限量规检测螺纹是否合格，将检测结果填入表 13-1。

表 13-1　螺纹查表与检测结果

螺 纹 规 格		参 数 查 表			计量器具	检测情况	结　　论
		公称尺寸	上极限偏差	下极限偏差			
螺母 M20—6H	大径						
	中径						
	小径						
螺栓 M20—5g6g	大径						
	中径						
	小径						

2. 任务分析

螺纹是机床、仪表等设备上常见的结构要素，对机械的质量有着重要的影

245

响。对螺纹除在材料强度上有要求外,在几何精度上也提出了相应的要求,以保证连接的可旋合性和一定接触高度。对螺纹配合的检测是机械生产必备的技能。

1. 查表

查表 5-1 可以得到大径 D、d,中径 D_2、d_2,小径 D_1、d_1 的数值。

由中径和顶径公差带代号,查表 5-4 至表 5-6 可得螺纹中径公差 T_{D_2}、T_{d_2},顶径公差 T_{D_1}、T_d,基本偏差 EI、es 的数值。

2. 检测

如前面相关知识所述,可用千分尺或螺纹千分尺测量螺纹中径,但由于没有考虑螺距偏差和牙型角偏差,单测量中径并不能判断螺纹中径的合格性,用螺纹综合量规可方便判断螺纹的合格性。用工具显微镜可测量螺纹的多项参数,但测量仪器比较昂贵。单项参数的测量主要用于螺纹工件的工艺分析或螺纹量规和螺纹刀具的质量检查。

在本任务中可用三针量法或用螺纹千分尺测量螺纹中径,用综合量规判断螺纹合格性。

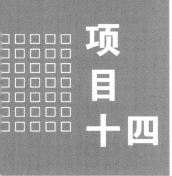

项目十四

齿轮的检测

【项目内容】
◆ 齿轮各项偏差的检测。

【知识点与技能点】
◆ 齿轮的常用检测方法；
◆ 对齿轮常用偏差指标进行检测的方法。

相 关 知 识

如前所述，国家标准规定了齿轮的 14 项偏差要素，其中：单项偏差 10 项，包括 F_r、F_p、F_{pk}、f_{pt}、F_α、$f_{f\alpha}$、$f_{H\alpha}$、F_β、$f_{f\beta}$、$f_{H\beta}$；综合偏差 4 项，包括 F_i'、f_i'、F_i''、f_i''。其中 F_p、F_{pk}、f_{pt}、F_α、$f_{f\alpha}$、$f_{H\alpha}$、F_β、$f_{f\beta}$、$f_{H\beta}$、F_i'、f_i' 属于同侧齿面偏差，F_i''、f_i''、F_r 属于径向偏差。这些偏差要素在使用上可以分为三组，分别是：影响齿轮传递运动准确性的指标，包括 F_r、F_p、F_{pk}、F_i'、F_i''；影响齿轮传动平稳性的指标，包括 f_{pt}、F_α、$f_{f\alpha}$、$f_{H\alpha}$、f_i'、f_i''；影响齿轮传动载荷分布均匀性的指标，包括 F_β、$f_{f\beta}$、$f_{H\beta}$。再加上实际生产常用指标 F_w，齿侧间隙指标齿厚、公法线平均长度偏差，它们共同构成齿轮检测的主要被测参数。需要指出的是，在齿轮标准中，误差、偏差统称齿轮偏差，偏差、误差使用同一符号，如齿圈径向跳动偏差和误差的符号都是 F_r，使用中要注意其实际含义的区别。

知识点 1　齿轮单项偏差的测量

1. 径向跳动 F_r 的测量

齿圈径向跳动 F_r 采用齿圈径向跳动检查仪测量，如图 14-1 所示。

测量时，将被测齿轮安装在仪器上，根据被测齿轮的模数选择测头，对于齿形角为 20° 的标准齿轮或变位系数较小的齿轮，为保证球形测头在分度圆附近与齿廓接触，球形测头直径可取 $d_p = 1.68m$（m 为被测齿轮模数），逐齿测量，记下千分表读数，读数中的最大值减去最小值即为 F_r。若测量结果 F_r 的偏差值小于

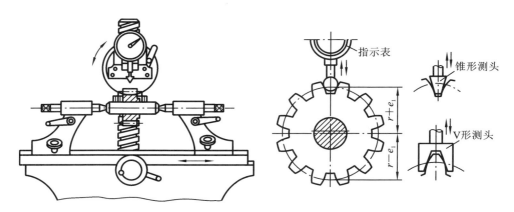

图 14-1　齿圈径向跳动的测量

或等于规定公差值,说明该项目合格,否则不合格。

F_r 反映几何偏心的影响,不反映运动偏心的影响,须与反映运动偏心影响的指标如 F_w、F_p、F_i' 等指标配合使用。

2. 公法线变动量 E_{bn} 的测量

公法线长度的测量器具为公法线千分尺,如图 14-2 所示。通过测量公法线长可以得到两项结果,即公法线变动量 E_{bn} 和公法线平均长度偏差 E_{wm},后者用于控制齿侧间隙的大小。

图 14-2　公法线千分尺

测量时先根据被测齿轮参数,计算公法线公称值和跨齿数;然后校对公法线千分尺零位值,依次测量齿轮公法线长度值 W_{ki}(测量全齿圈),记下读数,将记录的公法线长度最大值减去最小值,即为公法线的变动量:

$$E_{bn} = Max(W_{ki}) - Min(W_{ki})$$

若公法线长度变动值小于规定的公差值,则该项目合格,否则不合格。由于检测成本低,常代替 F_i' 或 F_p 与 F_r 组合使用。

3. 齿距累积总偏差 F_p、齿距累积偏差 F_{pk} 和单个齿距偏差 f_{pt} 的测量

齿距偏差可用万能测齿仪(见图 14-3)、齿轮齿距测量仪(见图 14-4)测量。

使用齿轮齿距测量仪时,取齿顶圆顶上三点作为定位基准,利用被测齿轮任意一个齿距调整仪器对零,来比较其他各齿齿距与第一对齿距的大小,最后进行

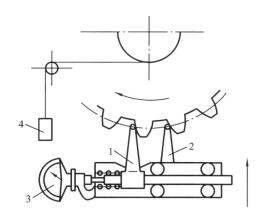

图 14-3　万能测齿仪测齿距简图
1—活动测头；2—固定测头；3—指示表；4—重锤

数据处理，即可得到所需测量齿距的结果。齿轮齿距测量适用于检查 7 级或低于 7 级精度的内、外啮合直齿与斜齿圆柱齿轮的齿距偏差。齿轮齿距测量仪操作简便，易于维修，可供各工厂计量室及车间使用。

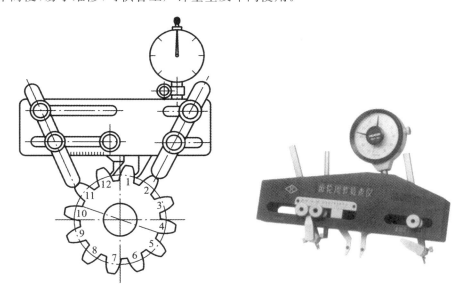

图 14-4　齿轮齿距测量仪

4. 齿廓总偏差 F_α、齿廓形状偏差 $f_{f\alpha}$、齿廓倾斜偏差 $f_{H\alpha}$ 的测量

齿廓总偏差 F_α、齿廓形状偏差 $f_{f\alpha}$、齿廓倾斜偏差 $f_{H\alpha}$ 的测量属于齿形测量，可分别用渐开线测量仪、万能齿形测量仪或齿轮测量中心测量，如图 14-5 所示。

检测时，不要求每个指标都检测。进行齿轮质量分级时只需测量 F_α 即可。进行工艺分析等时，可测量齿廓形状偏差 $f_{f\alpha}$、齿廓倾斜偏差 $f_{H\alpha}$。

图 14-5 万能齿形测量仪

5. 螺旋线总偏差 F_β、螺旋线形状偏差 $f_{f\beta}$、螺旋线倾斜偏差 $f_{H\beta}$ 的测量

螺旋线总偏差 F_β、螺旋线形状偏差 $f_{f\beta}$、螺旋线倾斜偏差 $f_{H\beta}$ 可以采用齿轮检测中心测量,绘出螺旋线图后进行评定。

当不能得到螺旋线图或齿轮的尺寸较大、不方便在测齿机上测量时,用轴向齿距仪测量轴向齿距偏差来确定螺旋线偏差 $f_{H\beta}$。

进行齿轮质量分级时只需测量螺旋线总偏差 F_β 即可,进行工艺分析等时,则可测量螺旋线形状偏差 $f_{f\beta}$、螺旋线倾斜偏差 $f_{H\beta}$。

从齿面法向上测得的螺旋线偏差未由检测仪器转化为端面值时,须除以 $\cos\beta_b$(β_b 为基圆螺旋角)转换成端面数值,这时才可以与给定的公差值相比较。

对直齿圆柱齿轮,螺旋角 $\beta=0$,此时 F_β 称为齿向偏差。

知识点 2　齿轮综合偏差的测量

齿轮综合偏差采用齿轮综合检查仪来测量。

齿轮综合检查仪分为单面啮合检查仪和双面啮合检查仪两种。

用单面啮合检查仪检测齿轮时,测量齿轮带动被测齿轮转动,被测齿轮的齿距、齿形、齿向、齿圈径向跳动等单项误差综合反映为转角误差。

使用双面啮合检查仪检测时,齿轮齿圈径向跳动、齿形误差等单项误差综合地反映为平行于导轨的径向变动量。

1. 切向综合总偏差 F_i'、一齿切向综合偏差 f_i' 的测量

切向综合总偏差 F_i'、一齿切向综合偏差 f_i' 用单面啮合检查仪检测(见图14-6)。

齿轮单面啮合检查仪简称单啮仪,可分为光栅式、磁栅式和惯性式几种。使用齿轮单面啮合检查仪,当测量齿轮带动被测齿轮转动时,由被测齿轮的齿距、齿形、齿向、齿圈径向跳动等单项误差综合引起的转角误差,通过与被测齿轮同

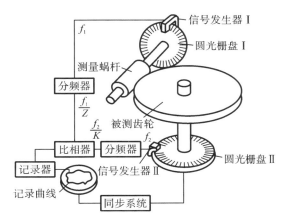

图 14-6　单面啮合检查仪原理

轴安装的圆光栅传感器转换成电信号输出。此电信号与测量齿轮同轴安装的圆光栅传感器输出的电信号分别经放大、整理、分频后进行比相,再由记录器记录出误差曲线图。这种齿轮检查仪一般用于测量 5～6 级精度的齿轮,配对测量时可以达到更高精度。

由于单面啮合检查仪价格比较昂贵,目前使用还不是很广泛。

2. 径向综合总偏差 F_i''、一齿径向综合偏差 f_i'' 的测量

F_i''、f_i'' 的测量用双面啮合检查仪(简称双啮仪)进行,如图 14-7 所示。

图 14-7　用双面啮合检查仪测径向综合偏差

齿轮双面啮合检查仪工作时,测量齿轮在弹簧力的作用下与被测齿轮做双面啮合传动,后者的齿圈径向跳动、齿形误差等单项误差综合地反映为平行于导轨的径向变动量。量值由百分表指示,或由记录器记录出误差曲线图。被测齿轮转一周和转过一齿内的最大变动量分别为径向综合总偏差和一齿径向综合偏差;一对被测齿轮配对测量所得最大变动量即齿轮副中心距变动。

双面啮合检查仪结构简单、操作方便、测量效率高,广泛应用在大量生产中检测 7 级以下精度的齿轮。

知识点3　影响齿侧间隙的偏差测量

1. 齿厚偏差 E_{sn}

齿厚偏差 E_{sn} 指分度圆柱面上齿厚的实际值和公称值 S 之差,对于斜齿轮指法向齿厚。

一般用齿厚游标卡尺测量分度圆弦齿厚,如图 14-8 所示。将测得值减去理论值得到齿厚偏差 E_{sn}。为了得到齿侧间隙,齿厚偏差应为负值。

图 14-8 中 S、h_a 的理论值计算式如下:

$$S = 2r\sin(90°/z) = mz\sin(90°/z) \tag{14-1}$$

$$h_a = m\left[1 + \frac{z}{2(1-\cos(90°/z))}\right] \tag{14-2}$$

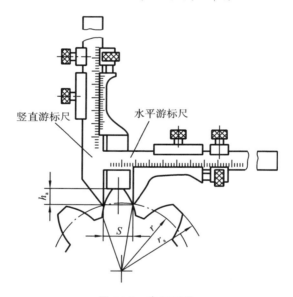

竖直游标尺　水平游标尺

图 14-8　齿厚测量

用齿厚游标卡尺测量分度圆弦齿厚时以齿顶圆定位测量,因受齿顶圆偏差影响,测量精度较低,故适用于较低精度的齿轮测量或模数较大的齿轮测量。

齿厚测量步骤如下。

(1) 用外径千分尺或游标卡尺测量齿顶圆直径,并记录。

(2) 计算分度圆实际弦齿高。

(3) 按 h_a 值调整齿厚游标卡尺的竖直游标。

(4) 如图 14-8 所示,将齿厚游标卡尺置于被测齿轮上,使垂直于游标尺的定位尺和齿顶接触,然后移动水平游标尺的卡脚,使卡脚紧靠齿廓,从水平游标尺上读出实际弦齿厚。

(5) 沿齿轮外圆,重复步骤(4),均匀测量 6~8 点,记录数据。

2. 公法线平均长度偏差 E_{wm} 的测量

公法线平均长度偏差指在齿轮旋转一周内,公法线平均长度和公称值之差。

由于齿轮加工的运动偏心会使得公法线长度不均匀,而齿厚变化必然引起公法线长度的相应变化,故用公法线平均长度反映齿厚的变化,用公法线平均长度偏差控制齿侧间隙的大小。

公法线长度可用公法线指示卡规、公法线千分尺或万能测齿仪测量。

测量公法线平均长度偏差时,先查表或计算出公法线长度公称值 W_k(见式(7-6)),然后测量公法线长度并取平均值,最后计算出二者之差,即公法线平均长度偏差 E_{wm}。

相对于齿厚偏差,由于不需要以齿顶圆作为测量基准,公法线平均长度偏差测量精度更高。

知识点 4 检测项目的选用

齿轮的常规检测项目分为三组,每组均有多项指标,在评定齿轮精度时,不必每个指标都测量,根据齿轮传动的用途、生产及检测条件,在其中选择项目进行检测即可。

第一组检测项目主要用于保证传递运动的准确性,包括:切向综合总偏差 F'_i、齿距累积总偏差 F_p、齿距累积偏差 F_{pk}、径向综合总偏差 F''_i、齿圈径向跳动 F_r、公法线变动偏差 E_{bn}。

第二组检测项目主要用于保证传递运动的平稳性,控制噪声和振动,其项目包括:齿廓总偏差 F_α、齿廓倾斜偏差 $f_{H\alpha}$、齿廓形状偏差 $f_{f\alpha}$、一齿切向综合偏差 f'_i、单个齿距极限偏差 f_{pt}、一齿径向综合偏差 f''_i。

第三组检测项目主要是保证载荷分布的均匀性,其项目包括:螺旋线总偏差 F_β、螺旋线形状偏差 $f_{f\beta}$、螺旋线倾斜偏差 $f_{H\beta}$。

以上指标加上齿侧间隙指标构成齿轮检测项目的检测组。选择检测组时,应根据齿轮的规格、用途、生产规模、精度等级、齿轮加工方式、现有计量仪器、检验目的等因素综合分析、合理选择检验指标。

齿轮检测项目最终由产品供需双方协商合理确定,不是每一项指标都要检测,使用时可参表 14-1。

表 14-1 推荐的齿轮检测组

检测组	检 测 项 目	适用等级	测 量 仪 器
1	F_p、F_α、F_β、F_r、E_{sn} 或 E_{bn}	3～9	齿距仪、齿轮检测中心、齿向仪、摆差测定仪、齿厚游标卡尺或公法线千分尺
2	F_p 与 F_{pk}、F_α、F_β、F_r、E_{sn} 或 E_{bn}	3～9	齿距仪、齿形仪、齿轮检测中心、摆差测定仪、齿厚游标卡尺或公法线千分尺

续表

检测组	检测项目	适用等级	测量仪器
3	F_p、f_{pt}、F_α、F_β、F_r、E_{sn} 或 E_{bn}	3～9	齿距仪、齿形仪、齿轮测量中心、摆差测定仪、齿厚游标卡尺或公法线千分尺
4	F''_i、f''_i、E_{sn} 或 E_{bn}	6～9	齿距仪、齿形仪、齿向仪、摆差测定仪、齿厚游标卡尺或公法线千分尺
5	f_{pt}、F_r、E_{sn} 或 E_{bn}	10～12	双面啮合检查仪、齿厚游标卡尺或公法线千分尺
6	F'_i、f'_i、F_β、E_{sn} 或 E_{bn}	3～6	单面啮合检查仪、齿轮测量中心、齿厚游标卡尺或公法线千分尺

选择检测指标时的考虑因素包括以下几个。

(1) 齿轮加工方式 如滚齿选公法线偏差、磨齿选齿距累积误差。

(2) 齿轮精度 精度要求高时应进行综合检测;精度要求低的齿轮,可不检,其精度由机床保证。

(3) 检验目的 终结检验考虑采用综合检测指标;工艺检验采用单项检测指标。

(4) 齿轮规格 齿轮公称直径 $d \leqslant 400$ mm 时将齿轮放在固定仪器上检测,$d > 400$ mm 时直接在齿轮上检测。

(5) 生产规模 大批生产时,考虑采用综合检测指标;小批生产时,考虑单项检测指标。

(6) 设备条件及习惯 考虑充分利用现有设备条件和生产使用习惯选用检测指标。一般,对于单个齿轮,检测单个齿距偏差、齿距累积总偏差、齿廓总偏差、螺旋线总偏差。齿距累积偏差用于高速齿轮的检测;当检测切向综合偏差时,可不检测单个齿距和齿距累积总偏差。

项 目 任 务

任务1　直齿圆柱齿轮齿距偏差的测量

1. 任务引入

某直齿圆柱齿轮,齿轮精度为 7 级,$m=3$,$z=12$,用齿距(周节)仪测量该直齿圆柱齿轮的单个齿距偏差 f_{pt}、齿距累积总偏差 F_p。

2. 任务分析

在实际测量直齿圆柱齿轮齿距偏差时,通常采用某一齿距作为基准齿距,测量其余的齿距对基准齿距的偏差,然后通过数据处理来求解单个齿距偏差 f_{pt} 和齿距累积总偏差 F_p。测量应在齿高中部同一圆周上进行,这就要求保证测量基准的精度。而齿轮的测量基准可选用齿轮内孔、齿顶圆和齿根圆。为了使测量基准与装配基准一致,以内孔定位最好。用齿顶定位时,必须控制齿顶圆对内孔轴线的径向跳动。在生产中,根据所用量具的结构来确定测量基准。利用相对法测量齿距相对偏差的仪器有齿距仪和万能齿形测量仪。

图 14-9 为用手持式齿距仪测量齿距偏差的示意图,以齿顶圆作为测量基准。指示表的分度值为 0.001 mm,被测齿轮模数范围为 2～16 mm。手持式齿距仪适用于测量 7 级或低于 7 级精度的圆柱齿轮。

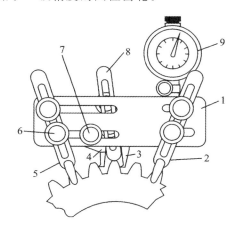

图 14-9 用齿距仪测齿距偏差

1—支架;2、5、8—定位脚;3—活动测量头;4—固定测量头;6、7—螺钉;9—指示表

齿距仪有 2、5 和 8 三个定位脚,用以支承仪器。测量时,调整定位脚的相对位置,使测量头 3 和 4 在分度圆附近与齿面接触。固定测量头 4 按被测齿轮模数来调整位置,活动测量头 3 则与指示表 9 相连。测量前,将两个定位脚 2、5 前端的定位爪紧靠齿轮端面,并使它们与齿顶圆接触,再用螺钉 6 固紧。然后将辅助定位脚 8 也与齿顶圆接触,同样用螺钉固紧。以被测齿轮的任一齿距作为基准齿距,调整指示表 9 的零位,并且把指针压缩 1～2 圈。然后,逐齿测量其余的齿距,指示表读数即为这些齿距与基准齿距之差,将测得的数据记入表中。

3. 任务实施

1) 测量步骤

(1) 将固定测量头 4 按被测齿轮模数调整到模数标尺的相应刻线上,然后用螺钉 7 固紧。

(2) 调整定位脚 2 和 5 的位置,使测量头 3 和 4 在齿轮分度圆附近与两相邻同侧齿面接触,并使两接触点分别与两齿顶距离接近相等,然后用螺钉 6 固紧。

最后调整辅助定位脚 8，并用螺钉固紧。

（3）调节指示表零位。以任一齿距作为基准齿距（注上标记），将指示表 9 对准零位，然后将仪器测量头稍微移开轮齿，再重新使它们接触，以检查指示表示值的稳定性。这样重复三次，待指示表稳定后，再调节指示表 9 对准零位。

（4）逐齿测量各齿距的相对偏差，并将测量结果记入表 14-2。

表 14-2　齿距偏差测量数据　　　　　　　　（μm）

齿序 n	相对齿距 偏差 P_i	相对齿距累积 偏差 $\sum P_i$	单个齿距 偏差 f_{pti}	齿距累积 总偏差 F_{pi}
1	0	0	−0.5	−0.5
2	−1	−1	−1.5	−2.0
3	−2	−3	−2.5	−4.5
4	−1	−4	−1.5	−6.0
5	−2	−6	−2.5	−8.5
6	+3	−3	+2.5	−6.0
7	+2	−1	+1.5	−4.5
8	+3	+2	+2.5	−2.0
9	+2	+4	+1.5	−0.5
10	+4	+8	+3.5	+3.0
11	−1	+7	−1.5	+1.5
12	−1	+6	−1.5	0
数据处理	平均相对齿距偏差 $P_m = \sum P_i/z = \dfrac{6}{12} = 0.5\ \mu m$ 单个齿距偏差 $f_{pti} = \sum P_i - P_m$ 单个齿距偏差 $f_{pt} = \mathrm{Max}\mid (f_{pti}) \mid = 3.5\ \mu m$ $F_p = \mathrm{Max}(P_i) - \mathrm{Min}(P_i) = [3-(-8.5)]\ \mu m = 11.5\ \mu m$			

2）测量数据的处理

齿距累积误差可以用计算法或作图法求解。

（1）用计算法处理测量数据　第二列数据是测得的相对齿距偏差原始数据 P_i，先将由原始数据逐齿累积得到的相对齿距累积偏差 $\sum P_i$ 填入第三列，然后计算基准齿距对公称齿距的偏差。因为第一个齿距是任意选定的，假定它对

公称齿距的偏差为 P_m,那么以后每测一齿都引入了该偏差 P_m,所以 P_m 值按下式计算:

$$P_m = \sum P_i / z$$

式中:z——齿轮的齿数。

将各相对齿距偏差 P_i 分别减去 P_m 值,得单个齿距偏差 f_{pti},记入表中第四列。其中 f_{pti} 绝对值的最大值即为被测齿轮的齿距偏差 f_{pt},即

$$f_{pt} = \mathrm{Max}\,|(f_{pti})|$$

最后将单个齿距偏差 f_{pti} 逐齿累积,求得各齿的齿距累积总偏差,记入表中第五列,该行中的最大值与最小值之差,即为被测齿轮的齿距累积总误差 F_p,有

$$F_p = \mathrm{Max}(F_{pi}) - \mathrm{Min}(F_{pi})$$

（2）用作图法处理测量数据。以横坐标代表齿序,纵坐标代表第三列内的相对齿距累积误差 $\sum P_i$,绘出如图 14-10 所示的折线,连接折线首、末两点作一直线,该直线即为计算齿距累积总偏差的基准线。然后,从折线的最高点与最低点分别作平行于上述基准线的直线。这两条平行直线间在纵坐标上的距离即为齿距累积总偏差。

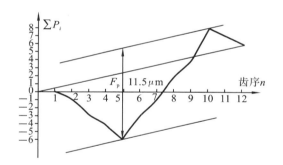

图 14-10　用作图法处理数据

3) 判断齿轮合格性

该齿轮精度等级为 7 级、分度圆直径 $d = mz = 3 \times 12$ mm $= 36$ mm、模数 $m = 3$ mm,由此查表 7-13 得齿轮的齿距累积总偏差 $F_p = 30$ μm,单个齿距极限偏差 $f_{pt} = 11$ μm,与测量结果对比,即可判断该被测齿轮合格。

任务 2　直齿圆柱齿轮公法线长度变动量 E_{bn} 和公法线平均长度偏差 E_{wm} 的测量

1. 任务引入

用公法线指示卡规测量齿轮公法线长度变动量 E_{bn} 和公法线平均长度偏差 E_{wm}。

2. 任务分析

公法线长度可用公法线指示卡规(见图 14-11)、公法线千分尺(见图 14-2)或万能齿形测量仪(见图 14-5)测量。

图 14-11 公法线指示卡规

公法线指示卡规适用于测量 6～7 级精度的齿轮。测量时先按公法线长度的公称值(量块组合)调整固定卡脚到活动卡脚之间的距离,然后调整指示表的零位,活动卡脚通过杠杆与指示表的测头相连。测量齿轮时,公法线长度的偏差可从指示表(分度值为 0.005 mm)读出。

3. 任务实施

对未知模数 m、压力角 $\alpha = 20°$ 的标准直齿圆柱齿轮,测量时应先按齿轮的齿数确定跨齿数 k,测出公法线长度 W_k 和 W_{k+1} 后,先求出法向齿距 $P_b = W_{k+1} - W_k$,再根据 $P_b = \pi m \cos\alpha$ 确定该齿轮的模数 m;对已知模数 m 的标准直齿圆柱齿轮,直接进入下一步。

(1) 按式(7-6)计算直齿圆柱齿轮公法线公称长度,或从表 7-5 中查出。

(2) 按公法线长度的公称尺寸组合量块。

(3) 用组合好的量块组调节固定卡脚与活动卡脚之间的距离,使指示表的指针压缩一圈后再对零。然后压紧按钮,使活动卡脚退开,取下量块组。

(4) 在公法线指示卡规的两个卡脚中卡入齿轮,沿齿圈的不同方位测量 4～5 个以上的值(最好测量全齿圈值)。测量时应轻轻摆动卡规,按指针移动的转折点(最小值)进行读数,读出的值就是公法线长度偏差。测量时注意卡脚测量部位要与齿轮在分度圆附近相切,如图 14-12 所示。

(5) 对所有的读数值取平均值,该平均值与公法线公称值之差即为公法线平均长度偏差 E_{wm}。所有读数中最大值与最小值之差即为公法线长度变动量 E_{bn}。

(6) 将测量结果与齿轮图样标注的技术要求对比,判断被测齿轮的合格性。

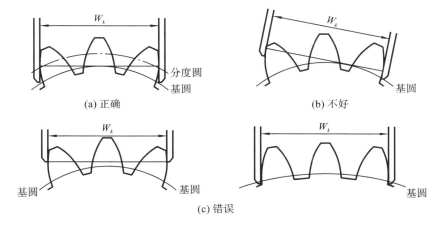

(a) 正确　　　　　　　　　　(b) 不好

(c) 错误

图 14-12　测量部位

附录 A　轴和孔的基本偏差值

表 A-1　轴的基本偏差数值(摘自 GB/T 1800.1—2009)　　　　　　　　　　　　　(μm)

公称尺寸/mm 大于	至	基本偏差数值(上极限偏差 es) 所有标准公差等级											
		a	b	c	cd	d	e	ef	f	fg	g	h	js
—	3	-270	-140	-60	-34	-20	-14	-10	-6	-4	-2	0	
3	6	-270	-140	-70	-46	-30	-20	-14	-10	-6	-4	0	
6	10	-280	-150	-80	-56	-40	-25	-18	-13	-8	-5	0	
10	14	-290	-150	-95		-50	-32		-16		-6	0	
14	18												
18	24	-300	-160	-110		-65	-40		-20		-7	0	
24	30												
30	40	-310	-170	-120		-80	-50		-25		-9	0	
40	50	-320	-180	-130									
50	65	-340	-190	-140		-100	-60		-30		-10	0	
65	80	-360	-200	-150									偏差=
80	100	-380	-220	-170		-120	-72		-36		-12	0	$\pm\dfrac{IT_n}{2}$,
100	120	-410	-240	-180									式中 IT_n
120	140	-460	-260	-200		-145	-85		-43		-14	0	是 IT
140	160	-520	-280	-210									值数
160	180	-580	-310	-230									
180	200	-660	-340	-240		-170	-100		-50		-15	0	
200	225	-740	-380	-260									
225	250	-820	-420	-280									
250	280	-920	-480	-300		-190	-110		-56		-17	0	
280	315	-1050	-540	-330									
315	355	-1200	-600	-360		-210	-125		-62		-18	0	
355	400	-1350	-680	-400									
400	450	-1500	-760	-440		-230	-135		-68		-20	0	
450	500	-1650	-840	-480									

续表

基本偏差数值（下极限偏差 ei）　所有标准公差等级

公称尺寸/mm		j			k		m	n	p	r	s	t	u	v	x	y	z	za	zb	zc
大于	至	IT5和IT6	IT7	IT8	IT4~IT7	≤IT3 >IT7														
—	3	-2	-4	-6	0	0	+2	+4	+6	+10	+14		+18		+20		+26	+32	+40	+60
3	6	-2	-4		+1	0	+4	+8	+12	+15	+19		+23		+28		+35	+42	+50	+80
6	10	-2	-5		+1	0	+6	+10	+15	+19	+23		+28		+34		+42	+52	+67	+97
10	14	-3	-6		+1	0	+7	+12	+18	+23	+28		+33		+40		+50	+64	+90	+130
14	18	-3	-6		+1	0	+7	+12	+18	+23	+28		+33	+39	+45		+60	+77	+108	+150
18	24	-4	-8		+2	0	+8	+15	+22	+28	+35		+41	+47	+54	+63	+73	+98	+136	+188
24	30	-4	-8		+2	0	+8	+15	+22	+28	+35	+41	+48	+55	+64	+75	+88	+118	+160	+218
30	40	-5	-10		+2	0	+9	+17	+26	+34	+43	+48	+60	+68	+80	+94	+112	+148	+200	+274
40	50	-5	-10		+2	0	+9	+17	+26	+34	+43	+54	+70	+81	+97	+114	+136	+180	+242	+325
50	65	-7	-12		+2	0	+11	+20	+32	+41	+53	+66	+87	+102	+122	+144	+172	+226	+300	+405
65	80	-7	-12		+2	0	+11	+20	+32	+43	+59	+75	+102	+120	+146	+174	+210	+274	+360	+480
80	100	-9	-15		+3	0	+13	+23	+37	+51	+71	+91	+124	+146	+178	+214	+258	+335	+445	+585
100	120	-9	-15		+3	0	+13	+23	+37	+54	+79	+104	+144	+172	+210	+254	+310	+400	+525	+690
120	140	-11	-18		+3	0	+15	+27	+43	+63	+92	+122	+170	+202	+248	+300	+365	+470	+620	+800
140	160	-11	-18		+3	0	+15	+27	+43	+65	+100	+134	+190	+228	+280	+340	+415	+535	+700	+900
160	180	-11	-18		+3	0	+15	+27	+43	+68	+108	+146	+210	+252	+310	+380	+465	+600	+780	+1000
180	200	-13	-21		+4	0	+17	+31	+50	+77	+122	+166	+236	+284	+350	+425	+520	+670	+880	+1150
200	225	-13	-21		+4	0	+17	+31	+50	+80	+130	+180	+258	+310	+385	+470	+575	+740	+960	+1250
225	250	-13	-21		+4	0	+17	+31	+50	+84	+140	+196	+284	+340	+425	+520	+640	+820	+1050	+1350
250	280	-16	-26		+4	0	+20	+34	+56	+94	+158	+218	+315	+385	+475	+580	+710	+920	+1200	+1550
280	315	-16	-26		+4	0	+20	+34	+56	+98	+170	+240	+350	+425	+525	+650	+790	+1000	+1300	+1700
315	355	-18	-28		+4	0	+21	+37	+62	+108	+190	+268	+390	+475	+590	+730	+900	+1150	+1500	+1900
355	400	-18	-28		+4	0	+21	+37	+62	+114	+208	+294	+435	+530	+660	+820	+1000	+1300	+1650	+2100
400	450	-20	-32		+5	0	+23	+40	+67	+126	+232	+330	+490	+595	+740	+920	+1100	+1450	+1850	+2400
450	500	-20	-32		+5	0	+23	+40	+67	+132	+252	+360	+540	+660	+820	+1000	+1250	+1600	+2100	+2600

注：公称尺寸小于或等于 1 mm 时，基本偏差 a 和 b 均不采用。公差带 js7~js11，若 IT_n 值数是奇数，则取偏差 $=\pm\dfrac{IT_n-1}{2}$。

表 A-2 孔的基本偏差数值

（μm）

公称尺寸/mm 大于	至	A	B	C	CD	D	E	EF	F	FG	G	H	JS（偏差=±IT_n/2，式中 IT_n 是 IT 值数）	J IT6	J IT7	J IT8	K ≤IT8	K >IT8	M ≤IT8	M >IT8	N ≤IT8	N >IT8	P 至 ZC ≤IT7（在大于 IT7 的相应数值上增加一个 Δ值）
—	3	+270	+140	+60	+34	+20	+14	+10	+6	+4	+2	0		+2	+4	+6	0	0	−2	−2	−4	−4	
3	6	+270	+140	+70	+46	+30	+20	+14	+10	+6	+4	0		+5	+6	+10	−1+Δ	0	−4+Δ	−4	−8+Δ	0	
6	10	+280	+150	+80	+56	+40	+25	+18	+13	+8	+5	0		+5	+8	+12	−1+Δ	0	−6+Δ	−6	−10+Δ	0	
10	14	+290	+150	+95		+50	+32		+16		+6	0		+6	+10	+15	−1+Δ	0	−7+Δ	−7	−12+Δ	0	
14	18	+290	+150	+95		+50	+32		+16		+6	0		+6	+10	+15	−1+Δ	0	−7+Δ	−7	−12+Δ	0	
18	24	+300	+160	+110		+65	+40		+20		+7	0		+8	+12	+20	−2+Δ	0	−8+Δ	−8	−15+Δ	0	
24	30	+300	+160	+110		+65	+40		+20		+7	0		+8	+12	+20	−2+Δ	0	−8+Δ	−8	−15+Δ	0	
30	40	+310	+170	+120		+80	+50		+25		+9	0		+10	+14	+24	−2+Δ	0	−9+Δ	−9	−17+Δ	0	
40	50	+320	+180	+130		+80	+50		+25		+9	0		+10	+14	+24	−2+Δ	0	−9+Δ	−9	−17+Δ	0	
50	65	+340	+190	+140		+100	+60		+30		+10	0		+13	+18	+28	−2+Δ	0	−11+Δ	−11	−20+Δ	0	
65	80	+360	+200	+150		+100	+60		+30		+10	0		+13	+18	+28	−2+Δ	0	−11+Δ	−11	−20+Δ	0	
80	100	+380	+220	+170		+120	+72		+36		12	0		+16	+22	+34	−3+Δ	0	−13+Δ	−13	−23+Δ	0	
100	120	+410	+240	+180		+120	+72		+36		12	0		+16	+22	+34	−3+Δ	0	−13+Δ	−13	−23+Δ	0	
120	140	+460	+260	+200		+145	+85		+43		+14	0		+18	+26	+41	−3+Δ	0	−15+Δ	−15	−27+Δ	0	
140	160	+520	+280	+210		+145	+85		+43		+14	0		+18	+26	+41	−3+Δ	0	−15+Δ	−15	−27+Δ	0	
160	180	+580	+310	+230		+145	+85		+43		+14	0		+18	+26	+41	−3+Δ	0	−15+Δ	−15	−27+Δ	0	
180	200	+660	+340	+240		+170	+100		+50		+15	0		+22	+30	+47	−4+Δ	0	−17+Δ	−17	−31+Δ	0	
200	225	+740	+380	+260		+170	+100		+50		+15	0		+22	+30	+47	−4+Δ	0	−17+Δ	−17	−31+Δ	0	
225	250	+820	+420	+280		+170	+100		+50		+15	0		+22	+30	+47	−4+Δ	0	−17+Δ	−17	−31+Δ	0	
250	280	+920	+480	+300		+190	+110		+56		+17	0		+25	+36	+55	−4+Δ	0	−20+Δ	−20	−34+Δ	0	
280	315	+1050	+540	+330		+190	+110		+56		+17	0		+25	+36	+55	−4+Δ	0	−20+Δ	−20	−34+Δ	0	
315	355	+1200	+600	+360		+210	+125		+62		+18	0		+29	+39	+60	−4+Δ	0	−21+Δ	−21	−37+Δ	0	
355	400	+1350	+680	+400		+210	+125		+62		+18	0		+29	+39	+60	−4+Δ	0	−21+Δ	−21	−37+Δ	0	
400	450	+1500	+760	+440		+230	+135		+68		+20	0		+33	+43	+66	−5+Δ	0	−23+Δ	−23	−40+Δ	0	
450	500	+1650	+840	+480		+230	+135		+68		+20	0		+33	+43	+66	−5+Δ	0	−23+Δ	−23	−40+Δ	0	

注：基本偏差数值——下极限偏差 EI（所有标准公差等级）；上极限偏差 ES。

续表

基本偏差数值　上极限偏差 ES（标准公差等级大于 IT7）／Δ值（标准公差等级）　单位：μm

| 公称尺寸/mm | | 基本偏差数值 上极限偏差 ES（标准公差等级大于 IT7） | | | | | | | | | | | Δ值 标准公差等级 | | | | | |
大于	至	P	R	S	T	U	V	X	Y	Z	ZA	ZB	ZC	IT3	IT4	IT5	IT6	IT7	IT8
—	3	−6	−10	−14		−18		−20		−26	−32	−40	−60	0	0	0	0	0	0
3	6	−12	−15	−19		−23		−28		−35	−42	−50	−80	1	1.5	1	3	4	6
6	10	−15	−19	−23		−28		−34		−42	−52	−67	−97	1	1.5	2	3	6	7
10	14	−18	−23	−28		−33		−40		−50	−64	−90	−130	1	2	3	3	7	9
14	18	−18	−23	−28		−33	−39	−45	−63	−60	−77	−108	−150						
18	24	−22	−28	−35	−41	−41	−47	−54	−75	−73	−98	−136	−188	1.5	2	3	4	8	12
24	30	−22	−28	−35	−48	−48	−55	−64	−94	−88	−118	−160	−218						
30	40	−26	−34	−43	−54	−60	−68	−80	−114	−112	−148	−200	−274	1.5	3	4	5	9	14
40	50	−26	−34	−43	−66	−70	−81	−97	−144	−136	−180	−242	−325						
50	65	−32	−41	−53	−75	−87	−102	−122	−174	−172	−226	−300	−405	2	3	5	6	11	16
65	80	−32	−43	−59	−91	−102	−120	−146	−214	−210	−274	−360	−480						
80	100	−37	−51	−71	−104	−124	−146	−178	−254	−258	−335	−445	−585	2	4	5	7	13	19
100	120	−37	−54	−79	−122	−144	−172	−210	−300	−310	−400	−525	−690						
120	140	−43	−63	−92	−134	−170	−202	−248	−340	−365	−470	−620	−800	3	4	6	7	15	23
140	160	−43	−65	−100	−146	−190	−228	−280	−380	−415	−535	−700	−900						
160	180	−43	−68	−108	−166	−210	−252	−310	−425	−465	−600	−780	−1000						
180	200	−50	−77	−122	−180	−236	−284	−350	−470	−520	−670	−880	−1150	3	4	6	9	17	26
200	225	−50	−80	−130	−196	−258	−310	−385	−520	−575	−740	−960	−1250						
225	250	−50	−84	−140	−218	−284	−340	−425	−580	−640	−820	−1050	−1350						
250	280	−56	−94	−158	−240	−315	−385	−475	−650	−710	−920	−1200	−1550	4	4	7	9	20	29
280	315	−56	−98	−170	−268	−350	−425	−525	−730	−790	−1000	−1300	−1700						
315	355	−62	−108	−190	−294	−390	−475	−590	−820	−900	−1150	−1500	−1900	4	5	7	11	21	32
355	400	−62	−114	−208	−330	−435	−530	−660	−920	−1000	−1300	−1650	−2100						
400	450	−68	−126	−232	−360	−490	−595	−740	−1000	−1100	−1450	−1850	−2400	5	5	7	13	23	34
450	500	−68	−132	−252		−540	−660	−820		−1250	−1600	−2100	−2600						

注：①公称尺寸小于或等于 1 mm 时，基本偏差 A 和 B 及大于 IT8 的 N 均不采用。公差带 JS7～JS11，若数 IT 值数是奇数，则取偏差=±$\frac{IT-1}{2}$。

②对小于或等于 IT8 的 K、M、N 和小于或等于 IT7 的 P 至 ZC，所需 Δ 值从表内右侧选取。例如：18 mm～30 mm 段的 K7，Δ=8 μm，所以 ES=(−2+8) μm=+6 μm；18 mm～30 mm 段的 M6，ES=−9 μm（代替−11 μm）。特殊情况：250 mm～315 mm 段的 S6，Δ=4 μm，所以 ES=(−35+4) μm=−31 μm。

附录 B   本书引用标准索引

GB/T 1800.1—2009 《产品几何技术规范(GPS) 极限与配合第 1 部分:公差、偏差和配合基础》

GB/T 1800.2—2009 《产品几何技术规范(GPS) 极限与配合第 2 部分:标准公差等级和孔、轴极限偏差表》

GB/T 1801—2009 《产品几何技术规范(GPS) 极限与配合 公差带和配合的选择》

GB/T 1804—2000 《一般公差 未注公差的线性和角度尺寸的公差》

GB/T 1182—2008 《产品几何技术规范(GPS) 几何公差 形状、方向、位置和跳动公差标注》

GB/T 3505—2009 《产品几何技术规范(GPS) 表面结构 轮廓法、术语、定义及表面结构参数》

GB/T 131—2006 《产品几何技术规范(GPS) 技术产品文件中表面结构的表示法》

GB/T 1031—2009 《产品几何技术规范(GPS) 表面结构 轮廓法 表面粗糙度参数及其数值》

GB/T 1095—2003 《平键 键槽的剖面尺寸》

GB/T 1144—2001 《矩形花键尺寸、公差和检验》

GB/T 197—2003 《普通螺纹 公差》

GB/T 192—2003 《普通螺纹 基本牙型》

GB/T 196—2003 《普通螺纹 基本尺寸》

GB/T 275—2015 《滚动轴承 配合》

GB/T 10095.1—2008 《渐开线圆柱齿轮 精度制 第 1 部分:齿轮同侧齿面偏差的定义和允许值》

GB/T 10095.2—2008 《渐开线圆柱齿轮 精度制 第 2 部分:径向综合偏差与径向跳动的定义和允许值》

GB/T 1957—2006 《光滑极限量规 工作条件》

参 考 文 献

［1］ 吕天玉.公差配合与测量技术［M］.大连:大连理工大学出版社,2008.

［2］ 王伯平.互换性与测量技术基础［M］.北京:机械工业出版社,2008.

［3］ 陈于萍.互换性与测量技术［M］.北京:高等教育出版社,2005.

［4］ 姚云英.公差配合与测量技术［M］.北京:机械工业出版社,2005.

［5］ 黄云清.公差配合与测量技术［M］.北京:机械工业出版社,2005.

［6］ 刘品,徐晓希.机械精度设计与测量［M］.哈尔滨:哈尔滨工业大学出版社,2004.